Oracle 12c
SQL和PL/SQL编程指南

郑铮 编著

清華大學出版社
北 京

内 容 简 介

SQL(Structured Query Language)是关系数据库的基本操作语言，它主要包括数据查询(Query statements)、数据操纵(Data Manipulation Language statements)、数据定义(Data Definition Language statements)等功能，是应用程序与数据库进行交互操作的接口。PL/SQL(Procedural Language/SQL)是 Oracle 特有的编程语言，它可以像其他高级编程语言一样，编写出各种完成数据库操作功能的程序。由于 PL/SQL 由 Oracle 系统本身编译执行，所以程序的运行效率更高。

本书为 Oracle 数据库应用开发人员提供了 SQL 使用指南和 PL/SQL 编程技术。通过学习本书，读者不仅可以掌握 SQL 和 PL/SQL 的基础知识，而且可以掌握 Oracle 12c SQL 和 PL/SQL 的许多高级特征。

本书既可作为高等院校计算机相关专业的辅助教材，也可作为各类高级数据库编程人员的参考书。本书的编写既考虑了 SQL 和 PL/SQL 的初学者，同时也兼顾了有经验的 PL/SQL 编程人员，本书还可以作为 Oracle 12c 培训班的教材。

图书在版编目(CIP)数据

Oracle 12c SQL 和 PL/SQL 编程指南/郑铮编著. 一北京：清华大学出版社，2020.10

ISBN 978-7-302-56632-8

Ⅰ. ①O… Ⅱ. ①郑… Ⅲ. ①关系数据库系统一指南 Ⅳ. ①TP311.132.3-62

中国版本图书馆 CIP 数据核字(2020)第 194262 号

责任编辑：魏 莹
封面设计：杨玉兰
责任校对：吴春华
责任印制：杨 艳
出版发行：清华大学出版社
网 址：http://www.tup.com.cn, http://www.wqbook.com
地 址：北京清华大学学研大厦 A 座 邮 编：100084
社 总 机：010-62770175 邮 购：010-62786544
投稿与读者服务：010-62776969, c-service@tup.tsinghua.edu.cn
质量反馈：010-62772015, zhiliang@tup.tsinghua.edu.cn
课件下载：http://www.tup.com.cn, 010-62791865
印 装 者：三河市君旺印务有限公司
经 销：全国新华书店
开 本：185mm×260mm 印 张：20 字 数：486 千字
版 次：2020 年 11 月第 1 版 印 次：2020 年 11 月第 1 次印刷
定 价：79.00 元

产品编号：087700-01

前　言

Oracle 公司是世界排名前列的国际大型企业。Oracle 数据库是世界领先、性能优异的大型数据库管理系统。Oracle 数据库广泛地应用在金融、通信、航空等领域。虽然有多种数据库管理系统可供用户选择，但 Oracle 数据库以其处理的并发数据量极大，极高的可靠性、安全性和可扩展性赢得了广大高端用户的青睐。早期 Oracle 数据库主要应用于 UNIX 操作系统，影响了它的广泛应用。在 Oracle 公司提供了基于 Windows 平台的 Oracle 版本以后，Oracle 数据库在国内外拥有了更为广泛的应用市场。近些年来，随着国内中小企业对数据库可靠性、安全性要求的提高，基于 Windows 平台的 Oracle 数据库服务器获得了广泛青睐。随之而来，对 Oracle 数据库管理和开发的人员需求不断增加，对其素质要求不断提高。本书的编写既考虑了 Oracle 数据库管理和开发的初学者，同时也兼顾了有一定基础的管理和开发人员。凡是想学习 SQL 语句或利用 PL/SQL 提高 Oracle 数据库管理和开发能力的人士，都可以从本书中获得借鉴。

本书分三个部分，共十二章。其中第一部分对 Oracle 12c 数据库进行了概述，第二部分用大量范例详解了 SQL 语句，第三部分精选了可供借鉴的 PL/SQL 编程实例。

第一部分共三章。主要内容包括：数据库及 Oracle 12c 的产生与发展，数据库分类，SQL 和 PL/SQL 简介，SQL 和 PL/SQL 开发环境简介，本书中使用的数据库的建立。第一部分为全书做了必要的铺垫，建立了书中使用的数据库，详细地介绍了 SQL 语句和 PL/SQL 编程调试开发环境。

第二部分共六章。主要内容包括：数据查询语句(SELECT-Query statements)；数据操纵语言(DML-Data Manipulation Language)，其中包括 INSERT 语句、UPDATE 语句、DELETE 语句；数据定义语言(DDL-Data Definition Language)，其中包括 CREATE 语句、ALTER 语句、DROP 语句、RENAME 语句、TRUNCATE 语句；事务控制语句(TC-Transaction Control statements)，其中包括 COMMIT 语句、ROLLBACK 语句、SAVEPOINT 语句；数据控制语言(DCL-Data Control Language)，其中包括 GRANT 语句、REVOKE 语句。

上述各种类型 SQL 语句的讲述，均结合范例数据库给出详细的实例。

第三部分共三章。主要包括两方面内容，一是 PL/SQL 程序设计基础知识；二是 PL/SQL 高级编程特性。前者包括 PL/SQL 程序基本结构(顺序、分支、循环)，以及游标、异常处理等。后者包括复合数据类型，构成 PL/SQL 程序的基本模块(函数、过程、包)，以及触发器等。PL/SQL 程序设计的讲述，均结合范例数据库给出详细的实例。

在本书配套资源中，提供了本书范例程序的全部源代码，读者可登录清华大学出版社官方网站查找到本书服务页面进行下载。

本书由唐山师范学院郑铮编写，并负责统稿。

由于编者水平有限，本书难免有不足之处，恳请广大读者批评指正！

编　者

目　录

第一部分　Oracle 12c 概述

第二部分　SQL 操作

第三部分 PL/SQL编程指南

第一部分

Oracle 12c 概述

第 1 章 Oracle 简介

Oracle 公司目前是世界第二大独立软件公司和世界领先的信息管理软件供应商。Oracle 数据库是著名的关系数据库产品，其市场占有率名列前茅。本章在介绍 Oracle 公司及其数据库产品之前，首先介绍数据库的产生与发展。

1.1 数据库的产生与发展

数据是人们对其活动的一种符号记录，数据管理是指人们对数据进行收集、组织、存储、加工、传播和利用的一系列活动的总和。随着社会的发展，数据量增大，数据的管理便成为人们日常生活的一种需求。在计算机产生以前，人们利用纸笔来记录数据，利用常规的计算工具来进行数据计算，并主要是利用大脑来管理这些数据。研制计算机的最初目的是利用它进行数值计算，但随着计算技术的进步与发展，计算机的应用已远远地超出了数值计算的范畴。在计算机硬件、软件发展的基础上，在应用需求的推动下，人们借助计算机进行大规模的数据管理，使数据管理技术得到迅速发展。在利用计算机进行数据管理的发展过程中，经历了人工管理、文件系统、数据库系统管理三个阶段。

1.1.1 数据管理技术的产生与发展

1946 年，第一台电子计算机问世。问世后的前十年，计算机主要用于解决数值计算问题。到 20 世纪 50 年代后期，计算机开始应用于事务管理，用来解决非数值计算问题，如人事管理、工资管理、库存管理、辅助教学等。20 世纪 70 年代以后，计算机一方面朝着高速(数亿次/秒)、大容量和智能化的巨型计算机方向发展，另一方面又朝着品种繁多、功能不断增强的微型计算机系统方向发展。

随着科学技术的发展，计算机技术作为信息管理的先进技术，其优越性愈来愈明显。计算机能存储大量数据并能长期保存，这是任何其他工具都无法比拟的；它处理数据的速度快，能够及时地为人们提供大量他们所关心的信息。

1. 人工管理阶段

20 世纪 50 年代，计算机主要用于数值计算。当时的计算机硬件功能较弱，输入输出设备简单，计算机的外存只有纸带、卡片、磁带，没有直接存取设备，尚不能支持大量数据的联机存取。在软件方面，还没有操作系统，也没有具有文件管理功能的软件，只能处理简单的输入输出操作；数据无结构且缺乏独立性，依赖于特定的应用程序，数据的传输和使用由程序控制完成；数据不保存，使用时随程序一起全部调入内存，使用完以后就全部撤出计算机。数据面向应用，一组数据对应于一个程序。数据之间相互独立，程序之间也相互独立，数据不能共享，存在着大量的数据冗余。

2. 文件系统阶段

20 世纪 50 年代后期到 20 世纪 60 年代中期，计算机不仅用于数值计算，而且开始大量用于数据管理。在硬件方面，外存装置有了很大发展，磁鼓、磁盘、大容量的磁盘组等直接存取的存储设备成为主要的辅助存储装置，输入输出功能大大增强。软件方面出现了操作系统，其中包含文件管理系统，具有文件管理和一定的数据管理功能。

1954 年出现了第一台进行商业数据处理的电子计算机 UNIVACI，标志着计算机开始应用于以非数值计算为主的事务处理。人们得益于计算机惊人的数据处理速度和大容量的数据存储能力，从而摆脱了从大量传统纸质文件中寻找数据的困难，这种基于计算机的数据处理系统也就从此迅速发展起来。

这种数据处理系统是把计算机中的数据组织成相互独立的、被命名的数据文件，对数据文件的访问可以按文件的名称来进行。对文件中的记录进行存取的数据管理技术，可以实现对文件的修改、插入和删除，这就是文件系统。文件系统实现了数据记录的结构化，即给出了记录内各种数据间的关系。但从文件的整体来看数据却是无结构的，其数据面向特定的应用程序，因此数据共享性和独立性差，并且数据冗余度大，管理和维护的代价也很大。

这一阶段数据管理的基本特征是数据不再是程序的组成部分，而是有结构、有组织地构成了文件的形式，由操作系统自动存放在磁带或磁盘上，并为各个文件起一个名字加以标识。文件管理系统是应用程序和数据之间的一个接口，应用程序必须通过文件管理系统才能建立和存储文件；反之，应用程序也只有在文件管理系统的支持下才能使用数据文件中的数据。

通过文件管理系统对数据文件实行统一管理，是数据管理技术的一个重大进步，但是数据文件还是面向应用的，它基本上对应于一个或几个特定的应用程序，文件与应用程序之间存在着密切的相互依赖关系，文件一旦离开它所依附的程序便会失去存在的价值。数据文件之间彼此独立存在，即文件只能反映现实世界中客观存在的事物及其特征，却不能反映各种事物之间客观存在的本质联系，因而各数据文件中同一数据重复出现，浪费存储空间，并且文件之间还会存在不相容性。此外，由于每次输入输出存取的只是文件记录，因此文件系统的操作不能用到记录中的字段，也不能使不同数据文件之间的记录产生联系，必须在数据处理应用程序中对此作出安排。

文件存取的方式既可以是顺序方式，也可以是随机方式。数据的逻辑结构不同于物理结构，它们之间有了变换，但关系相当简单。

3. 数据库系统阶段

文件系统数据管理方式存在着一系列缺点，如各数据文件之间存在着重复数据，应用程序仍依赖于数据，增加了程序的维护工作；由于更新重复数据而产生数据的不一致性，不但需要使用专用程序来检查数据，增加了工作量，而且各数据文件集中成一个数据整体时，还存在着保持各数据文件的匹配及保密性的问题，在要求信息的及时性方面有一定的限制等。

20 世纪 60 年代后期，数据库技术得到了迅速发展和广泛的应用。数据库系统的出现，一方面是由于社会对数据管理技术发展的需要，另一方面也是因为计算机硬件与软件的迅速发展，为数据库技术提供了充分的条件。在这一阶段，已完全使用大容量和快速存取的磁盘作为存储装置，具有很强的输入输出能力；在软件方面出现了面向数据管理的数据库管理系统。

数据库管理系统克服了文件系统管理数据的不足，解决了实际应用中多个用户、多个应用程序共享数据的需求，从而使数据能为尽可能多的应用程序服务。数据库的特点是数据不再只针对某一特定应用，而是面向全组织，具有整体的结构性，共享性高，因此冗余度小；具有一定的程序与数据间的独立性，并且实现了对数据进行统一的控制。数据库技术的应用使数据存储量猛增、用户增加，而且使数据处理系统的研制从以围绕数据加工程序为中心转向以围绕数据共享为中心来进行，这样，既便于数据的集中管理，又有利于应用程序的研制和维护，从而提高了数据的利用率和相容性；并且有可能从企业或组织的全局来利用数据，从而提高了决策的可靠性。

从文件系统到数据库系统，标志着数据管理技术质的飞跃。目前不仅大、中型计算机上实现并应用了数据库管理技术，微型计算机上也配置了功能较强的数据管理软件，如常见的Visual FoxPro、Access等数据库管理系统等，像Oracle这样的大型数据库也开发出基于微机的版本，因而促使数据库技术得到广泛的应用和普及。

计算机数据管理各阶段的特点总结见表1.1。

表1.1 数据管理的发展阶段及特点

	人工管理	文件管理	数据库管理
数据的管理者	用户(程序员)	文件系统	单据库系统
数据的针对者	特定应用程序	面向某一应用	面向整体应用
数据的共享性	无共享	共享差，冗余大	共享好，冗余小
数据的独立性	无独立性	独立性差	独立性好
数据的结构化	无结构	记录有结构，整体无结构	整体结构化

1.1.2 数据库技术的发展

数据库技术最初产生于20世纪60年代中期，40多年来，数据库技术已成为计算机科学技术中发展最快的重要分支之一，是现代计算机信息系统和应用系统的基础和核心。它从第一代的网状、层次数据库技术，第二代的关系数据库技术，发展到第三代的面向新一代应用的数据库技术，数据库技术与网络通信技术、人工智能技术、面向对象程序设计技术、并行计算技术等互相渗透、有机地结合，成为当代数据库技术发展的重要特征。

根据数据模型的发展，数据库技术的发展可以划分为三个阶段：第一代的网状、层次数据库系统，第二代的关系数据库系统，第三代的以面向对象模型为主要特征的数据库系统。

1. 第一代数据库系统

第一代数据库系统是20世纪六七十年代研制的层次和网状数据库系统。1964年，美国通用电气公司成功开发了世界上的第一个数据库系统IDS(Integrated Data Store)。IDS奠定了网状数据库的基础，并且得到了广泛的应用，成为数据库系统发展史上的一座丰碑。1969年，IBM公司研制的基于层次模型的数据库管理系统IMS(Information Management System)问世，这是最早的一个典型的数据库系统，具有代表性。1969年美国数据库系统语言协会CODASYL(Conference On DAta SYstem Language)的数据库任务组DBTG(DataBase Task Group)提出了网络数据模型的数据库规范，并于1971年4月公布了它的研究成果DBTG报告，该报告是一个重要文献，它以文件的形式确定了数据库设计的DBTG方法，即网络方法，真正地把数据库和文件区别开来。同年5月，CODASYL成立了“数据库语言任务组”(DBLTG)接替DBTG的工作，进一步开发DBTG规范。在DBTG方法和思想的指引下，网络数据库系统的实现技术不断成熟，出现了许多商品化的网络数据库管理系统。

IBM公司的层次模型的数据库管理系统IMS和美国数据库系统语言协会CODASYL

的数据库任务组 DBTG，提出了层次数据库的数据模型与网络数据模型的数据库规范，确定并建立了层次数据库和网络数据库系统的许多概念、方法和技术。它们是层次数据库和网状数据库的典型代表。

层次数据库的数据模型是有根的定向有序树，网状模型对应的是有向图，这两种数据库奠定了现代数据库发展的基础。这两种数据库具有以下共同点：支持外模式、模式、内模式等三级模式，保证数据库系统具有数据与程序的物理独立性和一定的逻辑独立性；用存取路径来表示数据之间的联系；具有独立的数据定义语言，包括模式数据定义语言、子模式数据定义语言；导航式的数据操纵语言。

2. 第二代数据库系统

第二代数据库系统是关系数据库系统。1970 年 6 月 IBM 公司 SANJOSE 实验室软件研究所的高级研究员 E.F.Codd 发表了题为“大型共享数据库数据的关系模型”的论文，文中提出了关系数据模型，定义了某些关系代数运算，开创了关系数据库方法和关系数据库理论，为关系数据库技术奠定了理论基础。

20 世纪 70 年代是关系数据库理论研究和原型系统开发的时代。IBM 公司 SANJOSE 实验室，在 IBM370 系列计算机上研制的 System R 是成功的关系数据库系统的代表作。另外，加利福尼亚大学伯克立分校研制出关系数据库系统 INGRES。经过大量的高层次研究和开发，关系数据库系统的研究取得了一系列的成果，主要如下。

(1) 奠定了关系模型的理论基础，确立了完整的关系模型理论、数据依赖理论和关系数据库的设计理论。

(2) 关系模型的概念单一，实体描述和实体之间的联系均用关系来表示；而网状、层次数据模型用节点描述实体，用存取路径来表示实体之间的联系。

(3) 提出了关系数据库语言，关系数据库语言是非过程化的，如关系代数、关系演算、SQL 语言、QBE 语言等。这些描述性语言一改以往程序设计语言和网状、层次数据库语言面向过程的风格，以易学易懂的优点得到了用户的欢迎，为 20 世纪 80 年代数据库语言的标准化打下了基础。

(4) 研制了大量的关系数据库系统原型，攻克了系统实现中查询优化、并发控制、故障恢复等一系列关键技术。这不仅大大丰富了数据库管理系统实现技术和数据库理论，更重要的是促进了关系数据库系统产品的蓬勃发展和广泛应用。

20 世纪 70 年代后期，关系数据库系统从实验室走向了社会，因此，计算机领域中很多人把 20 世纪 70 年代称为关系数据库时代，20 世纪 80 年代几乎所有新开发的数据库系统均是关系型的。这些数据库系统的运行，使数据库技术日益广泛地应用到企业管理、情报检索、辅助决策等各个方面，成为信息系统和计算机应用系统的重要基础。

3. 第三代数据库系统

第三代数据库产生于 20 世纪 80 年代。数据库技术在商业领域的广泛应用，致使各个行业对数据库技术提出了更多的需求，第二代数据库系统已经不能完全满足需求，于是产生了第三代数据库系统。第三代数据库支持多种数据模型，如关系模型和面向对象的模型；和许多新技术相结合，如分布处理技术、并行计算技术、人工智能技术、多媒体技术、模糊技术等；广泛应用于多个领域，如商业管理、GIS、计划统计等。由此也衍生出多种新的数据库技术，如计算机辅助设计与制造系统、计算机集成制造系统、计算机辅助软件工程、地理信息系统、办公自动化和面向对象程序设计环境等。

分布式数据库允许用户开发的应用程序把多个物理分开的、通过网络互联的数据库当作一个完整的数据库看待。并行数据库通过cluster 技术把一个大的事务分散到cluster中的多个节点去执行，提高了数据库的吞吐率和容错性。多媒体数据库提供了一系列用来存储图像、音频和视频的对象类型，可以更好地对多媒体数据进行存储、管理、查询。模糊数据库是用来存储、组织、管理和操纵模糊数据库的，可以进行模糊知识处理。

以上这些领域需要的数据管理功能有相当一部分是传统数据库所不能满足的，它们主要有以下特征。

(1) 复杂对象的存储和处理。复杂对象不仅内部结构复杂，相互之间的联系也很复杂。

(2) 复杂数据类型的支持。复杂数据类型包括抽象数据类型、无结构的超长数据、时间、图形、图像、声音和版本数据等。

(3) 数据、对象、知识的统一管理。

(4) 长事务和嵌套事务的处理。

(5) 程序设计语言和数据库语言无间隙的集成。

(6) 巨型数据库(数据量可超过10TB)的管理。

4. 未来数据库技术的发展

进入20世纪90年代以来，数据库应用环境发生了巨大的变化，Internet/Web向数据库领域提出了前所未有的挑战，一大批新一代数据库应用应运而生，如支持高层决策的数据仓库、OLAP 分析、数据挖掘、数字图书馆、电子出版物、电子商务、Web 医院、远程教育、基于Ad Hoc无线网的移动数据库、Web上的数据管理与信息检索、数据流管理等。新一代应用提出的挑战极大地激发了数据库技术的研究，从而出现了一大批具有Internet时代特征的数据库技术和相应的数据库管理系统，如Web信息检索技术与系统、Web数据集成与共享技术与系统、数据流技术与系统、电子商务和电子政务技术与系统、数字图书馆技术与系统、安全数据库技术与系统等。

1.1.3 关系数据库产品简介

迄今为止，在世界范围内得到主流应用的关系数据库系统，比较知名的有Microsoft公司的Access、Visual FoxPro、SQL Server，Oracle公司的Oracle，Sybase公司的Sybase数据库产品，Informix公司的Informix数据库产品，IBM公司的DB2 以及完全免费的MySQL数据库等，这些数据库产品可以分为桌面关系型数据库系统和网络关系型数据库系统两类。

Access、Visual FoxPro等小型数据库产品是基于桌面关系型数据库开发的数据库应用系统，被称为桌面关系型数据库系统，其主要特点是广泛应用在单机环境，不提供或仅仅提供有限的网络应用功能，计算机操作系统为Windows 98、Windows XP等，主要目的是满足日常小型办公需要。桌面关系型数据库安全措施较弱，开发工具与数据库集成在一起，既是数据库管理工具，又是数据库应用开发的前端工具。如Visual FoxPro 6.0集成了应用开发工具、Access 97/2000集成了脚本语言等。桌面关系型数据库侧重于可操作性、易开发和简单管理等方面。

SQL Server、Oracle、Informix、DB2、MySQL 等为网络关系型数据库系统，与传统意义上的桌面关系型数据库系统相比较，具有以下主要特点。

(1) 它们一般需要网络操作系统支持，如 Windows NT Server、Windows 2000 Server、Linux Server、UNIX 等。

(2) 数据库系统管理工具、前端开发工具和后台数据库是可以分离的，通常所说的网络数据库管理系统指的是管理工具和后台数据库。

(3) 它们具有强大的网络功能和分布式功能，可以根据软、硬件和网络环境的不同，组织各种技术先进、支持超大规模数据库技术、并行查询和多线程的服务器。

(4) 提供完备的数据安全性方案，完善的数据库备份和恢复手段。

网络关系型数据库在大中型计算机上开发、使用的历史较长，功能日臻完善，移植到微机上以后，仍然保留了它们在大中型系统中的特点，即具有数据库管理工具功能强大，用户操作灵活方便，完整的安全性、一致性和可靠性保障措施，运行效率高，速度快，系统功能完善等特点。

下面分别介绍这些典型的数据库产品。

1. Access 数据库

Microsoft Office Access(Microsoft Access)是 Microsoft 公司推出的基于 Windows 的桌面关系数据库管理系统(RDBMS)，它结合了 Microsoft Jet Database Engine 和图形用户界面的特点，是 Microsoft Office 的成员之一。

Access 数据库具有界面友好、易学易用、开发简单、接口灵活等特点，是典型的新一代桌面数据库管理系统。其主要特点如下。

(1) 具有完善的各种数据库对象管理、数据组织、用户管理、安全检查等功能。

(2) 强大的数据处理功能。在一个工作组级别的网络环境中，使用 Access 数据库开发的多用户数据库管理系统具有传统的 XBASE(DBASE、FoxBASE 的统称)数据库系统所无法实现的客户/服务器(Client/Server)结构和相应的数据库安全机制。Access 数据库具备了许多先进的大型数据库管理系统所具备的特征，如事务处理、错误恢复能力等。

(3) 可以方便地生成各种数据对象，利用存储的数据建立窗体和报表，可视性好。

(4) 作为 Office 套件的一部分，可以与 Office 集成，实现无缝连接。

(5) 能够利用 Web 检索和发布数据，实现与 Internet 的连接。

Access 数据库主要适用于中小型应用系统，或作为客户机/服务器系统中的客户端数据库。

2. Visual FoxPro 数据库

自 1989 年 Microsoft 公司推出 FoxPro 1.0 以来，由于 FoxPro 具有简单易学、功能强大、界面友好等特点，一直受到我国广大数据库用户的喜爱，也是中小型数据库应用系统开发的首选编程语言。1995 年推出的 Visual FoxPro 3.0 更是 FoxPro 系列产品的一次历史性突破，因为它首次在 XBASE 语言中引入了面向对象编程技术，采用了可视化的概念，首次明确提出支持客户机/服务器体系结构，并且彻底更新了“数据库”的概念，Visual FoxPro 3.0 无疑是 FoxPro 系列产品发展的一座重要里程碑。目前，最新版本的 Visual FoxPro 数据库为 Visual FoxPro 10.0。

Visual FoxPro 具有良好的兼容性，这意味着使用以往版本开发的应用程序在 Visual FoxPro 新版本中仍然可以正确地运行。但仅仅运行以往版本开发的应用程序并不能真正地体现 Visual FoxPro 新版本的优越性和强大功能，所以在使用 Visual FoxPro 新版本时，了解它所包含的新功能是很有必要的。Visual FoxPro 具有以下特点。

1) 面向对象编程技术(Object Oriented Programming)

Visual FoxPro 的最大特点是使用面向对象编程技术(OOP)，用户可以首先构造类，通过继承可以产生子类。每一个类都包含一系列属性、事件和方法。由类创建的对象几乎可以完成用户所有要实现的任务。通过封装可以把对象内部的复杂性隐藏起来。使用 OOP 方法，通过继承使得代码的重用性大大提高，最大限度地减少了代码出错的可能性。Visual FoxPro 提倡使用面向对象编程技术的同时，也支持以往版本所使用的结构化程序设计。

2) 可视化(Visual)编程技术

使用 Visual FoxPro 设计一个用户界面时，无须运行程序就可看到最终界面，这也是 FoxPro 前面冠以 Visual 的缘故。

3) 重新定义数据库的概念

在 FoxPro 最初的版本中，数据库就是一个二维表，表中的每一行数据表示一条记录，每一列表示一个字段，数据库仅仅是数据的集合。而在 Visual FoxPro 新版本里，数据库的概念被彻底更新了，数据库是由若干个表及表与表之间的关系、视图、连接、存储过程等组成的一个集合，以往版本的数据库在这里被称为自由表。自由表是独立于数据库之外存在的表，而属于某一数据库的表被称为数据库表。数据库表有着与自由表不同的许多属性，比如，数据库表可以定义长表名、包含有效性规则等。

数据库概念的重新定义为采用面向对象编程技术奠定了重要的理论基础，也使得采用面向对象编程技术成为可能。因为在面向对象编程技术中，对象必须有自己的属性和方法，而 Visual FoxPro 所定义的数据库既有自己的属性，如记录，又有自己的方法，如有效性规则，所以 Visual FoxPro 所定义的数据库也成为可处理的对象。

4) 有效性规则(Validation Rule)

Visual FoxPro 数据库表的有效性规则有两种类型：字段级规则和记录级规则。当为某一个数据库表的某一字段定义了字段级规则时，如果输入或修改该字段值，对应的字段级规则将被激活，它可用来检验字段值输入的正确性。记录级规则是与记录相关的有效性规则，当插入或修改记录时被激活，它用来检验记录数据输入的正确性。

有效性规则只适用于数据库表，而自由表里不存在有效性规则。有效性规则是数据库的一部分。

5) 触发器(Trigger)

不同的事件对应不同的动作，比如，插入操作可以激活插入触发器，删除操作可以激活删除触发器等。触发器在有效性规则之后运行，它们常用于检验已建立永久性关系的数据库表之间的数据完整性。

触发器只适用于数据库表，自由表中不存在触发器。触发器是数据库的一部分。

6) 存储过程(Stored Procedure)

存储过程是指存储在数据库里的过程。该过程可以包含任何允许在用户自定义函数中出现的命令和函数。比如，触发器代码就存放在存储过程里。在远程数据源上，存储过程是指在任何 SQL 数据库中被命名的一组 SQL 语句的集合。

存储过程属于数据库的一部分，当打开数据库时，存储过程所包含的过程和函数就立即产生作用。

7) 事务(Transaction)

数据库从一个有效性状态到另一个有效性状态的操作集称为事务。在对数据库进行操作时，通常以一条命令或一个函数作为一个操作单位，这种操作所产生的结果往往是不可恢复的。而事务是以一组命令或函数作为一个操作单位，如果在事务处理过程中发生意外，即可取消事务，让数据库恢复到初始状态。事务处理只适用于数据库操作。

8) 本地和远程视图(Locate and Remote View)

视图是一个定制的、虚拟的、可更新的结果集，本地视图是与本地数据源相关联的视图，远程视图是与远程数据源相关联的视图。另外还有参数化视图，它是指根据输入的参数查询得到的结果集。在实现客户机/服务器应用程序时，视图是一个非常有效的方法。

9) 向导(Wizard)

学习和使用 Visual FoxPro 的快捷方法是使用系统所提供的向导。例如，当不知道如何设计一个表时，可以使用表向导一步一步地根据 Visual FoxPro 对话框里所提示的内容进行。向导对话框里包括了一些需要回答的简单内容，通过若干个步骤即可完成指定任务的操作。

10) 项目管理器

使用 Visual FoxPro 时会创建很多不同格式的文件，因此就需要专门的管理工具来管理这些文件以提高工作效率。项目管理器依据文件性质的不同，用图示与分类的方式将 Visual FoxPro 的文件放置在不同的标签上，并针对不同类型的文件提供不同的操作选项。

项目管理器采用可视化和自由导航，各文件项以类似大纲的视图形式组织，通过展开或折叠可以清楚地查看项目在不同层次上的详细内容。项目管理器提供简易、可见的方式组织处理表、表单、数据库、报表、查询、源程序、菜单程序等文件，用于管理表和数据库或创建应用程序。

最好把应用程序中的文件都组织到项目管理器中，这样便于查找。程序开发人员可以用项目管理器把应用软件的多个文件组织成一个文件，生成一个.APP 文件或者.EXE 文件，其中.APP 文件可以用 DO 命令来执行，用 Visual FoxPro 专业版编译成.EXE 文件。

11) 表单(Form)

每一个应用程序至少要包含一个用户界面，在以往版本里，屏幕(Screen)是设计用户界面的核心部分，但屏幕往往无法响应用户的许多动作。在 Visual FoxPro 新版本中，以表单(Form)代替了屏幕(Screen)。表单作为一个可处理的对象，有许多属性、事件和方法。同时，表单又可以包含多个控件，每一个控件通过各自的属性、事件和方法来实现用户指定的动作。表单不应被认为仅仅是功能扩大了的屏幕，它是一个全新的概念，是在界面设计上实现面向对象编程技术的最充分体现。

3. SQL Server 数据库

SQL Server 是美国 Microsoft 公司推出的一种关系型数据库系统。SQL Server 是一个可扩展的、高性能的、为分布式客户机/服务器计算所设计的数据库管理系统，实现了与 Windows NT/Windows Server 的有机结合，提供了基于事务的企业级信息管理系统方案。

其主要特点如下。

(1) 高性能设计，可充分利用 Windows NT/Windows Server 的优势。

(2) 系统管理先进，支持 Windows 图形化管理工具，支持本地和远程的系统管理和配置。

(3) 强壮的事务处理功能，采用各种方法保证数据的完整性。

(4) 支持对称多处理器结构、存储过程、ODBC，并具有自主的 SQL 语言。SQL Server 以其内置的数据复制功能、强大的管理工具、与 Internet 的紧密集成和开放的系统结构为广大的用户、开发人员和系统集成商提供了一个出众的数据库平台。

4. Oracle 数据库

Oracle 数据库是美国 Oracle 公司研制的一种关系型数据库管理系统(RDBMS)，是一个协调服务器和用于支持任务决定型应用程序的开放型 RDBMS。它可以支持多种不同的硬件和操作系统平台，从台式机到大型机、超级计算机等，为各种硬件结构提供高度的可伸缩性，支持对称多处理器、群集多处理器、大规模处理器等，并提供广泛的国际语言支持。

Oracle 数据库是一个多用户系统，能自动从批处理或在线环境的系统故障中恢复运行。系统提供了一个完整的软件开发套件，包括交互式应用程序生成器、报表打印软件、字处理软件以及集中式数据字典，用户可以利用这些工具生成自己的应用程序。Oracle 以二维表的形式表示数据，并提供了 SQL(结构化查询语言)，完成数据查询、操作、定义和控制等基本数据库管理功能。Oracle 数据库具有很好的可移植性，通过它的通信功能，微型计算机上的程序可以同小型乃至大型计算机上的 Oracle 相互传递数据。

另外，Oracle 还具有与 C 语言连接的电子表格、图形处理等软件。

Oracle 属于大型数据库系统，主要适用于大、中、小型应用系统，或作为客户机/服务器系统中服务器端的数据库系统。

5. Sybase 数据库

Sybase 数据库是美国 Sybase 公司研制的一种关系型数据库系统，是一种典型的 UNIX 或 Windows NT(Windows Server)平台上客户机/服务器环境下的大型数据库系统。Sybase 提供了一套应用程序编程的接口和库，可以与非 Sybase 数据源及服务器集成，允许在多个数据库之间复制数据，适于创建多层应用。该系统具有完备的触发器、存储过程、规则以及完整性定义，支持优化查询，具有较好的数据安全性。Sybase 通常与 Sybase SQL Anywhere 用于客户机/服务器环境，前者作为服务器数据库，后者为客户机数据库。目前，我国大中型系统广泛采用该公司研制的 Power Builder 作为开发工具。

6. Informix 数据库

Informix 数据库是美国 Informix Software 公司研制的关系型数据库管理系统。Informix 有 Informix-SE 和 Informix-Online 两个版本。Informix-SE 适用于 UNIX 和 Windows NT(Windows Server)平台，是为中小规模的应用设计的；Informix-Online 在 UNIX 操作系统下运行，可以提供多线程服务器，支持对称多处理器，适用于大型应用。

Informix 可以提供面向屏幕的数据输入询问及面向设计的询问语言报告生成器。数据定义包括定义关系、撤销关系、定义索引和重新定义索引等。Informix 不仅可以建立数据库，还可以方便地重构数据库；系统的保护措施十分健全，不仅能使数据得到保护而不被权限外的用户存取，并且能重新建立丢失了的文件及恢复被破坏了的数据；其文件的大小不受磁盘空间的限制，域的大小和记录的长度均可达 2KB；采用加下标顺序访问法，与 COBOL 软件兼容，并支持 C 语言程序；可移植性强、兼容性好，Informix-SE 在很多微型计算机和小型机上得到应用，尤其适用于中小型企业的人事、仓储及财务管理等。

7. DB2 数据库

DB2(DATABASE 2)数据库是 IBM 公司研制的一种关系型数据库系统。IBM 在 1983 年发布了 DB2 for MVS，在 2007 年发布最新版本 DB2 9.5。DB2 主要应用于大型应用系统，具有较好的可伸缩性，可支持从大型机到单用户环境，应用于 OS/2、Windows 等平台。DB2 提供了高层次的数据利用性、完整性、安全性、可恢复性，以及小规模到大规模应用程序的执行能力，具有与平台无关的基本功能和 SQL 命令。DB2 采用了数据分级技术，能够使大型机数据很方便地下载到局域网(LAN)数据库服务器，使得客户机/服务器用户和基于 LAN 的应用程序可以访问大型机数据，并使数据库本地化及远程连接透明化。DB2 以拥有一个非常完备的查询优化器而著称，其外部连接改善了查询性能，并支持多任务并行查询。DB2 具有很好的网络支持能力，每个子系统可以连接十几万个分布式用户，可同时激活上千个活动线程，对大型分布式应用系统尤为适用。

8. MySQL

MySQL 是一个自由的数据库管理系统，与操作系统 Linux 一样，MySQL 是免费的。MySQL 是完全网络化的跨平台关系型数据库系统，同时是具有客户机/服务器体系结构的分布式数据库管理系统。它具有功能强、使用简便、管理方便、运行速度快、安全可靠性强等优点，用户可利用许多程序语言编写访问 MySQL 数据库的程序。

MySQL 是一个真正的多用户、多线程 SQL 数据库服务器，它由一个服务器守护程序 mysqld 和很多不同的客户程序和库组成。

MySQL 的主要目标是快速、健壮和易用。

1.2 Oracle 的产生与发展

1. Oracle 公司的起源

1977 年 6 月，Larry Ellison、Bob Miner 和 Ed Oates 在美国共同创办了一家名为软件开发实验室(Software Development Laboratories，SDL)的计算机公司(Oracle 公司的前身)，Ellison 和 Miner 预见到数据库软件的巨大潜力，于是，SDL 开始策划构建可商用的关系型数据库管理系统(RDBMS)。

该 RDBMS 基于 Ellison 和 Miner 在前一家公司从事的一个由中央情报局投资的项目代码，把这个产品命名为 Oracle。1979 年，SDL 更名为关系软件有限公司(Relational Software Inc.，RSI)。1983 年，为了突出公司的核心产品，RSI 最后更名为 Oracle。

2. Oracle 公司的发展

RSI 在 1979 年的夏季发布了可用于 DEC 公司的 PDP-11 计算机上的商用 Oracle 产品，

这个数据库产品整合了比较完整的 SQL 实现，其中包括子查询、连接及其他特性等。但在当时，该软件不是很稳定，并缺少事务处理这样的重要功能。出于市场策略，公司宣称这是该产品的第二版，但实际上却是第一版。多年以后的今天，Oracle 公司声称是他们第一个提供了 SQL 关系型数据库管理系统。

在当时，用户往往同时拥有几种计算机，但是还没有 “软件可移植”这样的说法，也没有具备这种能力的应用软件。也就是说，给 PDP-11 开发的 Oracle 数据库不能用在 IBM 主机和 DEC 的 VAX 上。很快用户就表现出来这样的需求：Oracle 能否同时在不同的操作系统上运行？这给 RSI 带来了新的挑战。

1983 年 3 月，RSI 发布了 Oracle 第 3 版。Miner 和 Scott 历尽艰辛用 C 语言编写了这一版本。当时，由于 C 语言刚推出不久，用它来写 Oracle 软件是有一定风险的，但除此之外，别无选择。后来很快就证明了这样做是多么地正确，C 编译器便宜而又有效，从那时起，Oracle 产品有了一个关键的特性——可移植性。Oracle 第 3 版还推出了 SQL 语句和事务处理——SQL 语句要么全部成功，要么全部失败，事务处理要么全部提交，要么全部撤销；引入了非阻塞查询，使用存储在 before image file 中的数据来查询和撤销事务，从而避免了读锁定(read lock)的使用(虽然通过使用表级锁定限制了它的吞吐量)。同样是 1983 年，IBM 发布了姗姗来迟的 Database 2(DB2)，但是 DB2 只可以在 MVS 上使用。此时，在数据库管理系统方面，Oracle 已经获得了先机。

Oracle 最先将其软件移植到 DEC VAX 计算机上的 VMS 操作系统上。早在 1979 年公司就雇了一位 DEC 公司的技术高手 Robot Brandt 进行 VAX 上 Oracle 的开发，而 Brandt 比较成功地完成了 Oracle 移植工作。随着 VAX 小型机的大量销售乃至供不应求，Oracle 软件也成为 VAX 上最受欢迎的数据库管理系统。短短的几年时间，Oracle 数据库可被移植到各种主要平台之上，Oracle 产品也一直因为有可移植性这个关键特性而被那些潜在的客户喜爱。

1984 年 10 月，Oracle 发布了第 4 版产品，产品的稳定性得到了一定的增强，用 Miner 的话说，达到了“工业强度”。这一版增加了读一致性(read consistency)，这是数据库的一个关键特性，可以确保用户在查询期间得到一致的数据。也就是说，当一个会话正在修改数据时，其他的会话将看不到该会话未提交的修改。同样在这一年中，Oracle 公司的开发人员把 Oracle 产品移植到 PC 上。

1985 年，Oracle 发布了 5.0 版。有用户说，这个版本算得上是 Oracle 数据库的稳定版本。这也是首批可以在 Client/Server 模式下运行的 RDBMS 产品，在技术趋势上，Oracle 数据库始终没有落后，这意味着运行在桌面 PC 机(客户机)上的商务应用程序能够通过网络访问数据库服务器。1986 年发布的 5.1 版还支持分布式查询，允许通过一次性查询访问存储在多个位置的数据。

1985 年，IBM 决定把自己的 SQL(Structured Query Language)提交给数据库标准委员会，Oracle 看到并抓住了这个绝佳的机会，大肆宣布 Oracle 全面与 SQL 兼容，紧跟 IBM 使得 Oracle 得以成长、壮大。

1986 年 3 月 12 日，Oracle 公司以每股 15 美元公开上市，当日以 20.75 美元收盘，公司市值 2.7 亿美元。

Oracle 第 6 版于 1988 年发布。由于 Oracle 过去的版本在性能上屡受诟病，Miner 带领着工程师对数据库的核心进行了重新改写，引入了表的行级锁(row-level locking)这一重要特性，也就是说，执行写入的事务处理只锁定受影响的行，而不是整个表。这个版本首次引入了 PL/SQL(Procedural Language extension to SQL)语言以及联机热备份功能，使数据库能够在使用过程中创建联机的备份，这极大地增强了可用性。同时在这一年，Oracle 开始研发 ERP 软件。

Oracle 第 6 版发布之后不久，由于没有进行充分的软件测试，很多迫不及待开始使用的用户怨声载道，开始对 Oracle 进行大肆抨击，Oracle 的一些对手也针对 Oracle 产品的弱点对其进行攻击。

同时，由于 Oracle 公司的高速增长也为其带来了巨大的隐患。1990 财年 Oracle 公司利润距离预期相差甚远，面对股东的指控，股票一落千丈，公司前景暗淡，甚至面临破产。Ellison 大力整顿财务，宣布削减开支，裁减大量销售人员，同时聘用了专门的管理人才。

Oracle 第 7 版的推出结束了这场噩梦。1992 年 6 月 Oracle 第 7 版闪亮登场，这一次公司吸取了第 6 版匆忙上市的教训，听取了用户多方面的建议，并集中力量对新版本进行了大量而细致的测试。该版本增加了许多新的性能，如分布式事务处理功能、增强的管理功能、用于应用程序开发的新工具以及安全性方法等，还包含了一些新功能，如存储过程、触发过程和说明性引用完整性等，并使得数据库真正的具有可编程能力。另外，这个版本在原有的基于规则的优化器(RBO)之外引入一种新的优化器——基于开销的优化器(Cost-Based Optimizer，CBO)，CBO 根据数据库自身对对象的统计来计算语句的执行开销，从而得出具体的语句执行计划。在以后的几个重大版本中，Oracle 的工程师们逐步对这个优化器进行改进，CBO 逐渐取代了 RBO。

Oracle 第 7 版是 Oracle 真正出色的产品，取得了巨大的成功。当时 Sybase 公司的数据库已经占据了不少市场份额，Oracle 借助这一版本的成功，一举击退了 Sybase 这一强劲的对手。Oracle 公司经过近 3 年的治理，终于摆脱了各种困境，重新开始健康发展，销售额也从 1992 年的 15 亿美元变为 4 年后的 42 亿美元。

1995 年在巴黎举行的欧洲信息技术论坛会议上，Ellison 在即兴演讲中介绍了网络计算机(Network Computer，NC)的概念。所谓 NC 指的是配置简单却能充分利用网络资源的低价计算机，它不需要操作系统，或者更准确地说，不需要微软的操作系统。Ellison 希望借此来抵制微软的强势。很快，Oracle 联合 IBM、Sun、Apple 和 Netscape 在 1996 年制定了网络计算机标准，但事实上人们从头到尾没有看到一台真正的 NC 生产出来。这次的演讲在业界引起了轩然大波， Oracle 公司吸引了足够多的注意力，同时也让人们看到 Oracle 公司对于网络计算机的巨大信心。

1997 年 6 月，Oracle 第 8 版发布。Oracle 8 支持面向对象开发及新的多媒体应用，也为支持 Internet、网络计算等奠定了基础。同时这一版本开始具有同时处理大量用户和海量数据的特性。

1998 年 9 月，Oracle 公司正式发布 Oracle 8i。“i”代表 Internet，表示该版本中增加了大量为支持 Internet 而设计的特性。Oracle 8i 为数据库用户提供了全方位的 Java 支持，是第一个完全整合了本地 Java 运行环境的数据库，用 Java 就可以编写 Oracle 的存储过程。Oracle 8i 添加了 SQLJ(一种开放式标准，用于将 SQL 数据库语句嵌入客户机或服务器的 Java 代码)和 Oracle inter Media(用于管理多媒体内容)以及 XML 等特性，同时，在极大程度上提高了伸缩性、扩展性和可用性以满足网络应用需要。接下来的几年中，Oracle 又陆续发布了 8i 的几个版本，并逐渐添加了一些面向网络应用的新特性。

面对开源运动的蓬勃发展，Oracle 自然不甘落后，1998 年 10 月 Oracle 发布了可用于 Linux 平台的 Oracle 8 以及 Oracle Application Server 4.0。随后不久，Oracle 又发布了 Oracle 8i for Linux。

在 2001 年 6 月的 Oracle Open World 大会上，Oracle 发布了 Oracle 9i。在 Oracle 9i 的诸多新特性中，最重要的就是 Real Application Clusters(RAC，实时应用集群)了。对于 Oracle 集群服务器，早在第 5 版的时候，Oracle 就开始开发 Oracle 并行服务器(Oracle Parallel Server)，并在以后的版本中逐渐完善了其功能。严格来说，尽管 OPS 算得上是个集群环境，却并没有体现出集群技术应有的优点。在完全吸收了 Rdb(Oracle 在 1994 年收购了 Compaq 的 Rdb 数据库，此前 Rdb 属于 DEC 公司，DEC 公司第一个在 VAX 上实现了可以商用的 Rdb 集群数据库)的一些技术优势之后，Oracle 终于推出了真正的应用集群软件 RAC。RAC 使得多个集群计算机能够共享对某个单一数据库的访问，以获得更高的可伸缩性、可用性和经济性等。Oracle 9i 的 RAC 在 TPC-C 的基准测试中打破了数项纪录，一时间业内瞩目。该版本数据库还包含集成的商务智能(BI)功能，其第 2 版还做出了很多重要的改进，使 Oracle 成为一个本地的 XML 数据库；此外还包括自动管理、Data Guard 等高可用方面的特性。

2003 年 9 月 8 日，在旧金山举办的 Oracle World 大会上，Ellison 宣布下一代数据库产品为 Oracle 11g，g 代表 grid(网格)，表示该版的最大特性就是加入了网格计算的功能。网格计算可以把分布在世界各地的计算机连接在一起，并且将各地的计算机资源通过高速的互联网组成充分共享的资源集成，通过合理调度，不同的计算环境被综合利用并共享。2004 年春季，Oracle 发布版本 10.1.0.2，Oracle 公司在这个旗舰式数据库产品的新版本中引进了许多新增特性，其中有三个特性最为引人注目：管理的简易性、增强的可缩放性以及改进的性能管理等。

管理的简易性特性包括分配给数据库的磁盘存储器的自动管理、数据库内存结构的前瞻性监视与自调节、预配置的数据库报警，以及用于监视和管理整个 Oracle 体系结构的增强型 Web 工具等。

可缩放性和性能改进主要以 Oracle 的网格计算(grid computing)模型为基础。其设计意图是让企业能够转变将许多单独的服务器专用于少量应用的观念。因为采用这种方式配置应用软件，要么应用软件不能充分利用服务器的可用硬件资源，比如内存、CPU 和磁盘等，要么在高峰期间缺乏这些资源。通过比较，在 Oracle 网格计算模型下运行的数据库，能够根据需要被分布在任意少或者任意多的服务器上，进而始终最有效地利用每个可用的硬件资源。与此同时，Oracle 11g 的自动性能监视与调节机制动态地调整数据库的这些资源分配，以便于性能改善。

2007 年 7 月 12 日，Oracle 在美国纽约宣布推出 Oracle 数据库 11g，这是 Oracle 数据库这个全球最流行的数据库的最新版本。Oracle 11g 有 400 多项功能，经过了 1500 万个小时的测试，开发工作量达到 3.6 万人/月。迄今为止，在 Oracle 推出的众多产品中，Oracle 11g 是最具创新性和质量最高的软件。Oracle 11g 继续专注于网格计算，通过由低成本服务器和存储设备组成的网格提供快速、可扩展的、可靠的数据处理，支持最苛刻的数据仓库、交易处理和内容管理环境。

2013年6月，Oracle Database 12c 版本正式发布，首先发布的版本号是12.1.0.1.0。Oracle 12c 中的 c 代表 cloud，是专有云，采用了新的多租户架构、内存中的列存储，以及 JSON 文件的支持等。Oracle 12c 可以帮助客户更有效地利用其 IT 资源，同时继续降低成本并提高对用户的服务水平；引入了一个新的多承租方架构，使用该架构可轻松部署和管理数据库云。此外，一些创新特性可最大限度地提高资源使用率和灵活性，如 Oracle Multitenant 可快速整合多个数据库，而 Automatic Data Optimization 和 Heat Map 能以更高的密度压缩数据和对数据分层。这些独一无二的技术再加上在可用性、安全性和大数据支持方面的主要增强，使得 Oracle 12c 成为私有云和公有云部署的理想平台。

目前，Oracle 数据库最新版本为 Oracle Database 19c。Oracle Database 19c 建立并扩展了先前版本的创新，包括多租户、内存中的列存储、JSON 支持以及支持 Oracle 自主数据库云服务的许多其他功能。Oracle Database 19c 是 Oracle Database 12c 和 Oracle Database 18c 系列产品的最后一个长期支持版本，现在可以在 Oracle Exadata 和 LiveSQL.oracle.com 平台上使用。Oracle Database 19c 为客户的所有运营和分析工作负载提供可扩展性、可靠性和安全性等性能。

1.3 Oracle 12c 简介

1.3.1 Oracle 数据库系统的特点

Oracle 数据库系统主要有四大特性，分别介绍如下。

1. 完整的数据管理功能

(1) 数据的大量性。

(2) 数据保存的持久性。

(3) 数据的共享性。

(4) 数据的可靠性。

2. 完备关系的产品

(1) 信息准则——关系型 DBMS 的所有信息都应在逻辑上用一种方法，即表中的值显式地表示。

(2) 保证访问的准则。

(3) 视图更新准则。只要形成视图的表中的数据变化了，相应的视图中的数据同时变化。

(4) 数据物理性和逻辑性独立准则。

3. 分布式处理功能

Oracle 数据库自第5版起就提供了分布式处理能力，到第7版已经有比较完善的分布式数据库功能了。一个 Oracle 分布式数据库由 oracle rdbms、sql*Net、SQL*CONNECT 和其他非 Oracle 的关系型产品构成。

4. 用 Oracle 能轻松地实现数据仓库的操作

Oracle 数据仓库解决方案主要包括 Oracle Express 和 Oracle Discoverer 两个部分。Oracle

Express 由 4 个工具组成：Oracle Express Server 是一个 MOLAP (多维 OLAP)服务器，它利用多维模型，存储和管理多维数据库或多维高速缓存，同时也能够访问多种关系数据库；Oracle Express Web Agent 通过 CGI 或 Web 插件支持基于 Web 的动态多维数据展现；Oracle Express Objects 前端数据分析工具(目前仅支持 Windows 平台)提供了图形化建模和假设分析功能，支持可视化开发和事件驱动编程技术，提供了兼容 Visual Basic 语法的语言，支持 OCX 和 OLE；Oracle Express Analyzer 是通用的、面向最终用户的报告和分析工具(目前仅支持 Windows 平台)。Oracle Discoverer 即席查询工具是专门为最终用户设计的，分为最终用户版和管理员版。

1.3.2 Oracle 版本号的含义

Oracle 产品版本号由 5 部分数字组成，如图 1-1 所示。

图 1-1　Oracle 产品组成

(1) 主发布版本号是版本最重要的标识，表示重大的改进和新的特征。

(2) 主发布维护号是维护版本号，表示一些新特性的增加和改进。

(3) 应用服务器版本号是 Oracle 应用服务器(Oracle Application Server)的版本号。

(4) 构件特定版本号是针对构件升级的版本号。

(5) 平台特定版本号标识操作系统平台相关的发布版本。当不同的平台需要相同层次的补丁时，这个数字将会是一样的。

1.3.3 Oracle 12c 的新特性

Oracle Database 12c 引入云计算技术的支持、提供云平台管理、帮助客户更有效地利用其 IT 资源、同时继续降低成本并提高用户的服务水平；引入了一个新的多承租方架构，使用该架构可轻松部署和管理数据库云。

1. 多租户架构

Oracle 数据库从 12cR1 开始引入多租户架构。在多租用户环境(Multitenant Environment)中，允许一个数据库容器(Container Database，CDB)承载多个可插拔数据库(Pluggable Database，PDB)。在 Oracle 12c 之前，实例与数据库是一对一或多对一关系(RAC)，即一个实例只能与一个数据库相关联，数据库可以被多个实例所加载，而实例与数据库不可能是一对多的关系。当进入 Oracle 12c 后，实例与数据库可以是一对多的关系。

Oracle 将 CDB 看成一个容器，用来存放数据库。CDB 中可以有多个 PDB，其中包含一个 root 根容器(PDB$ROOT)、一个种子容器(PDB$SEED)和多个 PDBS。客户可以在使用

Oracle Multitenant 进行整合的数据库中使用闪回数据归档，从而为使用多租户容器数据库中的可插拔数据库(PDB)的应用程序提供轻松的历史跟踪功能。

2. 大表自动缓存

在以前的 Oracle 版本中，当多个扫描操作争用缓存时，内存中并行查询将无法正常工作。Oracle 12c 的大表自动缓存功能为表扫描工作实现了一个称为大表缓存的新缓存。此大表缓存可对不完全适合缓冲区缓存的表进行全表扫描，从而显著提高性能。

3. 完整数据库缓存

Oracle 数据库 12c 具有完整的数据库缓存，可用于将整个数据库缓存在内存中。当数据库实例缓冲区的高速缓存大于整个数据库大小时，应使用它。在 Oracle RAC 系统中，对于分区良好的应用程序，当所有实例组合缓冲区的高速缓存(具有一些额外的空间来处理实例之间重复的高速缓存块)大于数据库大小时，也可以使用此功能。

缓存整个数据库具有显著的性能优势，特别是对于以前受 I/O 吞吐量或响应时间限制的工作负载而言。更具体地说，此功能通过强制缓存所有表来提高全表扫描的性能。这与默认行为有所不同，在默认行为中，较大的表未保留在缓冲区高速缓存中，无法进行全表扫描。

4. 内存中列存储

Oracle 数据库 12c 具有内存中列存储特性。内存中列存储(IM 列存储)是系统全局区域(SGA)的可选部分，用于存储表、表分区和其他数据库对象的副本。列存储格式使扫描、连接和聚合的执行速度比传统磁盘格式的分析样式查询快得多。内存中列存储不会替代磁盘上或缓冲区高速缓存格式，而是对象的另一种与事务一致的副本。由于列存储已无缝集成到数据库中，因此应用程序可以透明地使用此功能，而无须进行任何更改，DBA 只需要将内存分配给内存中列存储。在 IM 列存储中，数据是按列而不是行填充的，就像在 SGA 的其他部分一样，并且针对快速扫描对数据进行了优化。IM 列存储包含在 Oracle Database In-Memory 选项中。

5. JSON 支持

Oracle 数据库 12c 增加了对 JSON 的支持，提供了更多的 JSON 语法功能。该功能增加了对存储、查询和索引 JavaScript 对象数据到 Oracle 数据库的支持，并允许强制存储在 Oracle 数据库中的 JSON 符合 JSON 规则。还允许使用 PATH 基于基础的符号查询 JSON 数据，并添加新的运算符，PATH 可以将基于 JSON 的查询集成到 SQL 操作中。

随着 JSON 数据量的增加，有必要提供与关系数据类似的安全性、可靠性和可用性级别的方式来存储和查询该数据。该功能允许在 Oracle 数据库内部处理以 JSON 数据表示的信息。

6. 内存中聚合

Oracle 数据库 12c 的内存中聚合功能优化了将维度表连接到事实表并使用 CPU 和内存效率以及 VECTOR GROUP BY 聚合操作聚合数据的查询。内存中聚合可提高星形查询的性能并减少 CPU 使用率，从而提供更快、更一致的查询性能，并支持大量并发用户。与替代的SQL执行计划相比，性能改善显著，在包含更多维度并汇总事实表的更多行的查询中，可以看到更大的改进。大多数情况下，内存中聚合消除了对汇总表的需求，从而简化了星形模式的维护并允许访问实时数据。

7. 高级索引压缩

在Oracle数据库12c中， 高级索引压缩特性可用。高级索引压缩很好地支持索引，包括：候选集不是很好的已存在前缀压缩索引；在索引的列族头，没有或者少有重复值的索引。当提供有效的索引入口时，高级索引压缩明显提高压缩比率。

8. 快速家庭配置

Oracle数据库12c的快速家庭配置允许根据存储在预先创建的房屋目录中的黄金映像来部署Oracle房屋。通过集中管理可以显著缩短Oracle数据库的供应时间，同时将房屋更新简化为链接。内部使用Oracle快照技术进一步改善了群集之间的家庭共享并减少了存储空间。

9. Oracle SQL和PL / SQL的优化

Oracle数据库12c可以缓存结果调用者的权限功能；可以使用DIRECTORY类型的对象定义LIBRARY类型的对象，DIRECTORY类型可以成为文件系统路径的单点维护；增强了Oracle本机LEFT OUTER JOIN语法，单个表可以是多个表的null生成表；提供了Java和JDBC应用程序将PL / SQL包类型和布尔类型作为参数绑定的功能；限制将PL / SQL单元引用到数据库对象白名单的能力的机制；允许数据库客户端API(例如，OCI和JDBC)以本机方式描述和绑定PL / SQL包类型和布尔类型等多方面的数据库优化。

10. 分区增强

Oracle数据库12c中对分区功能作了较多的调整，包括以下6个方面：DROP和TRUNCATE分区的异步全局索引维护、用于TRUNCATE和EXCHANGE分区的级联功能、间隔参考分区、在线移动分区、分区表的部分索引、多个分区上的分区维护操作等。

11. DDL操作进行日志记录

在Oracle之前的版本中没有可选方法对DDL操作进行日志记录。而在Oracle数据库12c中可以将DDL操作写入xml和日志文件。要开启这一功能，必须对ENABLE_DDL_LOGGING初始参数进行配置。当此参数为启用状态时，所有的DDL命令会记录在$ORACLE_BASE/diag /rdbms/DBNAME/log|ddl路径下的xml和日志文件中。

12. 临时UNDO

每个Oracle数据库都包含一组与系统相关的表空间，且它们在Oracle数据库中都有不同的用处。在Oracle 12c之前，UNDO记录是由临时表产生并存储在UNDO表空间中的，类似于一个通用或持久的表撤销记录。Oracle 12c引入了临时UNDO功能，临时记录就可以存储在临时表中，而不是存储在UNDO表空间中。由于信息不会写入UNDO日志，UNDO表空间的开销得以减少并且产生的数据也相应减少。

第2章

数据库的建立

数据库设计就是建立数据库及其应用系统的核心和基础，它要求对指定的应用环境构造出较优的数据库模式，建立数据库及其应用，使系统能有效地存储数据，并满足用户的各种应用需求。按照数据库规范化的设计方法，一般将数据库设计分为 6 个阶段，它们包括：系统规划、需求分析、概念设计、逻辑设计、物理设计和系统实施等。由于本书内容的限制，重点讲述逻辑设计、物理设计和系统实施三方面的内容。学习了本章之后，读者将会掌握如下内容。

(1) 数据库逻辑设计；

(2) 数据库物理设计；

(3) 数据库实施；

(4) 创建数据库。

2.1 数据库逻辑设计

数据库逻辑设计包括导出 Oracle 可以处理的数据库的逻辑结构，即数据库的模式和外模式，这些模式在功能、性能、完整性、一致性、约束及数据库可扩充性等方面都要满足用户的要求。数据库逻辑设计直接关系到后续应用系统的开发和数据库的性能，良好的数据库逻辑设计将为数据库应用提供最佳支持。

本节主要介绍如何规划数据库的逻辑设计。在讲述设计数据库逻辑结构之前，首先介绍关系数据库设计的基本理论。

2.1.1 关系数据库设计基础

现实世界的主要对象是实体，它是客观存在并可相互区别的事物。这个“事物”可以指实际的东西，如一个人、一本书、一个零件，也可指抽象的事物，如一次订货，一次借书等，还可以指“事物”与“事物”之间的联系。

1. 实体与关系表

实体是用来描述现实世界中事物及其联系的。把组合在一起的同类事物称为实体集，即性质相同的同类实体的集合，如所有的“课程”、所有的“男学生”，所有的“可征订的杂志”、所有的“杂志”等。这里“同类”是指同一实体集合中每一个实体具有相同的特征要求。如当需要处理“可征订的杂志”时，就将“可征订的杂志”与一般杂志建立为两个实体集合。

用来表示实体某一方面的特性叫属性。例如一个人的姓名、性别、年龄、职务、专长等表示了人的 5 个方面的特性。特性是对同类的限定，人们可以根据需要选择其中的某些特性，甚至赋予新的特性，如职工编号。如果把人作为人事管理的对象，可用职工编号、姓名、性别、年龄、职务等特性描述。如果把人作为财务管理的对象，可用职工编号、姓名、基本工资、工龄工资等特性来描述。

实体是通过它的属性来体现的，因此实体是相关属性的组合。例如，职工编号/10104、姓名/孔世杰、基本工资/2700、工龄工资/800、洗理/50、水电/50、房租/100、实发工资/3700等属性的组合，表示“孔世杰的工资清单”这样一个实体。

实体是千差万别的，即使是同类实体也各不相同，因而不可能有两个实体在所有的属性上都是相同的。实体集合有一个或一组特殊的属性，能够唯一地标识实体集合中的每一个实体，能将一个实体与其他实体区别开来的属性集叫实体标识符。例如在“工资清单”这个实体中，职工编号可作为实体标识符。

在关系数据库 Oracle 中，把实体集表示为表，实体表示为表中的行，属性表示为表中的列，实体标识符表示为关键字或主码。

例如，在一个数据库的“学生”表中记录了实体“学生(students)”所具有的属性或特性，如学生学号、姓名、性别、出生日期、专业等，这些属性表示为 student_id、name、sex、Date of birth (dob)和 specialty 列。

实体“学生(students)”的具体值由一个学生所有列的值组成，每个学生有一个唯一的学生学号(student_id)，该号码可用来区别实体“学生(students)”中的每一名学生。表中的每一行表示一个“学生”实体或关系的一个具体值。例如，表 2.1 中学生学号(student_id)为 10301 的行表示学生高山的信息。

表 2.1 学生(students)实体及其属性的具体值

student_id 学号	name 姓名	sex 性别	dob 出生日期	specialty 专业
10101	王晓芳	女	07-5 月-1988	计算机
10205	李秋枫	男	25-11 月-1990	自动化
10102	刘春苹	女	12-8 月-1991	计算机
10301	高山	男	08-10 月-1990	机电工程
10207	王刚	男	03-4 月-1987	自动化
10112	张纯玉	男	21-7 月-1989	计算机
10318	张冬云	女	26-12 月-1989	机电工程

在同一个数据库中，还有“课程(courses)”表，其中记录了实体“课程(courses)”所具有的属性或特性，如课程编号、课程名称、学分等，这些属性表示为 course_id、course_name、credit_hour 列。

实体“课程(courses)”的具体值由一门课程所有列中的值组成，每门课程有一个唯一的课程编号(course_id)，该号码可用来区别实体“课程(courses)”中的每一门课程。表中的每一行表示一个“课程”实体或关系的一个具体值。例如，表 2.2 中课程编号(course_id)为 10102 的行表示课程“C++语言程序设计”的信息。

表 2.2 课程(courses)实体及其属性的具体值

course_id 课程编号	course_name 课程名称	credit_hour 学分
10101	计算机组成原理	4
10201	自动控制原理	4
10301	工程制图	3
10102	C++语言程序设计	3
10202	模拟电子技术	4
10302	理论力学	3

2. 实体间的联系

一个数据库一般是几个、几十个，甚至上百个实体的集合，集合之间不是孤立的，是有联系的。比如“教学(jiaoxue)”数据库，其中可能有反映学生信息的实体集合“学生(students)”，反映课程信息的实体集合“课程(courses)”，反映教师信息的实体集合“教师(teachers)”等。一名学生一般要学习多门课程，一名教师讲授一门或多门课程，这些就反映了学生、教师、课程之间的联系。两个集合之间的联系，即两个属性或两个实体集合之间的联系。设两个实体集 EA 和 EB 之间具有某种联系，从数据库理论的角度看，它们的联系方式分为一对一联系、一对多联系(多对一联系)、多对多联系三种。

1) 一对一联系

如果实体集 EA 中的任何一个实体当且仅当对应于实体集 EB 中的一个实体，则称 EA 对 EB 是一对一联系，以 1∶1 表示。如专业系部与系主任的关系，一个系部只能有一位系主任；反之，一位系主任只能负责一个系部。

2) 一对多联系(多对一联系)

如果实体集 EA 中至少有一个实体对应于实体集 EB 中一个以上实体，反之，实体集 EB 中任一实体至多对应于实体集 EA 中的一个实体，则称实体集 EA 对实体集 EB 是一对多联系，以 1∶N 表示(或称实体集 EB 对实体集 EA 是多对一联系，以 N∶1 表示)。例如，班级与学生之间的关系，一个班级可以有多名学生，一名学生只能属于一个班级。

3) 多对多联系

如果实体集 EA 中至少有一个实体对应于实体集 EB 中一个以上实体；反之，实体集 EB 中也至少有一个实体对应于实体集 EA 中一个以上实体，则称 EA 与 EB 是多对多联系，以 N∶M 表示。例如，学生与课程之间的联系，一名学生可以学习多门课程，多名学生可以学习一门课程。

2.1.2 关系数据库规范化

规范化就是在设计数据库时，采用一些特殊规则，避免数据的不一致性和冗余。用 SQL 来处理数据库中的数据，规范化是必需的。如果设计不好，就很难使用 SQL 来操作数据。

在 Oracle 数据库中创建一个表非常容易，但是如何优化设计应用数据库是最重要的。数据设计主要是数据库模式的设计，将直接影响数据库的质量。关系数据模式中的各个属性之间是相互关联的，它们之间相互依赖、相互制约，构成了一个结构严谨的整体。因此在设计数据库的模式时，必须从语义上分析这些关联。一个较好的关系数据库模式，它的各个关系中的属性一定要满足某种内在的语义条件，即要按照一定的规范关系设计数据库模式，这就是关系模式的规范化。

为了使关系数据库设计的方法趋于完备，数据库专家研究了关系规范化理论。从 1971 年起，Codd 相继提出了第一、第二和第三范式，Codd 和 Boyce 合作提出了 Boyce-Codd 范式。这些范式通常也称为 1NF、2NF、3NF 和 BCNF。

所谓范式是指规范化的关系模式。由于规范化的程度不同，就产生了不同的范式。

1. 第一范式

如果一个实体(表)的所有属性都是不可分割的，即表中的每一行和每一列均有一个值，并且永远不会是一组值，则这个表被称为满足 1NF。例如，

关系名：students——学生

属性：

student_id——学生学号(主码)

name——学生姓名

sex——学生性别

dob——学生出生日期

SD——学生所在系的名称

SL——学生所住宿舍楼

SH——学生的家庭成员

不满足第一范式，因为属性 SH(学生的家庭成员)可以再分解。比如分解为父亲、母亲等。

2. 第二范式

第二范式允许表中用多个属性作为主码，这意味着非主码属性依赖于主码。理解第二范式和第三范式需要了解函数依赖性的概念。如果属性 B 函数依赖于属性 A，那么，若知道了 A 的值，则完全可以找到 B 的值。这并不是说可以导出 B 的值，而是逻辑上只能存在一个 B 的值。例如，如果知道某人的唯一标识符，如身份证号，则可以得到此人的身高、职业、学历等信息，所有这些信息都依赖于确认此人的唯一标识符。而通过非主码属性如年龄，则无法确定此人的身高，从关系数据库的角度来看，身高不依赖于年龄。

在包括多个主码的表中，如果非主码属性只函数依赖于主码中的一部分来确定信息，则违反了第二范式。例如，

关系名：students_grade——学生成绩

主码：student_id、course_id

属性：

student_id——学生学号

course_id——课程编号

grade——成绩

dob——学生出生日期

关系 students_grade 不满足第二范式，因为属性 grade 虽完全函数依赖于主码 student_id、course_id，即只有同时确定了学生学号(student_id)和课程编号(course_id)才能确定成绩(grade)；但属性 dob 只函数依赖于部分主码 student_id，即只要确定了学生学号就能确定出生日期(dob)。

3. 第三范式

第三范式是指每个非关键字列都独立于其他非关键字列，并依赖于关键字，表明表中不能存在传递函数依赖关系。从实践的角度看，第三范式是指存在一个属性，它的函数依赖的属性既不是主码也不是候选码。违反第三范式意味着数据库设计出现了错误。一旦发现出现，必须予以纠正。如果实体或表中的属性函数依赖于其他非主属性，且如果存在非主属性对于码的传递函数依赖，就肯定是该属性放到了错误的表中或数据模型本身有缺陷。例如，

关系名：students——学生

属性：

student_id——学生学号(主码)

name——学生姓名

sex——学生性别

dob——学生出生日期

SD——学生所在系的名称

SL——学生所住宿舍楼

关系 students 主码为 student_id，不满足第三范式，因为属性 SL 函数依赖于主码 student_id，但也可从非主码属性 SD 导出，即 SL 函数传递依赖于 SD。

4. Boyce-Codd 范式

规范化规则并不能帮助建立好的数据模型，它们所提供的是一种测试手段，用来检验所建立的数据模型是否正确。范式经常用来创建可能的最好的数据模型和检查其是否违反了规范化规则。在这一点上，还有另外一种规范化规则，它有效地将前三种规则结合起来，称为 Boyce-Codd 范式。该范式可表述为："在表中，可以将其中一列或多列指定为主码，也可以指定其他某些列为候选码，表中也存在着其他属性。不考虑候选码，唯一的函数依赖关系存在于表中每个属性和整个主码之间。"即消除对主属性的部分和传递函数依赖。任何其他函数依赖性的存在都违反了 Boyce-Codd 范式。

Boyce-Codd 范式是用来考虑规范化的最简单方法。建立数据模型时，用 Boyce-Codd 范式作为标准来评价函数依赖性，如果发现了违反该范式的现象，首先要识别出是违反了第一、第二还是第三范式，以通知其他开发人员出现了违规现象，这也是考虑规范化更加直观的一种方式。

数据库规范化理论就简单介绍到这里，其余范式(4NF、5NF)就不介绍了，感兴趣的读者请参考其他数据库理论方面的书籍。

2.2 数据库物理设计

数据库逻辑结构确定以后，就可在此基础上进行数据库物理结构的设计。数据库物理结构有时也被称为存储结构，其设计的主要任务是：对数据库中数据在物理设备上的存放结构和存取方法进行设计。数据库物理结构不仅依赖于具体的计算机系统，而且与选用的数据库管理系统(DBMS)密切相关。

1. 设计步骤

数据库物理设计分为 5 个步骤进行，要使其满足系统所需要的性能和用户的要求，可能需要反复多次才能完成。

(1) 存储记录结构设计。包括记录的组成、数据项的类型和长度，以及逻辑记录到存储记录的映射。对数据项类型特征作分析，对存储记录进行格式化，决定如何进行数据压缩或代码化。对含有较多属性的关系，按其中属性的使用频率不同进行列分割；对含有较多记录的关系，按其中记录使用频率的不同进行记录行分割，并把分割后的关系定义在相同或不同类型的物理设备上，或同一设备的不同区域上，从而使访问数据库的代价最小，提高数据库的性能。

(2) 确定数据存储方式。物理设计中最重要的一个步骤是将存储记录在全范围内进行物理安排，存放的方式有以下 4 种。

① 顺序存放。平均查询次数为关系记录数的 1/2。

② 杂凑存放。查询次数由杂凑算法决定。

③ 索引存放。要确定建立何种索引，及索引的表和属性。

④ 聚簇存放。聚簇是指将不同类型的记录分配到相同的物理区域中，以充分利用物理顺序性的优点，从而提高访问速度，即把经常在一起使用的记录聚簇在一起，以减少物理 I/O 次数。

(3) 设计访问方法。访问方法设计为存储在物理设备上的数据提供存储结构和查询路径，这与数据库管理系统(DBMS)有很大关系。

(4) 完整性和安全性考虑。根据逻辑设计文档中提供的对数据库的约束条件以及具体的数据库管理系统(DBMS)、操作系统(OS)的性能特征和硬件环境，设计数据库的完整性和安全性措施。

(5) 形成物理设计文档。该文档内容包括存储记录格式、存储记录位置分布及访问方法、能满足的操作需求，并给出对硬件和软件系统的约束。

在物理设计中，应充分注意物理数据的独立性。所谓物理数据的独立性，是指消除由于物理数据结构设计变动而引起的对应用程序的修改。

2. 设计性能

数据库的性能用开销(cost)，即时间、空间及可能的费用来衡量。在数据库应用系统生存周期中，总的开销包括规划开销、设计开销、实施和测试开销、操作开销和运行维护开销等。

物理设计的性能主要考虑操作开销，即如何降低操作开销以提高物理设计的性能。为使用户获得及时、准确的数据，所需开销和计算机资源可分为以下几类。

(1) 查询和响应时间。响应时间定义为从查询开始到查询结果显示之间所经历的时间。它包括 CPU 服务时间、CPU 队列等待时间、I/O 服务时间、I/O 队列等待时间、封锁延迟时间和通信延迟时间等。

一个良好的数据库应用系统设计可以减少 CPU 服务时间和 I/O 服务时间。例如，如果采用有效的数据压缩技术，选择好的访问路径和合理安排记录的存储等，都可以减少服务时间。

(2) 更新事务的开销。主要包括修改索引、重写物理块或文件、写数据校验等方面的开销。

(3) 报告生成的开销。主要包括检索、重组、排序和结果显示等方面的开销。

(4) 主存储空间开销。包括程序和数据所占用的空间的开销。一般对于数据库设计者来说，可以对缓冲区分配(包括缓冲区个数和大小)作适当的控制，以减少空间开销。

(5) 辅助存储空间。分为数据块和索引块两种空间，设计者可以控制索引块的大小、装载因子、指针选择项和数据冗余度等。

实际上，数据库设计者能有效控制 I/O 服务和辅助空间，有限地控制封锁延迟、CPU 时间和主存空间，而完全不能控制 CPU 和 I/O 队列等待时间、数据通信延迟时间等。

提高数据库物理设计的性能，有下面一些基本考虑。

(1) 为表和索引建立不同的表空间，禁止在系统表空间中放入非核心 Oracle 系统成分的对象，确保数据表空间和索引表空间位于不同的磁盘驱动器上。

(2) 了解终端用户怎样访问数据，如果可能，将经常同时查询和频繁查询的对象放在不同的物理磁盘上。

(3) 当数据库包含允许用户并行访问不同数据元素的大对象数据时，将大对象数据对象分割存放在多个磁盘上是有好处的。在某个操作系统平台上定义拥有数百万行的表时，则更需小心，因为数据库文件的大小会受到限制，这种限制是由操作系统而不是由 Oracle 引起的。

(4) 在独立的各盘上至少创建两个用户定义的回滚段表空间，以存放用户自己的回滚段。在初始化文件中安排回滚段的次序，使它们在多个磁盘之间进行切换。

(5) 将重做日志文件放在一个读写较少的盘上。对于每个 Oracle 实例，要建立两个以上的重做日志组，同组的两个成员放在不同的设备上。

(6) 确定表和索引的大小，这决定了保存它们所需的表空间的尺寸，也决定了哪些表空间物理地装在哪些盘上和哪些表空间可以结合在一起。具体的估算方法可以参照 Oracle 有关公式。

对于不同的应用环境，对数据库的物理结构具有不同的要求。用户可以根据特定的应用环境对数据库的要求，设计对应数据库的物理结构，使得数据库能够支持企业计算。

2.3 数据库实施

1. 数据库的实现

根据逻辑设计和物理设计的结果，在计算机上建立实际数据库结构、装入数据、测试和运行的过程称为数据库的实现。

(1) 建立实际的数据库结构。

(2) 装入试验数据对应用程序进行测试，以确认其功能和性能是否满足设计要求，并检查其空间的占有情况。

(3) 装入实际数据，即数据库加载，建立实际的数据库。

2. 其他设计

其他设计工作包括数据库的安全性、完整性、一致性和可恢复性等的设计。这些设计总是以牺牲效率为代价的。设计人员的任务就是要在效率和尽可能多的功能之间进行合理权衡。

(1) 数据库的再组织设计。改变数据库的概念、逻辑和物理结构称为再组织(reorganization)，其中改变概念或逻辑结构又称“再构造”(restructuring)，改变物理结构称为“再格式化”(reformatting)。再组织通常是由于环境需求的变化或性能原因而引起的，一般 DBMS 特别是 RDBMS 都提供数据库的再组织实用程序。

(2) 故障恢复方案设计。数据库设计中考虑的故障恢复方案，一般都是基于 DBMS 系统提供的故障恢复手段。如果 DBMS 已提供了完善的软硬件故障恢复和存储介质的故障恢复手段，那么设计阶段的任务就是将其简化为确定系统登录的物理参数，如缓冲区个数、大小，逻辑块的长度，物理设备等。否则，就要制订人工备份方案。

(3) 安全性考虑。许多 DBMS 都有描述各种对象(如记录、数据项)存取权限的成分。在设计数据库时，应根据对用户的需求分析，规定相应的存取权限。子模式是实现数据库安全性要求的一个重要手段。也可在应用程序中设置密码，对不同的使用者给予相应的密码，以密码控制使用级别。

(4) 事务控制。大多数 DBMS 都支持事务概念，以保证多用户环境下的数据完整性和一致性。事务控制有人工和系统两种办法，系统控制以数据操作语句为单位，人工控制则由程序员以事务的开始和结束语句显式实现。大多数 DBMS 提供封锁粒度的选择，封锁粒度可分为表级、页面级、记录级和数据项级等，粒度越大控制越简单，但并发性能差，这些在设计中都要统筹考虑。

3. 运行与维护

数据库正式投入运行，标志着数据库设计和应用开发工作的结束和运行维护阶段的开始。本阶段的主要工作如下。

(1) 维护数据库的安全性和完整性。及时调整授权和密码，转储及恢复数据库。

(2) 监测并改善数据库性能。分析评估存储空间和响应时间，必要时进行再组织。

(3) 增加新的功能。对现有功能按用户需要进行扩充。

(4) 修改错误。包括应用程序和数据库中的数据。

目前，随着 DBMS 功能和性能的提高，特别是在关系型 DBMS 中，物理设计的大部分功能和性能可由 RDBMS 来承担，所以选择一个合适的 DBMS 能使数据库物理设计变得十分简单。

2.4 创建数据库

数据库经过逻辑设计和物理设计以后，便可以选择数据库软硬件平台创建数据库。选择 Oracle 12c 作为数据库管理系统，创建数据库的方法有三种：①安装 Oracle 12c 数据库服务器的同时创建数据库；②Oracle 12c 数据库服务器安装以后，利用数据库配置助手(DBCA，DataBase Configuration Assistant)创建数据库；③Oracle 12c 数据库服务器安装以后，使用 CREATE DATABASE 语句创建数据库。

下面选用第一种方法创建范例数据库：jiaoxue。

2.4.1 数据库创建前的准备

Oracle 12c 是建立在计算机硬件、软件环境之上的数据库管理系统，在安装数据库服务器并创建数据库之前，需要考虑 Oracle 12c 对硬件、软件环境的要求。Oracle 12c 数据库服务器有适合多种软硬件平台的版本。

1. 硬件环境

Oraclel 2c 功能强大，对计算机系统资源要求较高，较低的硬件配置将会影响它的运行效率。建议最低硬件配置为：Pentium Ⅲ 以上 CPU、256MB 以上的内存、4GB 以上的空闲硬盘空间等。

2. 软件环境

Oracle 12c 数据库 for Windows 版本分 32 位和 64 位两个。本书介绍 64 位版本，其软件环境(操作系统)可在下列之中选择。

(1) Windows 7 Professional；

(2) Windows NT Server；

(3) Windows 2000 Server 版本或以上；

(4) Windows Server 2003 版本或以上。

本书选择 Windows Server 2008 R2 作为安装 Oracle 12c 数据库服务器的软件环境。

3. Oracle 12c 数据库系统软件

Oracle 12c 数据库系统软件有多个版本，如果用于商业数据库管理，可选择去软件经销公司购买。如果用于学习，可以从 Oracle 公司官方网站下载。本书安装的 Oracle 12c 第 1 版(12.1.0.1)下载自 Oracle 公司官方网站。

2.4.2 安装数据库服务器并创建数据库

数据库服务器 Microsoft Windows 的 Oracle 12c 第 1 版(12.1.0.1)中含有三个版本：企业版、标准版和标准版 1。

(1) Oracle 数据库 12c 企业版(Oracle Database 12c Enterprise Edition)提供了一系列选件，用于要求更高的大规模、云计算、联机事务处理、大数据和其他任务关键型业务应用程序。

(2) Oracle 数据库 12c 标准版(Oracle Database 12c Standard Edition)是面向中型企业的一个经济实惠、功能全面的数据管理系统。该版本中包含一个可插拔数据库用于插入云端，还包含 Oracle 真正应用集群用于实现企业级可用性，并且可随业务的增长而轻松扩展。

(3) Oracle 数据库 12c 标准版 1(Oracle Database 12c Standard Edition 1)经过了优化，适用于部署在小型企业、各类业务部门和分散的分支机构环境中。该版本可在单个服务器上运行，最多支持两个插槽。Oracle Database 12c 标准版 1 可以在包括 Windows、Linux 和 UNIX 的所有 Oracle 支持的操作系统上使用。

下面对 Oracle 的安装过程进行详细的说明，其具体安装过程如下。

(1) 在数据库安装光盘目录单击 SETUP.EXE，打开 Oracle 12c 安装向导，或者打开 Oracle 公司官方网站下载软件包后，解压压缩包，从解压的文件中找到 SETUP.EXE 文件，单击 SETUP.EXE，打开图 2-1 所示安装向导的“配置安全更新”界面。输入安装程序要求提供的电子邮件地址；或者勾选 “我希望通过 My Oracle Support 接收安全更新”复选框。如果不需要接收 Oracle 的相关邮件，这里可不输入。

(2) 单击“下一步”按钮，进入“选择安装选项”界面，如图 2-2 所示，安装程序会询问是要创建和配置数据库、仅安装数据库软件，还是升级现有的数据库。因为是首次安装，所以选择第一个选项“创建和配置数据库”。

(3) 单击“下一步”按钮，进入“系统类”界面，如图 2-3 所示，安装程序给出“桌面类”和“服务器类”供选择。因为案例是在桌面计算机上进行安装，因此，这里选择第一个选项“桌面类”。

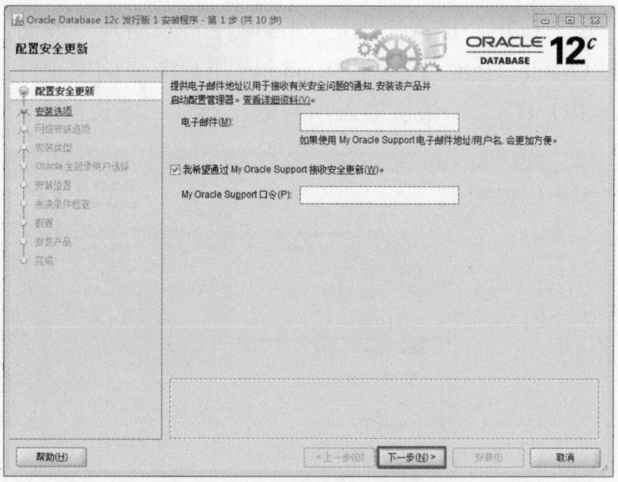

图 2-1 “配置安全更新”界面

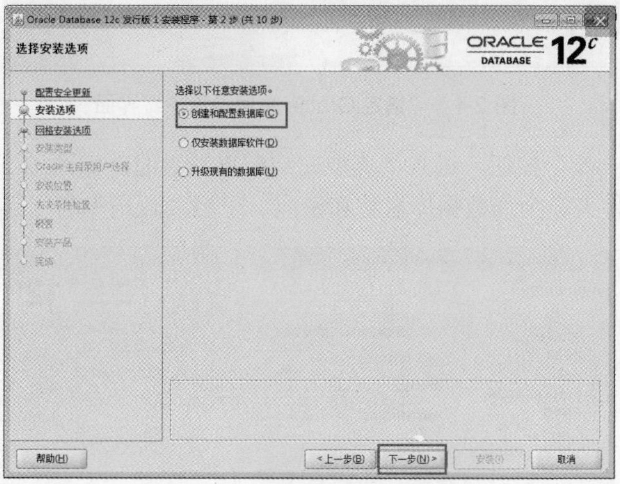

图 2-2 “选择安装选项”界面

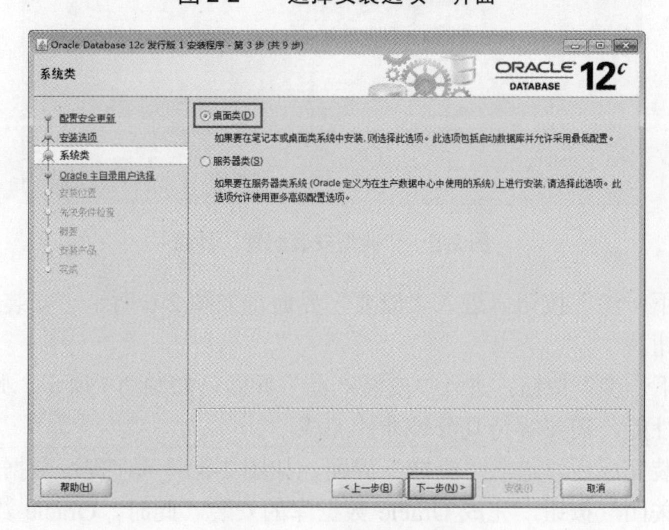

图 2-3 “系统类”界面

(4) 单击“下一步”按钮，进入“指定 Oracle 主目录用户”界面，如图 2-4 所示。允许指定要安装和配置 Oracle Home 以增强 Windows 用户账户的安全性。这里选择第二个选项“创建新 Windows 用户(C)”，依次输入用户名、口令、确认口令。

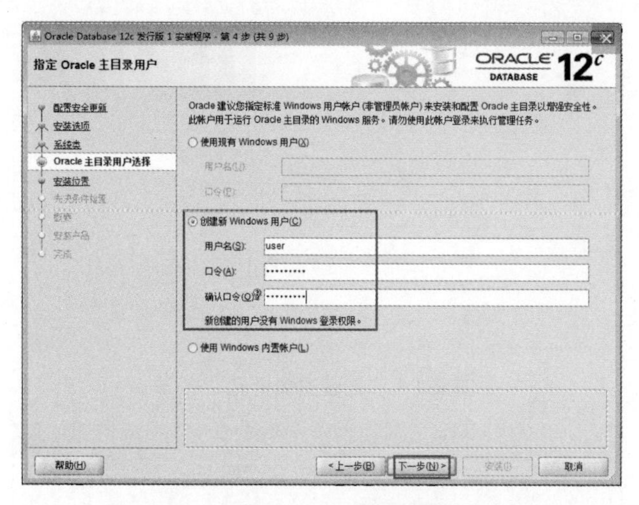

图 2-4 “指定 Oracle 主目录用户”界面

(5) 单击“下一步”按钮，进入“典型安装配置”界面，如图 2-5 所示。选择要安装 Oracle 数据库的文件夹、全局数据库名称和密码、可插入数据库名称等内容。

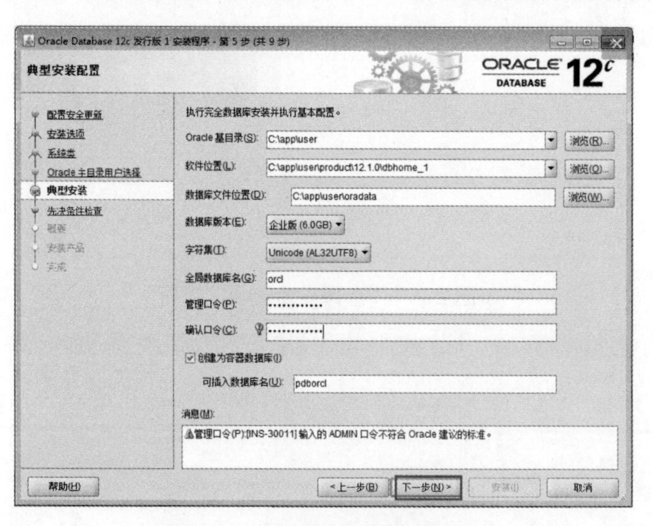

图 2-5 “典型安装配置”界面

(6) 单击“下一步”按钮，进入“概要”界面，如图 2-6 所示。安装环境检查完成后，单击“安装”按钮。

(7) 单击“下一步”按钮，进入“安装产品”界面，如图 2-7 所示。此时程序的安装速度取决于计算机性能，需要等待几分钟才能完成。

(8) 程序安装完成后，进入“完成”界面，如图 2-8 所示，提示数据库安装完成。

(9) 单击“关闭”按钮，完成 Oracle 数据库的安装。此时，Oracle 数据库在 Windows 上的安装结束。

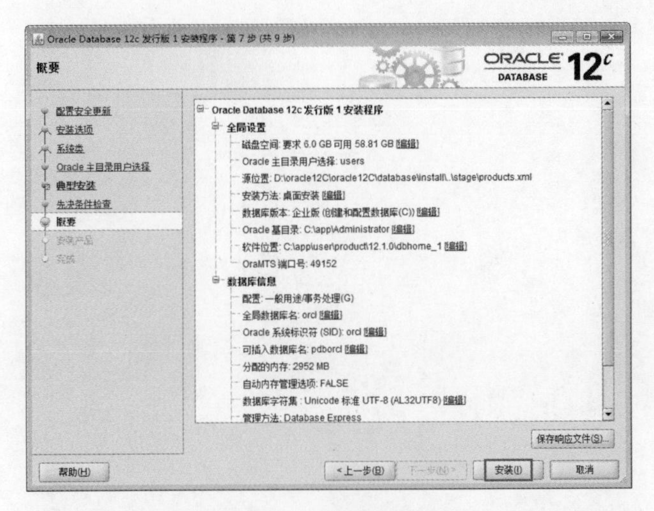

图 2-6 “概要”界面

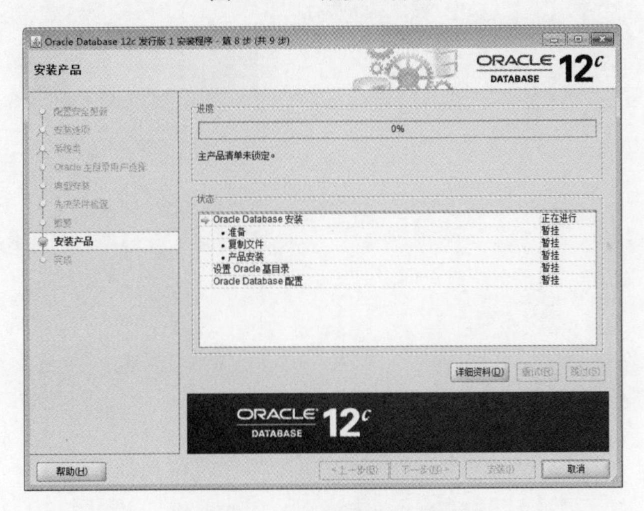

图 2-7 “安装产品”界面

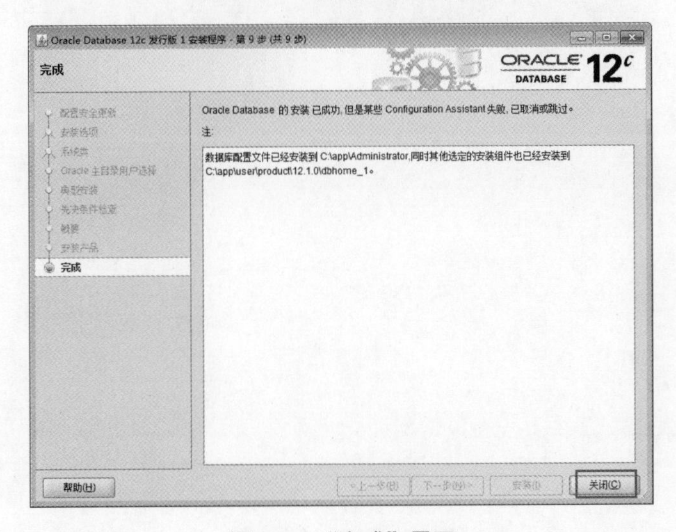

图 2-8 “完成”界面

第3章

SQL 与 PL/SQL 概述

SQL(Structured Query Language)，即结构化查询语言，适用于绝大多数关系数据库。PL/SQL(Procedural Language/SQL)，为 Oracle 数据库所独有。在学习了本章之后，读者将：

(1) 了解 SQL 与 PL/SQL 的产生与发展；

(2) 了解 SQL 与 PL/SQL 语言的特点、组成与功能；

(3) 会使用 SQL 与 PL/SQL 开发工具；

(4) 能够使用 SQL 语句建立、删除表；

(5) 能够使用 SQL 语句添加、删除记录。

3.1 SQL 与 PL/SQL 简介

结构化查询语言(SQL)是关系数据库语言，用于建立、存储、修改、检索和管理关系数据库(包括 Oracle)中的数据。SQL 是所有程序和用户用于存取关系数据库(包括 Oracle)中数据的命令集。

PL/SQL 是 Oracle 对关系数据库语言 SQL 的扩充。PL/SQL 集成了现代软件工程的特点，将 SQL 的数据操纵功能与过程化语言数据处理功能结合起来，允许使用循环、分支等过程化方法来处理数据。PL/SQL 是 Oracle 数据库应用的重要开发工具。

3.1.1 SQL 简介

1. SQL 的产生与发展

SQL(Structured Query Language)，即结构化查询语言，它的前身是 1972 年提出的 SQUARE(Specifying QUeries As Relational Expression)语言，在 1974 年修改为 SEQUEL (Structured English QUEry Language)。两者在本质上是相同的，其差别在于 SQUARE 较多地使用数学符号，而 SEQUEL 更像英语结构，后来把 SEQUEL 简称为 SQL。

由于 SQL 使用方便、功能丰富、语言简洁易学，很快得到推广和应用。例如关系数据库产品 DB2、Oracle 等都实现了 SQL。同时，其他数据库产品厂家也纷纷推出各自支持 SQL 的软件或者与 SQL 的接口软件，这样 SQL 很快被整个计算机界认可。1986 年 10 月美国国家标准局(ANSI)颁布了 SQL 的美国标准。1987 年 6 月，国际标准化组织(ISO)也把这个标准采纳为国际标准，后经修订，在 1989 年 4 月颁布了增强完整性特征的 SQL89 版本，之后又经过多次修订，颁布了多个修订版本，目前所使用的 SQL 标准为 2003 修订并颁布的 SQL：2003。我国也制定了相应的 SQL 国家标准。

一般情况下，实际系统中实现的 SQL 均对标准 SQL 进行了许多扩充，在与关系模型的符合程度上比标准 SQL 更好。

2. SQL 的特点

(1) 非过程化程度高。用户在使用计算机系统完成工作时，是使用系统所提供的计算机语言来表达或描述自己的处理要求的。例如常用的 BASIC、C++、JAVA 等都是系统所提供的计算机语言。用户使用这些语言来编写程序，然后通过程序的执行来完成自己所要做的工作。如果系统提供的计算机语言功能强，用户使用起来就方便得多，描述处理要求也容易。在使用 BASIC、C++、JAVA 等语言编写程序对数据进行处理加工时，需要在程序中把对数据进行处理的每一过程都表达清楚，否则程序就不能正确地反映用户的要求与意图，把这样的语言称为过程化语言。而非过程化语言的特点就是用户只需在程序中指出要做什么，至于如何做，则不必在程序中指出，由系统决定来怎么完成。SQL 是一种非过程化程度相当高的语言，用户只需在程序中指出要做什么就可以了。

由于 SQL 的这种特点，使其使用起来相当方便，程序的编写也相当简单。

(2) 用户性能好。衡量一个好坏的另一个标准是用户性能的好坏。所谓用户性能好是指一种语言在被一个新用户学习掌握时，用户不必花费太多的时间就能学会，并且很快就能熟练地掌握与使用。SQL 就是这样一种用户性能非常好的语言，它非常便于学习与掌握，这也是它受到广大用户喜爱的原因之一。

(3) 语言功能强。SQL 是一种关系数据语言，而关系数据语言分为两大类：①关系代数语言；②关系演算语言。这两类语言在结构上具有不同的特点，各自具有自己的长处。而 SQL 兼有这两类语言的特点，因此 SQL 是一种功能很强的语言。

(4) 提供有“视图”数据结构。SQL 可以对两种基本数据结构进行操作：①表(table)，也就是人们常说的“关系”；②视图(view)，视图可以是由某个表中满足一定条件的元组(行)组成，也可以是由某个表的某些属性(列)组成，还可以是若干个表经过一定运算的结果。总之，视图是由数据库中满足一定约束条件的数据所组成的。通常将表定义为基本关系，视图定义为虚关系，虚关系在数据库中不实际存放。在 SQL 中，用户可以对基本关系进行操作，也可以对视图进行操作，当对视图进行操作时，由系统转换成对基本关系的操作。

视图可以作为某个用户的专用数据部分，这样便于用户使用，提高了数据的独立性，有利于数据的安全保密。

(5) 两种使用方式。SQL 可以通过两种方式使用：命令方式和程序方式。采用命令方式使用 SQL 时，用户通过交互式的方式，每输入一条命令，系统就执行该命令，并且显示执行的结果；SQL 还可以嵌入 BASIC、C++、JAVA 等高级语言中，组成一个完整的程序。用户可根据自己不同的需要，灵活地选择相应的使用方式，以满足不同的要求。

(6) 提供数据控制功能。数据控制功能是数据库系统的重要部分，SQL 提供了事务控制，它能保证数据的共享以及并发使用而不产生干扰，也便于对数据库的恢复。SQL 另外提供了授权控制，也称为存取控制，它是为保证数据的安全性与保密性，防止非法用户对数据库的使用与破坏而采取的一种保护性措施。

3. SQL 的组成与功能

SQL 由下面 5 个子语言组成。

(1) 数据定义语言(DDL，Data Definition Language)；

(2) 数据查询语句(SELECT-Query statements)；

(3) 数据操纵语言(DML，Data Manipulation Language)；

(4) 事务控制语句(TC，Transaction Control statements)；

(5) 数据控制语言(DCL，Data Control Language)。

下面对组成 SQL 的 5 个子语言分别予以介绍。

1) 数据定义语言(DDL，Data Definition Language)

数据定义语言用于定义和修改数据模式(如基本表)：定义外模式(如视图)和内模式(如索引)等。数据定义语言的语句主要有：

(1) CREATE TABLE 创建数据库表；

(2) DROP TABLE 删除数据库表，同时删除建立在该表上的索引和视图；

(3) ALTER TABLE 修改数据库表；

(4) CREATE VIEW 创建数据库视图；

(5) DROP VIEW 删除数据库视图；

(6) CREATE INDEX　　创建数据库表的索引；

(7) DROP INDEX　　　删除数据库表的索引。

2)　数据查询语句(SELECT- Query statements)

SELECT 语句用于按指定的条件从表或视图中检索数据行，它包含着丰富的内容和用法，有很多可选的子句，这些需要在后面的具体应用中加以体会。

3)　数据操纵语言(DML，Data Manipulation Language)

数据操纵语言用于对数据库中内容进行更新，在表中完成插入、修改和删除数据行的数据操作功能。数据操纵语言有 INSERT、UPDATE、DELETE 三条语句。三条语句的功能如下。

(1) INSERT 语句的作用是将新数据行追加到表或视图的基表中；

(2) UPDATE 语句的作用是修改表或视图的基表中的值；

(3) DELETE 语句的作用是从表或视图的基表中删除数据行。

4)　事务控制语句(TC，Transaction Control statements)

Oracle 处理 DML 语句的结果时，以事务(transaction)为单位进行。一个事务为一个工作的逻辑单位，是一组 SQL 语句序列。在执行每一条 DML 语句时，所有的操作都在内存中完成，所以执行完 DML 语句后都应该执行事务控制语句，以决定是否将内存中的数据永久地保留到外存数据库中。建议用户在应用程序中用事务控制语句 COMMIT 或 ROLLBACK 显式地结束每一事务。

COMMIT 语句把当前事务所做的更改写入外存数据库。该语句的作用是结束当前事务，使当前事务所执行的全部修改永久化，同时该命令还删除事务所设置的全部保留点，释放该事务的封锁。

ROLLBACK 语句撤销上次使用 COMMIT 语句以后当前事务中所做的全部或部分更改。同时该命令还删除事务所设置的保留点，释放该事务的封锁。

5)　数据控制语言(DCL，Data Control Language)

DCL 用于规定数据库用户的各种权限。常用的数据控制语句如下。

(1) GRANT 语句。将权限或角色授予用户或其他角色，用于指定操作权限。

(2) REVOKE 语句。从用户或数据库角色收回权限。

SQL 数据控制功能是指控制用户对数据库中数据的存取权限，而用户对某类数据具有的操作权限是由数据库管理员(DBA)根据需要来决定的。数据库系统的 DBA 一般通过数据控制语句 GRANT 来授予用户权限，用 REVOKE 来收回用户权限。其基本过程是：首先将授权的决定告诉数据库管理系统，并将授权结果加以登记，而当用户提出请求时，要根据授权记录进行检查，以决定是执行用户的操作请求还是拒绝请求。

3.1.2 PL/SQL 简介

SQL 是用来访问关系型数据库的一种通用语言，属于第 4 代语言(4GL)，其执行特点是非过程化，即不用指明执行的具体方法和途径，而是简单地使用相应语句来直接取得结果。显然，这种不关注任何实现细节的语言，对于开发者来说有着极大的便利。然而，有些复杂的业务流程要求用相应的程序来描述，在这种情况下，第四代语言(4GL)就有些无能为力了。PL/SQL(Procedural Language/SQL)的出现正是为了解决这一问题。PL/SQL 是一种过程化语言，属于第三代语言，它与 BASIC、C++、JAVA 等语言一样关注于处理细节，可以用来实现比较复杂的业务逻辑。

PL/SQL 是 Oracle 对 SQL 的过程化扩充，集成了现代软件工程特色，将数据库技术和过程化程序设计语言连接起来，是一种应用开发工具。它增加的过程化语言成分包括：变量和类型、控制结构(分支、循环语句)、过程和函数、对象类型和方法等。PL/SQL 把 SQL 的特点和第三代语言(3GL)的强大功能结合在一起，并能以单记录方式处理对数据库的访问结果，成为设计复杂数据库应用程序的有力工具。

1. PL/SQL 的产生与发展

标准 SQL 对数据库进行各种操作时，每次只能执行一条语句，语句以英文的分号“;”为结束标识。这样使用起来很不方便，同时效率较低，这是因为 SQL 不像 BASIC、C++、JAVA 等程序设计语言，标准 SQL 侧重于后台数据库的管理，因此提供的编程能力较弱，而结构化编程语言对数据库的支持能力又较弱，如果稍微复杂一点的管理任务都要借助程序设计语言来实现的话，那么对于 Oracle 数据库管理员来讲是很大的负担。

正是基于这一需求，从 1988 年发布的 Oracle 6 开始，Oracle 公司在标准 SQL 的基础上发展了自己的过程化 SQL(Procedural Language/SQL)语言——PL/SQL1.0。PL/SQL 将变量、程序控制结构、过程和函数等结构化程序设计的要素引入了 SQL 中，因此就可以使用 PL/SQL 编制比较复杂的 SQL 程序了。使用 PL/SQL 编写的程序被称为 PL/SQL 程序块。

从 Oracle 8 开始，PL/SQL 的版本与 Oracle 数据库版本开始同步，即 Oracle 8 的 PL/SQL 的版本也为 8。如此发展到今天，Oracle 12c 对应于 PL/SQL 12。

2. PL/SQL 的特点

PL/SQL 是一个完全可移植的、高性能的事务处理语言，它有以下特点。

(1) 支持 SQL。PL/SQL 允许使用全部 DML 语句、游标控制语句、事务控制语句，以及全部 SQL 函数、运算符等。

(2) 更高的开发效率。在 Oracle 提供的开发环境中，借助于先进的开发工具可提高编程效率。

(3) 更高的性能。在 PL/SQL 产生以前，Oracle 每次只处理一条 SQL 语句，每条语句调用一次 Oracle，这样在网络中开销很大。然而在 PL/SQL 产生以后，一个完整的 PL/SQL 程序块一次发送到 Oracle，这样可减少对 Oracle 的调用及与 Oracle 的通信次数，可节省时间及降低网络通信量，提高性能。若客户端与服务器同时运行在一台机器上，虽然不存在网络通信，但 PL/SQL 程序块将减少对数据库的调用次数，可提高系统效率。

(4) 可移植性。使用 PL/SQL 编制的程序可移植到 Oracle 运行的任何操作系统的平台上，不需作任何修改。

(5) 与 Oracle 相集成。PL/SQL 和 Oracle 都是基于 SQL 的，而且 PL/SQL 支持 SQL 全部数据类型。

3. PL/SQL 程序语言的组成与功能

PL/SQL 程序由块结构构成，其中含有变量、各种不同的程序控制结构、异常处理模块、子程序(过程、函数、包)、触发器等。

(1) 块结构。PL/SQL 程序中的基本单位是块(block)，所有的 PL/SQL 程序都由块构成，这些块可以相互嵌套。通常一个块为程序的一个工作单元，各个块分担不同的任务。

块分为三个部分：说明部分(declarative section)，执行部分(executable section)和任选的异常处理部分(exception section)。执行部分至少包括一条可执行语句。由错误处理代码构成的异常处理部分与程序主体分离，使得程序结构更加清晰。

在 PL/SQL 程序中，块分为无名块和命名块。

①无名块(anonymous)。无名块是动态生成的，且只能被执行一次。

②命名块(named)。命名块是一种带标签的块，此标签为块指定了一个名字。命名块包括函数、过程、触发器和包等。

(2) 变量。在块的说明部分可以定义变量，用来在程序和数据库之间进行信息交换。对每个变量都要定义一个类型，此类型定义了变量中存储的数据类型。

(3) PL/SQL 程序控制结构。

① 分支结构。PL/SQL 提供了 IF-THEN-ELSE 型的条件语句和 CASE 语句，构成 PL/SQL 程序的分支结构。

② 循环结构。PL/SQL 支持 4 种不同类型的循环，包括简单循环(simple loop)、数字式 FOR 循环(numberic FOR loop)、WIHERE 循环和游标式 FOR 循环。

③ GOTO 语句。PL/SQL 提供了 GOTO 语句，但对 GOTO 语句的使用作了限制，对于块、循环或 IF 语句，只允许从内层转向外层，而不允许从外层转向内层。

(4) 异常处理。一个编写得很好的程序应该能正确地处理各种错误，并且应尽可能地从错误中恢复。PL/SQL 用异常(exception)来实现错误处理。每当程序出现一个错误，就会触发一个异常，将控制转给异常处理器。异常处理器是程序中一个单独的部分，其中包含了发生错误时要执行的代码。这种将错误处理与程序的其他部分分离的方法使程序更容易被理解，也确保可以捕获所有错误。

(5) 子程序(subprogram)。子程序是存储在数据库内部的过程、包或函数。

(6) 触发器(trigger)。触发器是存储在数据库内部的带名的块，这些块通常在生成后不再修改，且能执行多次。

3.2 SQL*Plus 简介

SQL*Plus 是 Oracle 数据库的开发工具，可以使用 SQL*Plus 定义和操作 Oracle 关系数据库中的数据。在 SQL*Plus 环境中，可以编辑、调试、运行 SQL 语句和 PL/SQL 程序，实现数据的处理和控制，完成制作简易报表等功能。

SQL*Plus 对英文字母大小写是不敏感的，即在 SQL*Plus 环境中，SQL 语句和 PL/SQL 程序代码既可以使用英文字母大写格式，也可以使用英文字母小写格式。然而，为了增强程序的可读性，本书按以下规则使用英文字母大小写格式。

(1) SQL 语句关键字采用英文字母大写格式；

(2) PL/SQL 语句关键字采用英文字母大写格式；

(3) 数据类型采用英文字母大写格式；

(4) 变量等标识符采用英文字母小写格式；

(5) 数据库对象和表的列采用英文字母小写格式。

1．启动和退出 SQL*Plus

在 Windows 操作系统平台上启动 SQL*Plus，可以按以下操作步骤进行。

执行“开始→所有程序→Oracle-OraDB12Home1→应用程序开发→SQL Plus”命令，启动 SQL Plus，打开 SQL Plus 初始窗口，如图 3-1 所示。

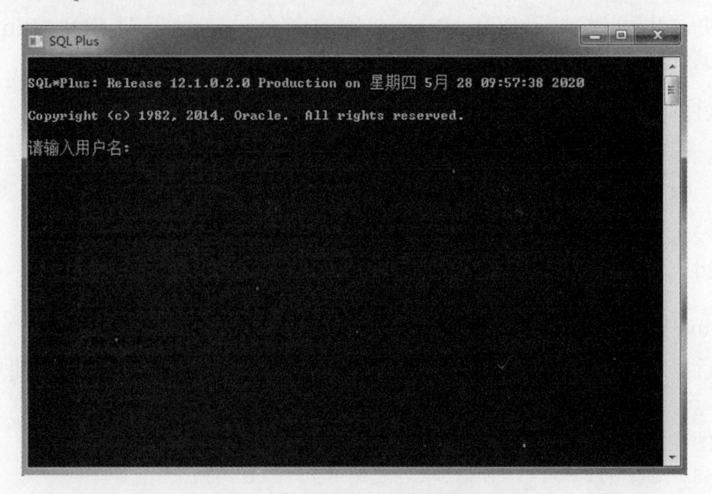

图 3-1　SQL Plus 初始窗口

SQL Plus 窗口中显示了 SQL*Plus 的版本、启动时间和版权信息等。窗口还需要进行登录操作，在“请输入用户名”后输入：sqlplus / as sysdba，在键盘上按下 Enter 键，窗口中显示出“输入口令”，无须输入任何口令，直接在键盘上按下 Enter 键，提示连接到 Oracle 12c 企业版等信息，如图 3-2 所示。在 SQL Plus 窗口中还会看到 SQL>，它是 SQL*Plus 的提示符，在“SQL>”提示符后面，用户可以编辑、调试、运行 SQL 语句和 PL/SQL 程序。

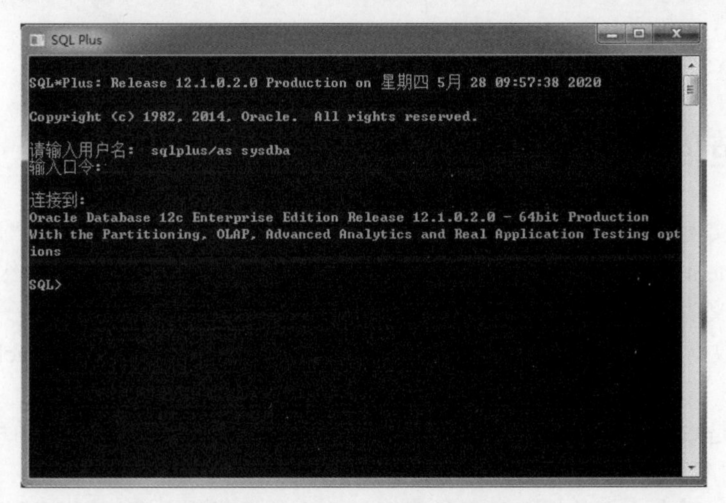

图 3-2　SQL Plus 登录后窗口

当 SQL*Plus 操作结束，若需要退出 SQL*Plus 返回到 Windows 操作系统下，可以在提示符 SQL>后向输入 QUIT 或 EXIT 命令，并按 Enter 键。

2. 使用 SQL*Plus

SQL*Plus 是 Oracle 提供的一个客户端工具，也是远程客户访问数据库的一种重要途径。SQL*Plus 是以行为单位的编辑环境，提供了大量的命令供用户使用，进而完成编辑、调试、运行 SQL 语句和 PL/SQL 程序等任务。在 SQL*Plus 中可以执行任一条 SQL 语句、一个 PL/SQL 块，也可以执行 SQL*Plus 本身的命令。这里仅对 SQL*Plus 的使用作简单介绍。

例 3.1 执行一条 SQL 语句，显示 Oracle 系统日期。

```
SQL> SELECT sysdate FROM dual;

SYSDATE
--------------
28-5月 -20
```

在 SQL*Plus 中执行 SQL 语句，输入的 SQL 语句末尾需要加上分号(;)。

例 3.2 执行一个 PL/SQL 块。编写一个 PL/SQL 程序，输出：欢迎使用 SQL*Plus。

```
SQL> SET SERVEROUTPUT ON;
SQL> BEGIN
  2    DBMS_OUTPUT.PUT_LINE('欢迎使用 SQL*Plus');
  3  END;
  4  /
欢迎使用 SQL*Plus
```

PL/SQL 过程已成功完成。

为了在 SQL*Plus 中看到 PL/SQL 程序执行的结果，需要在 SQL*Plus 中加上 set serveroutput on;，且在 PL/SQL 语句块末尾输入斜杠/。

例 3.3 执行 SQL*Plus 命令。查看展示用户名的命令。

```
SQL> SHOW user;
user 为"SYS"
```

3.3 范例数据库表的建立

本书各章实例所使用的数据库“教学”中主要包括“学生 students”“教师 teachers”“系部 departments”“课程 courses”“学生成绩 students_grade”“成绩等级 grades”等表。建立表包括定义表的结构和添加数据记录。定义数据表时，必须为它的每一列指定一种内部数据类型，数据类型限定了数据表每一列的取值范围。为此首先介绍 Oracle 12c 数据库内部数据类型等。

数据类型是数据的基本属性，反映了数据的类别。Oracle 12c 主要有 3 种数据类型：基本(Oracle 数据库内部)数据类型、集合类型和引用类型等。

基本数据类型在建立数据表时经常使用。集合数据类型主要用于表示像数组那样的多个元素，包括索引表、嵌套表、VARRAY 数组等。引用数据类型以引用的方式定义了和其他对象的关系，存储的是指向不同对象数据表的数据的指针。

3.3.1 Oracle 12c 基本数据类型

1．字符数据类型

这种数据类型用于存储数据库字符集中字符数据。字符数据以串存储，Oracle 支持单字节和双字节两种字符集。可使用的数据类型见表 3.1。

表 3.1　Oracle 12c 基本数据类型

数据类型	含　义
CHAR	定长的字符型数据，最大长度可达 2KB
VARCHAR2	变长的字符型数据，最大长度可达 32KB
LONG	存储最大长度为 2GB 的变长字符数据
NUMBER	存储整型或浮点型数值
FLOAT	存储浮点数
DATE	存储日期数据
RAW	存储非结构化数据的定长字符数据，最长为 2KB
LONG RAW	存储非结构化数据的变长字符数据，最长为 2GB
ROWID	存储表中列的物理地址的二进制数据，占用固定的 10 个字节
BLOB	存储多达 4GB 的非结构化的二进制数据
CLOB	存储多达 4GB 的非结构化的字符数据
BFILE	把非结构化的二进制数据作为文件存储在数据库之外
UROWID	存储表示任何类型列地址的二进制数据

(1)　CHAR 数据类型。CHAR 表示定长字符串，必须指定字符串的长度，其默认长度为 1 字节，其最大长度为 255 字节。

(2)　VARCHAR2 数据类型。VARCHAR2 表示变长字符串，必须为其指定最大字节数，其最大长度为 32 768 字节。

(3)　LONG 数据类型。LONG 表示列存储变长字符串，其最大长度为 2G 字节。LONG 列具有 VARCHAR2 列的许多特征，利用它可存储较长的文本串。一个表中最多只能有一个 LONG 列，LONG 列不能索引，不能出现在完整性约束中。

2．数字数据类型

(1)　NUMBER 数据类型。NUMBER 数据类型用于存储零、正负定点数或浮点数，其最大精度为 38 位。定点数据类型的语法为：NUMBER(P, S)，其中：P 代表总的数字数，精度范围为 1～38；S 代表小数点右边的数字位，范围为-84～127。

(2)　FLOAT 数据类型。FLOAT 数据类型有下面两种格式。

①　FLOAT。指定一浮点数，十进制精度为 38，二进制精度为 126。

②　FLOAT(B)。指定一浮点数，二进制精度为 B，精度 B 的范围为 1～126。

3．DATE 数据类型

DATE 数据类型用于存储日期和时间信息。每一个 DATE 值可存储下列信息：世纪、年、月、日、时、分、秒。如果要指定日期值，必须用函数 TO_DATE()将字符型的值或数值转换成一个日期型的值。日期型数据的默认格式是“DD-MON-YY”。如果日期型值中不带时间成分，则默认时间为 12:00:00 am。

4．RAW 及 LONG RAW 数据类型

RAW 及 LONG RAW 数据类型表示面向字节数据(如二进制数据或字节串)，可存储字符串、浮点数、二进制数据(如图像、数字化的声音)等。Oracle 返回的 RAW 值为十六进制字符值。RAW 数据仅可存储和检索，不能执行串操作。

5．ROWID 数据类型

ROWID 数据类型是 Oracle 数据表中的一个伪列，它是数据表中每行数据内在的唯一的标识。数据库中的每一行(ROW)有一个地址，通过查询伪列 ROWID 获得行地址。该伪列的值为十六进制字符串，该串的数据类型为 ROWID 类型。

6．LOB(Large Object)数据类型

LOB(Large Object) 数据类型存储非结构化数据，比如二进制文件、图形文件，或其他外部文件。LOB 最大长度达 4G 字节，该数据类型的数据可以存储到数据库中也可以存储到外部数据文件中。LOB 数据的控制通过 DBMS_LOB 包实现。LOB 数据类型有以下几种。

(1) BLOB。二进制数据可以存储到不同的表空间中。

(2) CLOB。字符型数据可以存储到不同的表空间中。

(3) BFILE。二进制文件存储在服务器上的外部文件中。

7．UROWID 数据类型

UROWID(Universal Rowid)数据类型用于存储数据库记录行的地址。一般情况下，索引组织表(IOT)和远程数据库(可以是非 Oracle 数据库)中的表需要用到 UROWID。

3.3.2 定义表的结构

定义表的结构需要使用数据定义语言(DDL)的 CREATE TABLE 语句。CREATE TABLE 语句格式比较复杂，将在 9.2.1 节中详细讲解。CREATE TABLE 语句的基本格式如下：

```
CREATE TABLE table_name (
      column_name type [CONSTRAINT constraint_def] [DEFAULT default_exp],…);
```

其中，table_name 指定表名；column_name 指定列名；type 指定列的数据类型；可选项 CONSTRAINT constraint_def 指定约束条件；可选项 DEFAULT default_exp 指定列的默认值，表达式 default_exp 的数据类型及长度必须与列的数据类型及长度相匹配。

例 3.4 定义学生表 students 的结构。

```
SQL> CREATE TABLE students (
  2    student_id NUMBER(5)
  3      CONSTRAINT student_pk PRIMARY KEY,
  4    monitor_id NUMBER(5),
  5    name VARCHAR2(10) NOT NULL,
  6    sex VARCHAR2(6)
```

```
 7   CONSTRAINT sex_chk CHECK(sex IN ('男','女')),
 8   dob DATE,
 9   specialty VARCHAR2(10)
10 );
```

表已创建，表结构见表 3.2。

表 3.2 学生 students 表结构

列 名	含 义	数据类型及精度	数据完整性
student_id	学生学号	NUMBER(5)	PRIMARY KEY
monitor_id	班长学号	NUMBER(5)	
name	学生姓名	VARCHAR2(10)	NOT NULL
sex	学生性别	VARCHAR2(6)	
dob	学生出生日期(Date of birth)	DATE	
specialty	学生所学专业	VARCHAR2(10)	

例 3.5 定义系部表 departments 的结构。

```
SQL> CREATE TABLE departments(
  2   department_id NUMBER(3)
  3     CONSTRAINT department_pk PRIMARY KEY,
  4   department_name VARCHAR2(8) NOT NULL,
  5   address VARCHAR2(40)
  6  );
```

表已创建，表结构见表 3.3。

表 3.3 系部 departments 表结构

列 名	含 义	数据类型及精度	数据完整性
department_id	系部编号	NUMBER(3)	PRIMARY KEY
department_name	系部名称	VARCHAR2(8)	NOT NULL
address	系部所在地址	VARCHAR2(40)	

例 3.6 定义教师表 teachers 的结构。

```
SQL> CREATE TABLE teachers (
  2   teacher_id NUMBER(5)
  3     CONSTRAINT teacher_pk PRIMARY KEY,
  4   name VARCHAR2(8) NOT NULL,
  5   title  VARCHAR2(6),
  6   hire_date DATE DEFAULT SYSDATE,
  7   bonus NUMBER(7,2),
  8   wage NUMBER(7,2),
  9   department_id NUMBER(3)
 10     CONSTRAINT teachers_fk_departments
 11     REFERENCES departments(department_id )
 12  );
```

表已创建，表结构见表 3.4。

表 3.4　教师 teachers 表结构

列　名	含　义	数据类型及精度	数据完整性
teacher_id	教师编号	NUMBER(5)	PRIMARY KEY
name	教师姓名	VARCHAR2(8)	NOT NULL
title	职称	VARCHAR2(6)	
hire_date	参加工作时间	DATE	
bonus	奖金	NUMBER(7,2)	
wage	工资	NUMBER(7,2)	
department_id	系部编号	NUMBER(3)	外键

例 3.7　定义课程表 courses 的结构。

```
SQL> CREATE TABLE courses(
  2   course_id NUMBER(5)
  3     CONSTRAINT course_pk PRIMARY KEY,
  4   course_name VARCHAR2(30) NOT NULL,
  5   credit_hour NUMBER(2)
  6  );
```

表已创建，表结构见表 3.5。

表 3.5　课程 courses 表结构

列　名	含　义	数据类型及精度	数据完整性
course_id	课程编号	NUMBER(5)	PRIMARY KEY
course_name	课程名称	VARCHAR2(30)	NOT NULL
credit_hour	学分	NUMBER(2)	

例 3.8　定义学生成绩表 students_grade 的结构。

```
SQL> CREATE TABLE students_grade(
  2   student_id NUMBER(5)
  3     CONSTRAINT students_grade_fk_students
  4     REFERENCES students(student_id),
  5   course_id NUMBER(5)
  6     CONSTRAINT students_grade_fk_courses
  7     REFERENCES courses(course_id),
  8   score NUMBER(4,1)
        CHECK ((GRADE IS NULL) OR (GRADE BETWEEN 0 AND 100)))
  9  );
```

表已创建，表结构见表 3.6。

表 3.6　学生成绩 students_grade 表结构

列　名	含　义	数据类型及精度	数据完整性
student_id	学生学号	NUMBER(5)	外键
course_id	课程编号	NUMBER(5)	外键
grade	成绩	NUMBER(4,1)	

例 3.9　定义成绩等级表 grades 的结构。

```
SQL> CREATE TABLE grades (
  2    grade_id NUMBER(1)
  3      CONSTRAINT grade_pk PRIMARY KEY,
  4    low_score  NUMBER(4, 1) NOT NULL,
  5    high_score NUMBER(4, 1) NOT NULL,
  6    grade VARCHAR2(6)
  7  );
```

表已创建，表结构见表3.7。

表3.7　成绩等级grades表结构

列　名	含　义	数据类型及精度	数据完整性
grade_id	等级编号	NUMBER(1)	PRIMARY KEY
low_score	等级下界	NUMBER(4, 1)	NOT NULL
high_score	等级上界	NUMBER(4,1)	NOT NULL
grade	等级	VARCHAR2(6)	

例3.10 根据students表，定义一个只包含学生学号、学生姓名、学生年龄的女学生表girl的结构。

```
SQL> CREATE TABLE girl
  2    as select students_id,name, dob
  3      from students
  4      where sex='女';
```

表已创建。

3.3.3 查看表结构

查看表结构使用Oracle SQL*Plus的DESCRIBE命令。命令格式为：

```
DESCRIBE <table_name>;
```

其中，table_name指定表名。DESCRIBE命令的功能是显示table_name的表结构。

下面使用DESCRIBE命令查看范例数据库中学生students、教师teachers、系部departments、课程courses、学生成绩students_grade、成绩等级grades、女生表girl等表的结构。

例3.11 查看students表结构。

```
SQL> DESCRIBE students;
名称                                    空值        类型
--------------------------------------- ----------- ----------------------------
STUDENT_ID                              NOT NULL    NUMBER(5)
MONITOR_ID                                          NUMBER(5)
NAME                                    NOT NULL    VARCHAR2(10)
SEX                                                 VARCHAR2(6)
DOB                                                 DATE
SPECIALTY                                           VARCHAR2(10)
```

例3.12 查看teachers表结构。

```
SQL> DESCRIBE teachers;
```

```
名称                                空值      类型
---------------------------------- -------- ----------------------------
 TEACHER_ID                         NOT NULL  NUMBER(5)
 NAME                               NOT NULL  VARCHAR2(8)
 TITLE                                        VARCHAR2(6)
 HIRE_DATE                                    DATE
 BONUS                                        NUMBER(7,2)
 WAGE                                         NUMBER(7,2)
 DEPARTMENT_ID                                NUMBER(3)
```

例 3.13 查看 departments 表结构。

```
SQL> DESCRIBE departments;
名称                                空值      类型
---------------------------------- -------- ----------------------------
 DEPARTMENT_ID                      NOT NULL NUMBER(3)
 DEPARTMENT_NAME                    NOT NULL VARCHAR2(8)
 ADDRESS                                     VARCHAR2(40)
```

例 3.14 查看 courses 表结构。

```
SQL> DESCRIBE courses;
名称                                空值      类型
---------------------------------- -------- ----------------------------
 COURSE_ID                          NOT NULL NUMBER(5)
 COURSE_NAME                        NOT NULL VARCHAR2(30)
 CREDIT_HOUR                                 NUMBER(2)
```

例 3.15 查看 students_grade 表结构。

```
SQL> DESCRIBE students_grade;
名称                                空值      类型
---------------------------------- -------- ----------------------------
 STUDENT_ID                                   NUMBER(5)
 COURSE_ID                                    NUMBER(5)
 SCORE                                        NUMBER(4,1)
```

例 3.16 查看 grades 表结构。

```
SQL> DESCRIBE grades;
名称                                空值      类型
---------------------------------- -------- ----------------------------
 GRADE_ID                            NOT NULL  NUMBER(1)
 LOW_SCORE                                    NUMBER(4,1)
 HIGH_SCORE                                   NUMBER(4,1)
 GRADE                                        VARCHAR2(6)
```

例 3.17 查看 girl 表结构，其属性值与 students 表的 student_id,name 和 dob 一致。

```
SQL> DESCRIBE girl;
名称                                空值      类型
---------------------------------- -------- ----------------------------
STUDENT_ID                                    NUMBER(5)
NAME                                NOT NULL  VARCHAR2(10)
DOB                                           DATE
```

3.3.4 修改表结构

ALTER TABLE 语句用于在已有的表中添加、修改或删除列。语句格式如下。

在表中添加列：ALTER TABLE <table_name> ADD <column_name> <datatype>;

删除表中的列：ALTER TABLE <table_name> DROP COLUMN<column_name>;

改变表中列的数据类型：ALTER TABLE <table_name> ALTER COLUMN<column_name> <datatype>;

其中 table_name 给出要修改的表名。

下面使用 ALTER TABLE 语句对范例数据库中教师 teachers、学生 students、系部 departments 表进行分别修改。

例 3.18 在 teachers 表中增加住址列。

```
SQL> ALTER TABLE teachers ADD (ADDR CHAR(50));
```

表已更改。

例 3.19 把 students 表中的班长学号 monitor_id 列删除。

```
SQL> ALTER TABLE students DORP COLUMN monitor_id;
```

表已更改。

例 3.20 改变 departments 表中 address 列的数据类型。

```
SQL> ALTER TABLE departments ALTER COLUMN address CHAR(50);
```

表已更改。

3.3.5 删除表

删除表使用 DROP TABLE 语句，语句格式为：

```
DROP TABLE <table_name>;
```

其中 table_name 给出要删除的表名。

下面使用 DROP TABLE 语句删除范例数据库中学生 students、教师 teachers、系部 departments、课程 courses、学生成绩 students_grade、成绩等级 grades 等表。

例 3.21 删除 teachers 表。

```
SQL> DROP TABLE teachers;
```

例 3.22 删除 departments 表。

```
SQL> DROP TABLE departments;
```

例 3.23 删除 students_grade 表。

```
SQL> DROP TABLE students_grade;
```

例 3.24 删除 students 表。

```
SQL> DROP TABLE students;
```

例 3.25 删除 courses 表。

```
SQL> DROP TABLE courses;
```

例 3.26 删除 grades 表。

```
SQL> DROP TABLE grades;
```

例 3.27 删除 girl 表。

```
SQL> DROP TABLE girl;
```

3.3.6 添加数据

添加数据使用 INSERT INTO 语句。INSERT INTO 语句格式比较复杂，其基本格式为：

```
INSERT INTO <table_name> VALUES (value1, value2,…,valuen);
```

其中，table_name 指定要插入数据的表名，value1, value2,…,valuen 给出插入数据每一列的值，其功能是将 value1, value2,…,valuen 对应插入指定表的第 1 列，第 2 列，…，第 *n* 列中。

下面使用 INSERT INTO 语句添加数据到学生 students、教师 teachers、系部 departments、课程 courses、学生成绩 students_grade、成绩等级 grades 等表中。本章案例数据添加不指定表列名，直接添加需要的表数据，为后面章节的数据调取作准备。

例 3.28 添加 students 表数据。

```
SQL> INSERT INTO students
  2    VALUES(10101,NULL,'王晓芳', '女', '07-5月-1988','计算机');
```

已创建 1 行。

继续执行下面的 INSERT INTO 语句，以插入更多的学生记录。

```
INSERT INTO students
  VALUES(10101,NULL,'王晓芳', '女', '07-5月-1988','计算机');
INSERT INTO students
  VALUES(10205,NULL,'李秋枫', '男', '25-11月-1990','自动化');
INSERT INTO students
  VALUES(10102,10101,'刘春苹', '女', '12-8月-1991','计算机');
INSERT INTO students
  VALUES(10301,NULL,'高山', '男', '08-10月-1990','机电工程');
INSERT INTO students
  VALUES(10207,10205,'王刚', '男', '03-4月-1987','自动化');
INSERT INTO students
  VALUES(10112,10101,'张纯玉', '男', '21-7月-1989','计算机');
INSERT INTO students
  VALUES(10318,10301,'张冬云', '女', '26-12月-1989','机电工程');
INSERT INTO students
  VALUES(10103,10101,'王天仪', '男', '26-12月-1989','计算机');
INSERT INTO students
  VALUES(10201,10205,'赵风雨', '男', '25-10月-1990','自动化');
INSERT INTO students
  VALUES(10105,10101,'韩刘', '男', '3-8月-1991','计算机');
```

```
INSERT INTO students
  VALUES(10311,10301,'张杨', '男', '08-5 月-1990','机电工程');
INSERT INTO students
  VALUES(10213,10205,'高淼', '男', '11-3 月-1987','自动化');
INSERT INTO students
  VALUES(10212,10205,'欧阳春岚', '女', '12-3 月-1989','自动化');
INSERT INTO students
  VALUES(10314,10301,'赵迪帆', '男', '22-9 月-1989','机电工程');
INSERT INTO students
  VALUES(10312,10301,'白菲菲', '女', '07-5 月-1988','机电工程');
INSERT INTO students
  VALUES(10328,10301,'曾程程', '男', NULL,'机电工程');
INSERT INTO students
  VALUES(10128,10101,'白昕', '男', NULL, '计算机');
INSERT INTO students
  VALUES(10228,10205,'林紫寒', '女', NULL, '自动化');
```

例 3.29 添加 departments 表数据。

```
SQL> INSERT INTO departments VALUES(101,'信息工程','1 号教学楼');
```

已创建 1 行。

继续执行下面的 INSERT INTO 语句，以插入更多的系部记录。

```
INSERT INTO departments VALUES(102,'电气工程','2 号教学楼');
INSERT INTO departments VALUES(103,'机电工程','3 号教学楼');
```

例 3.30 添加 teachers 表数据。

```
SQL> INSERT INTO teachers
  2    VALUES(10101,'王彤', '教授', '01-9 月-1990',1000,3000,101);
```

已创建 1 行。

继续执行下面的 INSERT INTO 语句，以插入更多的教师记录。

```
INSERT INTO teachers
  VALUES(10104,'孔世杰', '副教授', '06-7 月-1994',800,2700,101);
INSERT INTO teachers
  VALUES(10103,'邹人文', '讲师', '21-1 月-1996',600,2400,101);
INSERT INTO teachers
  VALUES(10106,'韩冬梅', '助教', '01-8 月-2002',500,1800,101);
INSERT INTO teachers
  VALUES(10210,'杨文化', '教授', '03-10 月-1989',1000,3100, 102);
INSERT INTO teachers
  VALUES(10206,'崔天', '助教', '05-9 月-2000',500,1900, 102);
INSERT INTO teachers
  VALUES(10209,'孙晴碧','讲师', '11-5 月-1998',600,2500, 102);
INSERT INTO teachers
  VALUES(10207,'张珂', '讲师', '16-8 月-1997',700,2700, 102);
INSERT INTO teachers
  VALUES(10308,'齐沈阳', '高工', '03-10 月-1989',1000,3100, 103);
INSERT INTO teachers
  VALUES(10306,'车东日', '助教', '05-9 月-2001',500,1900, 103);
INSERT INTO teachers
  VALUES(10309,'臧海涛','工程师', '29-6 月-1999',600,2400, 103);
```

```
INSERT INTO teachers
  VALUES(10307,'赵昆', '讲师', '18-2月-1996',800,2700, 103);
INSERT INTO teachers
  VALUES(10128,'王晓', NULL,'05-9月-2007',NULL,1000, 101);
INSERT INTO teachers
  VALUES(10328,'张笑',NULL, '29-9月-2007',NULL,1000, 103);
INSERT INTO teachers
  VALUES(10228,'赵天宇', NULL, '18-9月-2007',NULL,1000, 102);
```

例 3.31 添加 courses 表数据。

```
SQL> INSERT INTO courses VALUES(10101,'计算机组成原理',4);
已创建 1 行。
```

继续执行下面的 INSERT INTO 语句，以插入更多的课程记录。

```
INSERT INTO courses VALUES(10201,'自动控制原理',4);
INSERT INTO courses VALUES(10301,'工程制图',3);
INSERT INTO Courses VALUES(10102,'C++语言程序设计',3);
INSERT INTO courses VALUES(10202,'模拟电子技术',4);
INSERT INTO courses VALUES(10302,'理论力学',3);
INSERT INTO courses VALUES(10103,'离散数学',3);
INSERT INTO courses VALUES(10203,'数字电子技术',4);
INSERT INTO courses VALUES(10303,'材料力学',3);
```

例 3.32 添加 students_grade 表数据。

```
SQL> INSERT INTO students_grade VALUES(10101,10101,87);
已创建 1 行。
```

继续执行下面的 INSERT INTO 语句，以插入更多的学生成绩记录。

```
INSERT INTO students_grade VALUES(10101,10201,100);
INSERT INTO students_grade VALUES(10101,10301,79);
```

例 3.33 添加 grades 表数据。

```
SQL> INSERT INTO grades VALUES(1,0,59,'不及格');
已创建 1 行。
```

继续执行下面的 INSERT INTO 语句，以插入更多的成绩等级记录。

```
INSERT INTO grades VALUES(2,60,69,'及格');
INSERT INTO grades VALUES(3,70,79,'中等');
INSERT INTO grades VALUES(4,80,89,'良好');
INSERT INTO grades VALUES(5,90,100,'优秀');
```

3.3.7 查看数据

查看数据使用 SELECT * FROM 语句。其基本格式为：

```
SELECT * FROM <table_name>;
```

其中，table_name 指定要查看的数据所在的表名，其功能是查看指定表中所有行所有列的数据。

下面使用 SELECT * FROM 语句查看学生 students、教师 teachers、系部 departments、课程 courses、学生成绩 students_grade、成绩等级 grades 等表中的数据。

例 3.34 查看 students 表数据。

```
SQL> SELECT * FROM students;

STUDENT_ID MONITOR_ID NAME       SEX    DOB          SPECIALTY
---------- ---------- ---------- ------ ------------ ----------
   10101              王晓芳        女     07-5月 -88    计算机
   10205              李秋枫        男     25-11月-90    自动化
   10102      10101   刘春苹        女     12-8月 -91    计算机
   10301              高山          男     08-10月-90    机电工程
   10207      10205   王刚          男     03-4月 -87    自动化
   10112      10101   张纯玉        男     21-7月 -89    计算机
   10318      10301   张冬云        女     26-12月-89    机电工程
   10103      10101   王天仪        男     26-12月-89    计算机
   10201      10205   赵风雨        男     25-10月-90    自动化
   10105      10101   韩刘          男     03-8月 -91    计算机
   10311      10301   张杨          男     08-5月 -90    机电工程

STUDENT_ID MONITOR_ID NAME       SEX    DOB          SPECIALTY
---------- ---------- ---------- ------ ------------ ----------
   10213      10205   高淼          男     11-3月 -87    自动化
   10212      10205   欧阳春岚      女     12-3月 -89    自动化
   10314      10301   赵迪帆        男     22-9月 -89    机电工程
   10312      10301   白菲菲        女     07-5月 -88    机电工程
   10328      10301   曾程程        男                  机电工程
   10128      10101   白昕          男                  计算机
   10228      10205   林紫寒        女                  自动化

已选择 18 行。
```

例 3.35 查看 teachers 表指定属性下的数据。

```
SQL> SELECT teacher_id,name,title,hire_date,bonus,wage FROM teachers;

TEACHER_ID NAME     TITLE  HIRE_DATE          BONUS       WAGE
---------- -------- ------ -------------- ---------- ----------
   10101   王彤      教授    01-9月 -90          1000       3000
   10104   孔世杰    副教授  06-7月 -94           800       2700
   10103   邹人文    讲师    21-1月 -96           600       2400
   10106   韩冬梅    助教    01-8月 -02           500       1800
   10210   杨文化    教授    03-10月-89          1000       3100
   10206   崔天      助教    05-9月 -00           500       1900
   10209   孙晴碧    讲师    11-5月 -98           600       2500
   10207   张珂      讲师    16-8月 -97           700       2700
   10308   齐沈阳    高工    03-10月-89          1000       3100
   10306   车东日    助教    05-9月 -01           500       1900
   10309   臧海涛    工程师  29-6月 -99           600       2400

TEACHER_ID NAME     TITLE  HIRE_DATE          BONUS       WAGE
---------- -------- ------ -------------- ---------- ----------
```

```
    10307  赵昆      讲师   18-2月 -96          800      2700
```

已选择 12 行。

例 3.36 查看 departments 表中系部名称为“信息工程”的数据。

```
SQL> SELECT * FROM departments where department_name= '信息工程';

DEPARTMENT_ID DEPARTMENT_NAME ADDRESS
------------- --------------- ---------
          101   信息工程          1号教学楼
```

已选择 1 行。

例 3.37 查看 courses 表中 3 个学分的课程号和课程名称。

```
SQL> SELECT course_id,course_name FROM courses where credit_hour='3';

 COURSE_ID COURSE_NAME
---------- ---------------
     10301 工程制图
     10102 C++语言程序设计
     10302 理论力学
     10103 离散数学
     10303 材料力学
```

已选择 5 行。

例 3.38 查看 students_grade 表数据，并按分数升序排序。

```
SQL> SELECT * FROM students_grade order by score;

STUDENT_ID  COURSE_ID     SCORE
---------- ---------- ----------
     10101      10301         79
     10101      10101         87
     10101      10201        100
```

已选择 3 行。

例 3.39 查看 grades 表数据。

```
SQL> SELECT * FROM grades;
  GRADE_ID  LOW_SCORE HIGH_SCORE    GRADE
---------- ---------- ---------- --------
         1          0         59    不及格
         2         60         69    及格
         3         70         79    中等
         4         80         89    良好
         5         90        100    优秀
```

已选择 5 行。

3.3.8 删除数据

删除数据使用 DELETE FROM 语句，其基本格式为:

```
DELETE FROM <table_name>;
```

其中，table_name 指定要删除的数据所在的表名，其功能是删除指定表中的全部数据。

下面使用 DELETE FROM 语句删除范例数据库中学生 students、教师 teachers、系部 departments、课程 courses、学生成绩 students_grade、成绩等级 grades 等表中的数据。

例 3.40 删除 students_grade 表中所有数据。

```
SQL> DELETE FROM students_grade;
```

已删除 3 行。

例 3.41 删除 teachers 表中所有教师职称为“工程师”的数据。

```
SQL> DELETE FROM teachers where title='工程师';
```

已删除 1 行。

例 3.42 删除 departments 表中地址为空的数据。

```
SQL> DELETE FROM departments where address is null;
```

已删除 0 行。

例 3.43 删除 courses 表中学分不为空的数据。

```
SQL> DELETE FROM courses where credit_hour is not null;
```

已删除 9 行。

例 3.44 删除 students 表所有学习计算机的男生数据。

```
SQL> DELETE FROM students where sex='男'and specialty='计算机';
```

已删除 4 行。

例 3.45 删除 grades 表数据。

```
SQL> DELETE FROM grades;
```

已删除 5 行。

第二部分

SQL 操作

第 4 章 单表查询

所谓查询就是从数据库中找到满足用户要求的数据。数据查询(SELECT)语句可以从一个或多个表、视图或快照中检索数据。用户要对表或快照进行查询操作，该表或快照必须在用户自己的模式中，或者用户在这些对象上具有 SELECT 权限。用户要查询视图的基表的行，在该表上也必须有 SELECT 权限。本章将详细介绍使用 SELECT 语句在一个表中检索数据的方法。在学习了本章之后，读者将学会：

(1) 使用 SELECT 子句和 FROM 子句的简单查询；

(2) 使用 WHERE 子句的条件查询；

(3) 使用 ORDER BY 子句对记录行进行排序；

(4) 使用 GROUP BY 和 HAVING 子句对记录行进行分组查询。

SELECT 语句功能强大，语法也比较复杂，完整的 SELECT 语句中 6 个子句构成，分别为 SELECT 子句、FROM 子句、WHERE 子句、GROUP BY 子句、HAVING 子句和 ORDER BY 子句。6 个子句的功能分别为：

(1) SELECT 子句，指定要获取表中哪些列数据；

(2) FROM 子句，指定数据来自哪个(些)表；

(3) WHERE 子句，指定获得哪些行数据；

(4) GROUP BY 子句，用于对表中数据进行分组统计；

(5) HAVING 子句，在对表中数据进行分组统计时，指定分组统计条件；

(6) ORDER BY 子句，指定使用哪几列来对结果进行排序。

其中 SELECT 子句和 FROM 子句是必选项，其余子句为可选项。当 SELECT 语句中同时包含 WHERE、GROUP BY、HAVING、ORDER BY 等多个子句时，这些子句的使用是有一定顺序的，ORDER BY 必须是最后一条子句。

4.1 简单查询

SELECT 子句和 FROM 子句查询操作的语句格式如下：

```
SELECT <*/expression1 [AS alias1]…> FROM table;
```

其中，SELECT 子句<>中的内容用于指定要检索的列，星号(*)表示检索所有列，expression 用于指定要检索的列或表达式，alias 用于指定列或表达式的别名。FROM 子句用于指定要检索的表。

4.1.1 查询指定列

为了检索表中指定列的数据，需要在 SELECT 关键字后指定列名。如果要检索一列以上的数据，列名之间需使用“,”(英文逗号)隔开。

1. 指定部分列

例 4.1 检索 teachers 表中所有教师的姓名、职称、工资、参加工作时间等信息。

```
SQL> SELECT name, title, wage, hire_date FROM teachers;

NAME   TITLE    WAGE       HIRE_DATE
------ ------ ---------- -----------
王彤    教授      3000      01-9月 -90
孔世杰  副教授    2700      06-7月 -94
邹人文  讲师      2400      21-1月 -96
韩冬梅  助教      1800      01-8月 -02
杨文化  教授      3100      03-10月-89
崔天    助教      1900      05-9月 -00
孙晴碧  讲师      2500      11-5月 -98
张珂    讲师      2700      16-8月 -97
齐沈阳  高工      3100      03-10月-89
车东日  助教      1900      05-9月 -01
臧海涛  工程师    2400      29-6月 -99

NAME     TITLE     WAGE       HIRE_DATE
-------- ------ ---------- ----------
赵昆      讲师      2700      18-2月 -96
王晓                1000      05-9月 -07
张笑                1000      29-9月 -07
赵天宇              1000      18-9月 -07

已选择 15 行。
```

例 4.1 中参加工作时间(hire_date)是按日期数据的默认格式 DD-MON-YY 显示的。如果希望使用其他显示格式，比如 YYYY-MM-DD 格式，那么必须使用 TO_CHAR 函数进行转换。

例 4.2 检索 teachers 表中所有教师的姓名、职称、工资、参加工作时间等信息，日期格式按 YYYY-MM-DD 输出。

```
SQL> SELECT name, title, wage, TO_CHAR(hire_date,'YYYY-MM-DD') FROM
teachers;

NAME    TITLE    WAGE     TO_CHAR(HIRE_DATE, 'YYYY-MM-DD')
------ ------ ------------- --------------------------------
王彤    教授     3000             1990-09-01
孔世杰  副教授   2700             1994-07-06
邹人文  讲师     2400             1996-01-21
韩冬梅  助教     1800             2002-08-01
杨文化  教授     3100             1989-10-03
崔天    助教     1900             2000-09-05
孙晴碧  讲师     2500             1998-05-11
张珂    讲师     2700             1997-08-16
齐沈阳  高工     3100             1989-10-03
车东日  助教     1900             2001-09-05
臧海涛  工程师   2400             1999-06-29

NAME    TITLE    WAGE     TO_CHAR(HIRE_DATE, 'YYYY-MM-DD')
----- ------ ------------- --------------------------------
赵昆    讲师     2700             1996-02-18
王晓             1000             2007-09-05
张笑             1000             2007-09-29
赵天宇           1000             2007-09-18

已选择 15 行。
```

2. 指定全部列

指定全部列有两种方法：①在 SELECT 子句<>中选择星号(*)；②在 SELECT 子句的 expression 中指定全部列名。两者的相同之处在于，均能检索出表中所有列的信息；两者的不同之处在于，前者在显示检索结果时，列的显示顺序不可以改变(与 DESCRIBE 命令显示的表结构的顺序一致)，后者在显示检索结果时，列的显示顺序可以改变。

例 4.3 择星号(*)，检索 courses 表中所有行、所有列的信息。

```
SQL> SELECT * FROM courses;

COURSE_ID  COURSE_NAME    GREDIT_HOUR
--------- ------------- -----------
    10303  材料力学              3
    10101  计算机组成原理        4
    10201  自动控制原理          4
    10301  工程制图              3
    10102  c++语言程序设计       3
    10202  模拟电子技术          4
    10302  理论力学              3
    10103  离散数学              3
    10203  数学电子技术          4

已选择 9 行。
```

本例选择星号(*)检索 courses 表中所有行、所有列的信息，列的显示顺序与 DESCRIBE 命令显示的表结构的顺序一致。

例 4.4 指定 courses 表中全部列名，检索 courses 表中所有行、所有列的信息。

```
SQL> SELECT course_id,credit_hour,course_name FROM courses;

COURSE_ID CREDIT_HOUR      COURSE_NAME
--------- -------------- ------------
    10303    3                材料力学
    10101    4                计算机组成原理
    10201    4                自动控制原理
    10301    3                工程制图
    10102    3                c++语言程序设计
    10202    4                模拟电子技术
    10302    3                理论力学
    10103    3                离散数学
    10203    4                数学电子技术

已选择 9 行。
```

本例将 course_name 与 credit_hour 的顺序进行了对调。

3．重复记录行的处理(DISTINCT 关键字)

当选择主键以外的列执行查询操作时，可能会出现两行或多行完全相同的查询结果，而这样的查询结果可能没有任何实际意义。因此在实际应用中，一般需要取消完全重复的记录行。使用 DISTINCT 关键字可以完成这项任务。例 4.5 没有使用 DISTINCT 关键字，查询结果具有重复记录行；例 4.6 使用了 DISTINCT 关键字，查询结果消除了这些重复记录行。

例 4.5 检索 students 表，显示学生专业列(不带 DISTINCT 关键字)。

```
SQL> SELECT specialty FROM students;

SPECIALTY
----------
计算机
自动化
计算机
机电工程
自动化
计算机
机电工程
计算机
自动化
计算机
机电工程

SPECIALTY
----------
自动化
自动化
机电工程
机电工程
机电工程
计算机
自动化
```

```
已选择 18 行。
```

例 4.6 检索 students 表，显示学生专业列(带 DISTINCT 关键字)。

```
SQL> SELECT DISTINCT specialty FROM students;

SPECIALTY
----------
计算机
自动化
机电工程
```

4.1.2 改变输出

使用 SELECT 语句执行查询操作时，首先会显示列标题，然后显示记录行数据。为了更清晰地显示查询结果，有时需要改变列标题的显示样式，有时还需要改变显示的数据。使用列别名、字符串连接和算术表达式即能达到此目的。

1. 使用列别名

SELECT 子句中，alias 用于指定列或表达式的别名，通过使用列别名，可以改变列标题的显示样式。如果别名有大、小写之分，或者包含特殊字符或空格，那么必须用" "(英文双引号)引上。别名可带 AS 关键字，也可不带 AS 关键字。

例 4.7 检索 students 表，选择 name、dob 两列，并分别使用别名姓名和生日(带 AS 关键字)。

```
SQL> SELECT name AS "姓名", dob AS "生日" FROM students;

姓名        生日
---------- --------------
王晓芳      07-5月 -88
李秋枫      25-11月-90
刘春苹      12-8月 -91
高山        08-10月-90
王刚        03-4月 -87
张纯玉      21-7月 -89
张冬云      26-12月-89
王天仪      26-12月-89
赵风雨      25-10月-90
韩刘        03-8月 -91
张杨        08-5月 -90

姓名        生日
---------- --------------
高淼        11-3月 -87
欧阳春岚    12-3月 -89
赵迪帆      22-9月 -89
白菲菲      07-5月 -88
曾程程
白昕
```

```
林紫寒

已选择 18 行。
```

例 4.8 检索 students 表，选择 name、dob 两列，并分别使用别名姓名和生日(不带 AS 关键字)。

```
SQL> SELECT name 姓名, dob 生日 FROM students;

姓名       生日
---------- -----------
王晓芳     07-5 月 -88
李秋枫     25-11 月-90
刘春苹     12-8 月 -91
高山       08-10 月-90
王刚       03-4 月 -87
张纯玉     21-7 月 -89
张冬云     26-12 月-89
王天仪     26-12 月-89
赵风雨     25-10 月-90
韩刘       03-8 月 -91
张杨       08-5 月 -90
姓名        生日
---------- -----------
高淼       11-3 月 -87
欧阳春岚   12-3 月 -89
赵迪帆     22-9 月 -89
白菲菲     07-5 月 -88
曾程程
白昕
林紫寒

已选择 18 行。
```

2. 使用字符串连接

SELECT 子句中，expression 可以使用字符串连接，以显示更有意义的查询结果。使用“||”操作符实现字符串连接，连接的字符串要用''(英文单引号)引上。

例 4.9 检索 students 表，选择 name、dob 两列，使用字符串连接，形成学生年龄。

```
SQL> SELECT name||'年龄为: ' ||TRUNC((to_char(sysdate, 'yyyyMMdd') -
to_char(dob, 'yyyyMMdd')) /10000) as "学生年龄" FROM students;

学生年龄
--------------------------------
王晓芳年龄为: 32
李秋枫年龄为: 29
刘春苹年龄为: 28
高山年龄为: 29
王刚年龄为: 33
张纯玉年龄为: 30
张冬云年龄为: 30
```

```
王天仪年龄为：30
赵风雨年龄为：29
韩刘年龄为：28
张杨年龄为：30

学生年龄
------------------------------------
高淼年龄为：33
欧阳春岚年龄为：31
赵迪帆年龄为：30
白菲菲年龄为：32
曾程程年龄为：
白昕年龄为：
林紫寒年龄为：

已选择 18 行。
```

3. 使用算术表达式

SELECT 子句中，expression 可以使用含有加、减、乘、除运算符的算术表达式，运算次序与数学上的规定一致，若要改变运算次序，也可以使用括号。

例 4.10 计算所有教师的月总收入。

```
SQL> SELECT name AS "姓名", bonus+wage AS "月总收入" FROM teachers;

姓名        月总收入
--------- ----------
王彤          4000
孔世杰        3500
邹人文        3000
韩冬梅        2300
杨文化        4100
崔天          2400
孙晴碧        3100
张珂          3400
齐沈阳        4100
车东日        2400
臧海涛        3000

姓名        月总收入
--------- ----------
赵昆          3500
王晓
张笑
赵天宇

已选择 15 行。
```

4. 使用比较表达式

SELECT 子句中，expression 可以使用含有=、<、>、in、like、between…and…等运算符的算术表达式，用于两个表达式之间的比较。运算符运算次序与数学上的规定一致，若要改变运算次序，也可以使用括号。

例 4.11 计算工资在 3000 到 3500 之间的教师数据。

```
SQL>SELECT name,wage FROM teachers WHERE wage between 3000 and 3500;
NAME    WAGE
------ ------
王彤     3000
杨文华   3100
齐沈阳   3100

已选择 3 行。
```

5. 使用条件表达式

SELECT 子句中，expression 可以使用含 case 的表达式、decode 函数表示条件，运算次序与数学上的规定一致，若要改变运算次序，也可以使用括号。

例 4.12 如果是男同学输出 M，女同学输出 F，其余结果输出 N。

```
SQL>SELECT name,sex,
2    CASE sex
3      WHEN '男' then 'M'
4      WHEN '女' then 'F'
5       ELSE 'N'
6     END t_sex
7    FROM students;

NAME     SEX    T_SEX
-------  ---    -----
王晓芳    女       F
李秋枫    男       M
刘春苹    女       F
高山      男       M
王刚      男       M
张纯玉    男       M
张冬云    女       F
王天仪    男       M
赵风雨    男       M
韩刘      男       M
张杨      男       M

NAME     SEX    T_SEX
-------  ---    -----
高淼      男       M
欧阳春岚  女       F
赵迪帆    男       M
白菲菲    女       F
曾程程    男       M
白昕      男       M
林紫寒    女       F

已选择 18 行。
```

4.1.3 空值处理

空值(NULL)用来在数据库中表示未知或未确定的值。任何数据类型的列，只要没有使用非空(NOT NULL)或主键(PRIMARY KEY)完整性限制，都可能出现空值。在实际应用中，如果忽略空值的存在，将会带来麻烦。

在未引入空值概念之前，经常使用空格或者某个特定值(如9999)在数据库中表示未知或未确定的值。但这样做产生了两个问题：①表示未知或未确定的值存在不一致性，比如有的用9999表示，有的用999表示(用于表示未知或未确定的文本或日期型值，还需使用另外的特定值)；②可能误将表示未知或未确定值的特定值按实际数据来处理，进而可能导致难以发现的错误。

引入空值概念之后，上述问题得以解决。

空值没有数据类型，在Oracle数据库中表示未知或未确定的值，无论是数字类型、文本类型或日期类型，均可以统一用空值表示。

1. 空值的形成

通过使用SQL语句INSERT插入数据或UPDATE来修改数据时，可以使用空值。

如果表中某列没有非空或主键完整性限制，那么其默认的值为空值，即如果使用INSERT语句插入数据时未指定该列的值，则其值为空值；指定的列，如果其值确实为空值，插入时可以用NULL来表示。使用UPDATE语句将表中某列数据修改成空值，可用NULL来表示。

2. 空值参与运算

当空值参与运算时，如果空值出现在算术表达式中，其运算结果也为空值；如果空值出现在字符串连接表达式中，Oracle将其作为空串(即等价于零个字符值)处理。下面讨论空值出现在算术表达式中时，Oracle的处理方法。

例 4.10 计算所有教师的月总收入(bonus+wage)，当某位教师的bonus不为NULL时，该教师的月总收入显示为(bonus+wage)的计算结果；但当某位教师的bonus为NULL时，该教师的月总收入也为NULL，因此，该教师的月总收入没有显示任何信息(空白)。

为了正确解决上述因为NULL参加运算时出现的问题，Oracle提供了三个函数可以对此进行处理。下面分别介绍这三个函数及其使用方法。

1) 函数NVL()

函数NVL()的语法格式为：

```
NVL(expr1, expr2)
```

其中，expr1与expr2为函数参数表达式，可以是任意Oracle内部数据类型，但expr1与expr2的数据类型必须匹配。NVL()函数的功能为：如果参数表达式expr1值为NULL，则NVL()函数返回参数表达式expr2的值；如果参数表达式expr1值不为NULL，则NVL()函数返回参数表达式expr1的值。

例 4.13 计算所有教师的月总收入，并利用函数NVL()处理bonus出现NULL的情况。

```
SQL> SELECT name AS "姓名", NVL(bonus,0)+wage AS "月总收入" FROM teachers;
```

```
姓名            月总收入
-------- ----------
王彤             4000
孔世杰           3500
邹人文           3000
韩冬梅           2300
杨文化           4100
崔天             2400
孙晴碧           3100
张珂             3400
齐沈阳           4100
车东日           2400
臧海涛           3000

姓名            月总收入
-------- ----------
赵昆             3500
王晓             1000
张笑             1000
赵天宇           1000

已选择 15 行。
```

2) 函数 NVL2()

函数 NVL2()的语法格式为：

```
NVL2(expr1, expr2, expr3)
```

其中，expr1、expr2 与 expr3 为函数参数表达式，取 Oracle 内部数据类型，其中，expr2 与 expr3 的数据类型必须与 expr1 的数据类型匹配。NVL2()函数的功能为：如果参数表达式 expr1 值为 NULL，则 NVL2()函数返回参数表达式 expr3 的值；如果参数表达式 expr1 值不为 NULL，则 NVL2()函数返回参数表达式 expr2 的值。函数 NVL2()是从 Oracle9i 开始新增加的函数。

例 4.14 计算所有教师的月总收入，并利用函数 NVL2()处理 bonus 出现 NULL 的情况。

```
SQL> SELECT name AS "姓名", NVL2(bonus,bonus+wage,wage) AS "月总收入"
  2   FROM teachers;

姓名            月总收入
-------- ----------
王彤             4000
孔世杰           3500
邹人文           3000
韩冬梅           2300
杨文化           4100
崔天             2400
孙晴碧           3100
张珂             3400
齐沈阳           4100
车东日           2400
臧海涛           3000
```

```
姓名      月总收入
--------- ----------
赵昆           3500
王晓           1000
张笑           1000
赵天宇         1000

已选择 15 行。
```

3)　函数 COALESCE()

函数 COALESCE()的语法格式为：

```
COALESCE(expr1 [, expr2]…)
```

其中，expr1、expr2…为函数参数表达式，取 Oracle 内部数据类型。COALESCE()函数的功能为：返回参数列表中的第一个非空值，如果所有的表达式都是空值，最终将返回一个空值。

例 4.15　计算所有教师的月总收入，并利用函数 COALESCE()处理 bonus 出现 NULL 的情况。

```
SQL> SELECT name AS "姓名", COALESCE(bonus+wage,wage) AS "月总收入"
  2   FROM teachers;

姓名      月总收入
--------- ----------
王彤           4000
孔世杰         3500
邹人文         3000
韩冬梅         2300
杨文化         4100
崔天           2400
孙晴碧         3100
张珂           3400
齐沈阳         4100
车东日         2400
臧海涛         3000

姓名      月总收入
--------- ----------
赵昆           3500
王晓           1000
张笑           1000
赵天宇         1000

已选择 15 行。
```

4.2　条件查询

4.1 节中执行的 SELECT 语句由于没有指定任何约束条件，所以检索出了表的所有行。范例数据库 students 及 teachers 等表中分别只有十几行数据，但在实际应用中，用户的数据量一般很大，因此，大多数情况下需要通过使用约束条件来查询显示所需要的数据行。使用 WHERE 子句可以指定约束条件。本节将详细介绍使用 SELECT 语句进行条件查询操作。含有 WHERE 子句的 SELECT 语句格式如下：

```
SELECT <*/expression1 [AS alias1]…> FROM table [WHERE condition(s)] ;
```

其中，WHERE 子句用于指定条件，condition(s)给出具体的条件表达式。当条件表达式返回 TRUE 值时，则会检索相应行的数据；当条件表达式为 FALSE 值时，则不会检索该行数据。WHERE 字句中使用的比较条件见表 4.1。

表 4.1　WHERE 子句中使用的比较条件

比较条件	功能描述	例　子
算术比较条件		
=	等于	Name='赵迪帆'
>	大于	Bonus>600
>=	大于等于	Bonus>=600
<	小于	hire_date >'06-7 月-1994'
<=	小于等于	Bonus<=800
<>、!=	不等于	Bonus<>800
包含测试		
IN	在指定集合中	department_id IN (101,103)
NOT IN	不在指定集合中	department_id NOT IN (101,103)
范围测试		
BETWEEN　AND	在指定范围内	Wage BETWEEN 1000 AND 2000
NOT BETWEEN　AND	不在指定范围内	Bonus NOT BETWEEN 600 AND 800
匹配测试		
LIKE	与指定模式匹配	Name LIKE '王%'
NOT LIKE	不与指定模式匹配	Name NOT LIKE '王%'
NULL 测试		
IS NULL	是 NULL 值	hire_date IS NULL
IS NOT NULL	不是 NULL 值	Bonus IS NOT NULL
逻辑运算符		
AND	逻辑与运算符	Bonus>600 AND Name LIKE '王%'
OR	逻辑或运算符	Bonus>600 OR Name LIKE '王%'
NOT	逻辑非运算符	NOT Bonus=600

4.2.1 单一条件查询

单一条件查询是指在 WHERE 子句 condition(s)中同时只使用一个比较符号构成查询条件。

1. 使用算术运算比较符(=、<、<=、>、>=、<>)

例 4.16　检索 teachers 表中工资大于等于 2000 元的教师信息。

```
SQL> SELECT name, hire_date, title, wage
  2    FROM teachers WHERE wage >= 2000;

NAME         HIRE_DATE      TITLE    WAGE
--------- -------------- ------ ----------
王彤         01-9月 -90     教授     3000
孔世杰       06-7月 -94     副教授   2700
邹人文       21-1月 -96     讲师     2400
杨文化       03-10月-89     教授     3100
孙晴碧       11-5月 -98     讲师     2500
张珂         16-8月 -97     讲师     2700
齐沈阳       03-10月-89     高工     3100
臧海涛       29-6月 -99     工程师   2400
赵昆         18-2月 -96     讲师     2700

已选择9行。
```

例4.17 检索students表中计算机专业的学生信息。

```
SQL> SELECT student_id, name, specialty
  2    FROM students WHERE specialty = '计算机';

STUDENT_ID NAME       SPECIALTY
---------- ---------- ---------
    10101  王晓芳       计算机
    10102  刘春苹       计算机
    10112  张纯玉       计算机
    10103  王天仪       计算机
    10105  韩刘         计算机
    10128  白昕         计算机

已选择6行。
```

例4.18 检索students_grade表中成绩低于90分的记录。

```
SQL> SELECT student_id, course_id,score
  2    FROM students_grade WHERE score<90;

STUDENT_ID  COURSE_ID  SCORE
---------- --------- -------
    10101   10101      87
    10101   10301      79

已选择2行。
```

2. 使用包含测试(IN)

在WHERE子句中使用IN条件可以显示一个组中成员之间的关系。当有一个满足条件的离散值列表时，会用到IN条件，所有这些有效值用逗号分隔，放在圆括号中，且有相同的数据类型——数字、字符或日期等，混合使用这些类型是不合理的。更确切地说，在测试列的时候，这些值都必须具有相同的数据类型。

有时可以在代码中使用IN条件检验10～50个不同的值，比使用许多等于条件更有效。本节案例无法显示这种有效性，只检验了2～3个值。

例 4.19 检索 teachers 表中获得奖金为 500 和 600 元的教师信息。

```
SQL> SELECT name, hire_date, title, bonus
  2    FROM teachers WHERE bonus IN(500,600);

NAME        HIRE_DATE      TITLE  BONUS
-------- -------------- ------ ----------
邹人文       21-1 月 -96     讲师      600
韩冬梅       01-8 月 -02     助教      500
崔天        05-9 月 -00     助教      500
孙晴碧       11-5 月 -98     讲师      600
车东日       05-9 月 -01     助教      500
臧海涛       29-6 月 -99     工程师     600

已选择 6 行。
```

3. 使用范围测试(BETWEEN…AND)

WHERE 子句中使用 BETWEEN…AND 操作符，用于指定一个范围条件，在 BETWEEN 操作符后指定较小的一个值，在 AND 操作符后指定较大的一个值。BETWEEN…AND 条件可以应用于数字、字符和日期型数据等。

例 4.20 检索 teachers 表中获得奖金在 500 到 600 元之间的教师信息。

```
SQL> SELECT name, hire_date, title, bonus
  2    FROM teachers WHERE bonus BETWEEN 500 AND 600;

NAME        HIRE_DATE      TITLE  BONUS
-------- -------------- ------ ---------
邹人文       21-1 月 -96     讲师     600
韩冬梅       01-8 月 -02     助教     500
崔天        05-9 月 -00     助教     500
孙晴碧       11-5 月 -98     讲师     600
车东日       05-9 月 -01     助教     500
臧海涛       29-6 月 -99     工程师    600

已选择 6 行。
```

4. 使用匹配测试(LIKE)

WHERE 子句中使用 LIKE 条件的查询用于设置数据的查找模式。这些模式是使用通配符指定的，通配符只用于 LIKE 条件。可以使用一种模式来匹配测试任意一种主要数据类型(文本、数字或日期)的一个列。通配符及其功能参见表 4.2。

表 4.2 通配符及其功能

Oracle 通配符	功能描述
%(百分号)	表示 0 个或多个字符
_(下画线)	表示单个字符

例 4.21 检索 teachers 表中职位有教授关键字老师的基本信息。

```
SQL> SELECT teacher_id,name,title,bonus,wage
  2    FROM teachers WHERE title LIKE '%教授';
```

```
TEACHER_ID  NAME      TITLE   BONUS    WAGE
---------- -------- ------ ------- -------
     10101  王彤       教授      1000     3000
     10104  孔世杰     副教授     800      2700
     10210  杨文华      教授     1000     3100

已选择 3 行。
```

5. 使用空值测试(IS NULL)

WHERE 子句中可以使用 IS NULL 条件，NULL 在数据库表中用来表示实际值未知或未确定的情况。注意，必须将这个条件写成 IS NULL，而不是= NULL，这就说明 NULL 是一个未知或不确定的数据，它不像表中其他数据，因为它没有一个特定值。

任何数据类型的列，只要没有使用非空或主键完整性限制，都可能出现空值。在实际应用中，如果忽略空值的存在，将会有很大的麻烦。

例 4.22 检索 teachers 表中没有奖金的教师信息。

```
SQL> SELECT name, hire_date, title, bonus
  2   FROM teachers WHERE bonus IS NULL;

NAME        HIRE_DATE      TITLE       BONUS
-------- -------------- ------ ----------
王晓        05-9月 -07
张笑        29-9月 -07
赵天宇      18-9月 -07
```

4.2.2 复合条件查询

4.2.1 节在 WHERE 子句中使用了一些简单的条件，本节将讨论如何把几个简单条件组合成一个复合条件。当处理包含很多行的表时，复合条件允许指定一组特定行。

WHERE 子句中的复合条件涉及逻辑运算符 AND、OR 和 NOT。如果处理包含一百万或者更多行的大型表，可能需要在 WHERE 子句中使用比较复杂的条件来指定结果表需要的行集合。逻辑 AND 运算和 OR 运算为双操作数逻辑运算符，而 NOT 运算为单操作数逻辑运算符；它们的运算法则参见表 4.3～表 4.5。

表 4.3 AND 运算法则

表达式 A 的值	表达式 B 的值	A AND B 的值
TRUE	TRUE	TRUE
TRUE	FALSE	FALSE
FALSE	TRUE	FALSE
FALSE	FALSE	FALSE

表 4.4　OR 运算法则

表达式 A 的值	表达式 B 的值	A OR B 的值
TRUE	TRUE	TRUE
TRUE	FALSE	TRUE
FALSE	TRUE	TRUE
FALSE	FALSE	FALSE

表 4.5　NOT 运算法则

表达式 A 的值	NOT A 的值
TRUE	FALSE
FALSE	TRUE

注意，NOT 操作符主要与 BETWEEN…AND、LIKE、IN 以及 IS NULL 结合使用。下面举例说明在 WHERE 子句中使用这三种逻辑运算符的方法。

1. 分别使用逻辑运算符 AND、OR、NOT

例 4.23　检索 students 表中计算机专业男生的学生信息。

```
SQL> SELECT student_id, name, sex, specialty
  2   FROM students WHERE specialty = '计算机' AND sex = '男';

STUDENT_ID  NAME        SEX    SPECIALTY
---------- ---------- ------ ----------
     10112  张纯玉        男       计算机
     10103  王天仪        男       计算机
     10105  韩刘          男       计算机
     10128  白昕          男       计算机
```

例 4.24　检索 students 表中计算机或者自动化专业的学生信息。

```
SQL> SELECT student_id, name, sex, specialty
  2   FROM students WHERE specialty = '计算机' OR specialty = '自动化';
STUDENT_ID  NAME     SEX    SPECIALTY
---------- ------- ------ ----------
     10101  王晓芳    女     计算机
     10205  李秋枫    男     自动化
     10102  刘春苹    女     计算机
     10207  王刚      男     自动化
     10112  张纯玉    男     计算机
     10103  王天仪    男     计算机
     10201  赵风雨    男     自动化
     10105  韩刘      男     计算机
     10213  高淼      男     自动化
     10212  欧阳春岚  女     自动化
     10128  白昕      男     计算机

STUDENT_ID  NAME     SEX   SPECIALTY
---------- ------- ----- ----------
     10228  林紫寒    女     自动化
```

已选择 12 行。

例 4.25 检索 students 表中不是计算机专业的学生信息。

```
SQL> SELECT student_id, name, sex, specialty
  2   FROM students WHERE NOT specialty = '计算机';

STUDENT_ID NAME    SEX    SPECIALTY
---------- ------- ------ ----------
     10205  李秋枫    男     自动化
     10301  高山      男     机电工程
     10207  王刚      男     自动化
     10318  张冬云    女     机电工程
     10201  赵风雨    男     自动化
     10311  张杨      男     机电工程
     10213  高淼      男     自动化
     10212  欧阳春岚  女     自动化
     10314  赵迪帆    男     机电工程
     10312  白菲菲    女     机电工程
     10328  曾程程    男     机电工程

STUDENT_ID NAME    SEX    SPECIALTY
---------- ------- ------ ----------
     10228  林紫寒    女     自动化
```

已选择 12 行。

例 4.26 检索 students 表中欧阳春岚和高山以外的学生信息。

```
SQL> SELECT student_id, name, specialty, dob
  2   FROM students WHERE name NOT IN('欧阳春岚','高山');

STUDENT_ID NAME    SPECIALTY  DOB
---------- ------- ---------- --------------
     10101  王晓芳    计算机     07-5月 -88
     10205  李秋枫    自动化     25-11月-90
     10102  刘春苹    计算机     12-8月 -91
     10207  王刚      自动化     03-4月 -87
     10112  张纯玉    计算机     21-7月 -89
     10318  张冬云    机电工程   26-12月-89
     10103  王天仪    计算机     26-12月-89
     10201  赵风雨    自动化     25-10月-90
     10105  韩刘      计算机     03-8月 -91
     10311  张杨      机电工程   08-5月 -90
     10213  高淼      自动化     11-3月 -87

STUDENT_ID NAME    SPECIALTY  DOB
---------- ------- ---------- --------------
     10314  赵迪帆    机电工程   22-9月 -89
     10312  白菲菲    机电工程   07-5月 -88
     10328  曾程程    机电工程
     10128  白昕      计算机
     10228  林紫寒    自动化
```

已选择 16 行。

例 4.27 检索 students 表中不姓张的学生信息。

```
SQL> SELECT student_id, name, specialty, dob
  2    FROM students WHERE name NOT LIKE '张%';

STUDENT_ID NAME     SPECIALTY  DOB
---------- -------- ---------- ----------
     10101 王晓芳   计算机     07-5月 -88
     10205 李秋枫   自动化     25-11月-90
     10102 刘春苹   计算机     12-8月 -91
     10301 高山     机电工程   08-10月-90
     10207 王刚     自动化     03-4月 -87
     10103 王天仪   计算机     26-12月-89
     10201 赵风雨   自动化     25-10月-90
     10105 韩刘     计算机     03-8月 -91
     10213 高淼     自动化     11-3月 -87
     10212 欧阳春岚 自动化     12-3月 -89
     10314 赵迪帆   机电工程   22-9月 -89

STUDENT_ID NAME     SPECIALTY  DOB
---------- -------- ---------- --------------
     10312 白菲菲   机电工程     07-5月 -88
     10328 曾程程   机电工程
     10128 白昕     计算机
     10228 林紫寒   自动化

已选择 15 行。
```

例 4.28 检索 teachers 表中有奖金数据的教师信息。

```
SQL> SELECT name, hire_date, title, bonus
  2    FROM teachers WHERE bonus IS NOT NULL;

NAME   HIRE_DATE     TITLE  BONUS
------ ------------- ------ ----------
王彤   01-9月 -90    教授        1000
孔世杰 06-7月 -94    副教授       800
邹人文 21-1月 -96    讲师         600
韩冬梅 01-8月 -02    助教         500
杨文化 03-10月-89    教授        1000
崔天   05-9月 -00    助教         500
孙晴碧 11-5月 -98    讲师         600
张珂   16-8月 -97    讲师         700
齐沈阳 03-10月-89    高工        1000
车东日 05-9月 -01    助教         500
臧海涛 29-6月 -99    工程师       600

NAME   HIRE_DATE    TITLE  BONUS
------ ------------ ------ ----------
赵昆   18-2月 -96    讲师       800

已选择 12 行。
```

2. 组合使用逻辑条件

在逻辑运算符 AND、OR、NOT 中，NOT 优先级最高，AND 其次，OR 最低，并且它们的优先级低于任何一种比较操作符。在这三个逻辑运算符中，如果要改变它们的优先级，则需要使用括号。

例 4.29 检索 students 表中计算机专业女生、机电工程专业男生的学生信息。

```
SQL> SELECT student_id, name, sex, specialty FROM students
  2   WHERE specialty = '计算机' AND sex = '女'
  3         OR specialty = '机电工程' AND sex = '男';

STUDENT_ID NAME     SEX    SPECIALTY
---------- -------- ------ ----------
     10101 王晓芳   女     计算机
     10102 刘春苹   女     计算机
     10301 高山     男     机电工程
     10311 张杨     男     机电工程
     10314 赵迪帆   男     机电工程
     10328 曾程程   男     机电工程

已选择 6 行。
```

例 4.30 检索 teachers 表中不是工程师，并且 2002 年 1 月 1 日前参加工作，工资低于 3000 元的教师信息。

```
SQL> SELECT name, hire_date, title, bonus, wage FROM teachers
  2   WHERE NOT title = '工程师'
  3         AND hire_date < '1-1月-2002' AND wage < 3000;

NAME    HIRE_DATE     TITLE   BONUS      WAGE
------ ------------- ------ ---------- ----------
孔世杰  06-7月 -94    副教授    800       2700
邹人文  21-1月 -96    讲师      600       2400
崔天    05-9月 -00    助教      500       1900
孙晴碧  11-5月 -98    讲师      600       2500
张珂    16-8月 -97    讲师      700       2700
车东日  05-9月 -01    助教      500       1900
赵昆    18-2月 -96    讲师      800       2700

已选择 7 行。
```

4.3 记录排序

执行 SELECT 语句时，若没有指定查询结果数据行显示的先后顺序，此时会按照表中数据插入的先后顺序来显示数据行。但在实际应用中，经常需要按特定的顺序排列数据。使用含有 ORDER BY 子句可以达到此目的，其语句格式如下：

```
SELECT <*/expression1 [AS alias1],…> FROM table [WHERE condition(s)]
[ORDER BY expression1 [ASC | DESC],…] ;
```

其中，ORDER BY 子句的 expression 用于指定排序所依据的列或表达式，ASC 关键字指定进行升序排序(默认)，DESC 关键字指定进行降序排序。

4.3.1 按单一列排序

按单一列排序是指 ORDER BY 子句的 expression 只指定一个列或一个表达式。

1. 升序排序

升序排序是按照 ORDER BY 子句的 expression 指定的列或表达式的值从小到大排列数据行。在 Oracle 数据库中，当按升序排序时，如果所指定的排序列包含有 NULL 值的记录行，那么这些记录行会排列在最后面。升序是默认顺序，因此可以省略 ASC。

例 4.31 按工资由小到大的顺序检索 teachers 表。

```
SQL> SELECT name, hire_date, title, bonus, wage
  2   FROM teachers ORDER BY wage;

NAME     HIRE_DATE     TITLE     BONUS      WAGE
------ ------------ ------- ---------- ----------
王晓     05-9月 -07                          1000
张笑     29-9月 -07                          1000
赵天宇   18-9月 -07                          1000
韩冬梅   01-8月 -02    助教        500       1800
崔天     05-9月 -00    助教        500       1900
车东日   05-9月 -01    助教        500       1900
臧海涛   29-6月 -99    工程师      600       2400
邹人文   21-1月 -96    讲师        600       2400
孙晴碧   11-5月 -98    讲师        600       2500
张珂     16-8月 -97    讲师        700       2700
孔世杰   06-7月 -94    副教授      800       2700

NAME     HIRE_DATE      TITLE      BONUS       WAGE
-------- ------------- ------ ---------- ----------
赵昆     18-2月 -96     讲师         800       2700
王彤     01-9月 -90     教授        1000       3000
杨文化   03-10月-89     教授        1000       3100
齐沈阳   03-10月-89     高工        1000       3100

已选择 15 行。
```

2. 降序排序

降序排序是按照 ORDER BY 子句的 expression 指定的列或表达式的值，从大到小排列数据行。在 Oracle 数据库中，当按降序排序时，如果所指定的排序列包含有 NULL 值的记录行，那么这些记录行会排列在最前面。

另外，如果在 SELECT 子句中为列或表达式指定了别名，那么当执行排序操作时，既可以使用列或表达式进行排序，也可以使用列或表达式的别名进行排序；如果列名或表达式名称较长，那么使用列位置序号可以缩短排序语句的长度。下面两个案例分别说明使用列序号和列别名进行排序的方法。

例 4.32 按学生姓名降序检索 students 表(使用列序号)。汉字按其拼音对应的英文字母的顺序进行排序。

```
SQL> SELECT student_id, name, specialty, dob
  2    FROM students ORDER BY 2 DESC;

STUDENT_ID  NAME      SPECIALTY   DOB
----------  --------  ----------  --------------
     10201  赵风雨     自动化       25-10 月-90
     10314  赵迪帆     机电工程     22-9 月 -89
     10311  张杨       机电工程     08-5 月 -90
     10318  张冬云     机电工程     26-12 月-89
     10112  张纯玉     计算机       21-7 月 -89
     10328  曾程程     机电工程
     10101  王晓芳     计算机       07-5 月 -88
     10103  王天仪     计算机       26-12 月-89
     10207  王刚       自动化       03-4 月 -87
     10212  欧阳春岚   自动化       12-3 月 -89
     10102  刘春苹     计算机       12-8 月 -91

STUDENT_ID  NAME      SPECIALTY   DOB
----------  --------  ----------  --------------
     10228  林紫寒     自动化
     10205  李秋枫     自动化       25-11 月-90
     10105  韩刘       计算机       03-8 月 -91
     10213  高淼       自动化       11-3 月 -87
     10301  高山       机电工程     08-10 月-90
     10128  白昕       计算机
     10312  白菲菲     机电工程     07-5 月 -88
```

已选择 18 行。

例 4.33 按出生日期降序检索 students 表(使用列别名)。

```
SQL> SELECT name AS "姓名", dob AS "出生日期"
  2    FROM students ORDER BY "出生日期" DESC;

姓名      出生日期
-------- --------------
白昕
林紫寒
曾程程
刘春苹    12-8 月 -91
韩刘      03-8 月 -91
李秋枫    25-11 月-90
赵风雨    25-10 月-90
高山      08-10 月-90
张杨      08-5 月 -90
张冬云    26-12 月-89
王天仪    26-12 月-89

姓名      出生日期
-------- --------------
赵迪帆    22-9 月 -89
```

```
张纯玉      21-7 月 -89
欧阳春岚    12-3 月 -89
王晓芳      07-5 月 -88
白菲菲      07-5 月 -88
王刚        03-4 月 -87
高淼        11-3 月 -87

已选择 18 行。
```

4.3.2 按多列排序

按多列排序是指 ORDER BY 子句的 expression 指定一个以上列或表达式。查询结果中的数据行首先按 expression 指定的第一个列进行排序，然后根据 expression 指定的第二个列进行排序，依次类推。

例 4.34 按专业、姓名升序检索 students 表。

```
SQL> SELECT student_id, name, specialty, dob
  2    FROM students ORDER BY specialty, name;

STUDENT_ID  NAME      SPECIALTY   DOB
----------  --------  ----------  --------------
     10312  白菲菲    机电工程    07-5 月 -88
     10301  高山      机电工程    08-10 月-90
     10328  曾程程    机电工程
     10318  张冬云    机电工程    26-12 月-89
     10311  张杨      机电工程    08-5 月 -90
     10314  赵迪帆    机电工程    22-9 月 -89
     10128  白昕      计算机
     10105  韩刘      计算机      03-8 月 -91
     10102  刘春苹    计算机      12-8 月 -91
     10103  王天仪    计算机      26-12 月-89
     10101  王晓芳    计算机      07-5 月 -88

STUDENT_ID  NAME      SPECIALTY   DOB
----------  --------  ----------  --------------
     10112  张纯玉    计算机      21-7 月 -89
     10213  高淼      自动化      11-3 月 -87
     10205  李秋枫    自动化      25-11 月-90
     10228  林紫寒    自动化
     10212  欧阳春岚  自动化      12-3 月 -89
     10207  王刚      自动化      03-4 月 -87
     10201  赵风雨    自动化      25-10 月-90

已选择 18 行。
```

例 4.35 按专业升序、姓名降序检索 students 表。

```
SQL> SELECT student_id, name, specialty, dob
  2    FROM students ORDER BY specialty, name DESC;

STUDENT_ID  NAME      SPECIALTY   DOB
----------  --------  ----------  --------------
     10314  赵迪帆    机电工程    22-9 月 -89
```

```
    10311   张杨        机电工程    08-5月 -90
    10318   张冬云      机电工程    26-12月-89
    10328   曾程程      机电工程
    10301   高山        机电工程    08-10月-90
    10312   白菲菲      机电工程    07-5月 -88
    10112   张纯玉      计算机      21-7月 -89
    10101   王晓芳      计算机      07-5月 -88
    10103   王天仪      计算机      26-12月-89
    10102   刘春苹      计算机      12-8月 -91
    10105   韩刘        计算机      03-8月 -91

STUDENT_ID NAME     SPECIALTY  DOB
---------- -------- ---------- --------------
    10128   白昕        计算机
    10201   赵风雨      自动化      25-10月-90
    10207   王刚        自动化      03-4月 -87
    10212   欧阳春岚    自动化      12-3月 -89
    10228   林紫寒      自动化
    10205   李秋枫      自动化      25-11月-90
    10213   高淼        自动化      11-3月 -87

已选择18行。
```

4.4 分组查询

在进行数据查询时，查询结果可以是原表整个列中数据的分组统计值。比如经常需要统计不同专业的学生人数、教师的平均工资、教师的工资总和等，通过使用列(Aggregate)函数、GROUP BY子句，以及HAVING子句来共同完成此类操作。

含有GROUP BY子句和HAVING子句的SELECT语句格式如下：

```
SELECT <*/expression1 [AS alias1],…> FROM table [WHERE condition(s)]
[GROUP BY expression1 ,…] [HAVING condition(s)];
```

SELECT子句中，expression用于指定选择列表中的列或表达式，其中可以包含列函数用于指定分组函数；GROUP BY子句中，expression用于指定分组表达式；HAVING子句中，condition用于指定分组条件。

4.4.1 列函数及其应用

表中的数据使用列函数进行统计，列函数会检查指定列中的所有数据，形成一个单行的统计结果。例如，结果可能是指定列中所有数值的和或者平均值等。一般情况下，列函数应与GROUP BY子句结合使用，以便达到分组统计的效果。

Oracle数据库提供了大量的列函数，最常用的7个列函数见表4.6。

表 4.6 列函数概述

列 函 数	功能描述
用于字符、数值、日期型数据的列函数	
MAX(column)	列中的最大值
MIN(column)	列中的最小值
COUNT(*)	表中行的总数
COUNT(column)	列不为 null 的行数
COUNT(distinct column)	Column 指定列中相异值的数量
只用于数值型数据的列函数	
SUM(column)	列中所有值的总和
AVG(column)	列中所有值的平均数
STDDEV(column)	列的标准偏差
VARIANCE(column)	列的方差

表 4.6 中，除了函数 COUNT(*)以外，其他的列函数都不考虑列或表达式为 NULL 的行。

例 4.36 计算教师的平均工资。函数 AVG()用于计算列或表达式的平均值，它只适用于数字类型。

```
SQL> SELECT AVG(wage) FROM teachers;

 AVG(WAGE)
----------
2213.33333
```

例 4.37 统计全体学生人数。函数 COUNT(*)用于取得指定表的记录总行数。

```
SQL> SELECT COUNT(*) FROM students;

 COUNT(*)
----------
      18
```

例 4.38 找出全体学生中最大的及最小的出生日期。函数 MAX()用于求出列或表达式的最大值，函数 MIN()用于求出列或表达式的最小值，二者适用于任何数据类型。

```
SQL> SELECT MAX(dob), MIN(dob) FROM students;

MAX(DOB)       MIN(DOB)
------------ --------------
12-8月-91      11-3月-87
```

例 4.39 求全体教师工资总额。函数 SUM()用于对列或表达式求总和，它只适用于数字类型。

```
SQL> SELECT SUM(wage) FROM teachers;

 SUM(WAGE)
----------
     33200
```

例 4.40 求全体教师工资的方差。函数 VARIANCE()用于求出列或表达式的方差，该函数只适用于数值类型。当只有一行数据时，方差函数 VARIANCE()值返回 0；当存在多行数据时，方差函数 VARIANCE()的值按照下面的公式计算得到：

(SUM(expression)2-SUM(expression)2/COUNT(expression))/(CONUT(expression)-1)

```
SQL> SELECT VARIANCE(wage) FROM teachers;

VARIANCE(WAGE)
--------------
    559809.524
```

例 4.41 求全体教师工资的标准偏差。函数 STDDEV()用于求出列或表达式的标准偏差，该函数只适用于数值类型。当只有一行数据时，标准偏差函数 STDDEV()值返回 0；当存在多行数据时，Oracle 按照方差函数 VARIANCE()值的平方根来计算得到标准偏差。

```
SQL> SELECT STDDEV(wage) FROM teachers;

STDDEV(WAGE)
------------
  748.204199
```

4.4.2 GROUP BY 子句

通过使用 GROUP BY 子句，可以在表中达到数据分组的目的。将表的行分为若干组，这些组中的行并不互相重复，然后通过列函数分别统计每个组，这样每个组都有一个统计值。

GROUP BY 子句中，expression 用于指定分组表达式，可以指定一个或多个表达式作为分组依据。当依据单列(或单个表达式)进行分组时，会基于列的每个不同值生成一个数据统计结果；当依据多列(或多个表达式)进行分组时，会基于多个列的不同值生成数据统计结果。

例 4.42 按系部号对 teachers 表进行分组。

```
SQL> SELECT department_id FROM teachers GROUP BY department_id;

DEPARTMENT_ID
-------------
          102
          101
          103
```

例 4.43 按系部号及职称对 teachers 表进行分组。

```
SQL> SELECT department_id, title
  2   FROM teachers GROUP BY department_id, title;

DEPARTMENT_ID  TITLE
-------------  ------
          101  副教授
          103  讲师
          101
          101  讲师
```

```
         101      助教
         103      高工
         103      助教
         102
         102      教授
         103      工程师
         103

DEPARTMENT_ID TITLE
------------- ------
          101 教授
          102 助教
          102 讲师

已选择 14 行。
```

例 4.44 查询每一个系部教师工资的最大值、最小值。

```
SQL> SELECT department_id, MAX(wage), MIN(wage)
  2    FROM teachers GROUP BY department_id;

DEPARTMENT_ID  MAX(WAGE)  MIN(WAGE)
------------- ---------- ----------
          102       3100       1000
          101       3000       1000
          103       3100       1000
```

例 4.45 求每一个系部教师的总工资和平均工资。

```
SQL> SELECT department_id, SUM(wage), AVG(wage)
  2    FROM teachers GROUP BY department_id;

DEPARTMENT_ID  SUM(WAGE)  AVG(WAGE)
------------- ---------- ----------
          102      11200       2240
          101      10900       2180
          103      11100       2220
```

例 4.46 求每一个系部的教师人数。

```
SQL> SELECT department_id, COUNT(*)
  2    FROM teachers GROUP BY department_id;

DEPARTMENT_ID   COUNT(*)
------------- ----------
          102          5
          101          5
          103          5
```

例 4.47 求每一个系部工资在 1000 元以上的教师工资平均值。

```
SQL> SELECT department_id, AVG(wage)
  2    FROM teachers WHERE wage > 1000 GROUP BY department_id;

DEPARTMENT_ID  AVG(WAGE)
------------- ----------
          102       2550
```

```
        101       2475
        103       2525
```

4.4.3 HAVING 子句

GROUP BY 子句用于指定分组的依据，而 HAVING 子句则指定条件，用于限制分组显示结果。HAVING 子句中 condition 用于指定限制分组结果的条件。HAVING 子句必须与 GROUP BY 子句一起使用，而 GROUP BY 子句通常是单独使用的。

例 4.48 检索平均工资高于 2200 元的系部，显示系部号、平均工资。

```
SQL> SELECT department_id, AVG(wage) FROM teachers
  2    GROUP BY department_id HAVING AVG(wage) > 2200;

DEPARTMENT_ID  AVG(WAGE)
------------- ----------
        102       2240
        103       2220
```

例 4.49 在工资低于 3000 元的教师中检索平均工资高于 2000 元的系部，显示系部号、平均工资。同时使用 WHERE 子句、GROUP BY 子句以及 HAVING 子句。

```
SQL> SELECT department_id, AVG(wage) FROM teachers
  2    WHERE wage < 3000 GROUP BY department_id HAVING AVG(wage) > 2000;

DEPARTMENT_ID  AVG(WAGE)
------------- ----------
        102       2025
```

例 4.50 在工资低于 3000 元的教师中检索平均工资高于 2000 元的系部，显示系部号、平均工资，并将显示结果按平均工资升序排列。使用 ORDER BY 子句改变分组查询输出结果的顺序。

```
SQL> SELECT department_id, AVG(wage) FROM teachers
  2    WHERE wage < 3000 GROUP BY department_id
  3    HAVING AVG(wage) >= 2000 ORDER BY 2;

DEPARTMENT_ID  AVG(WAGE)
------------- ----------
        103       2000
        102       2025
```

第5章

子查询与集合操作

嵌入其他 SQL 语句中的 SELECT 语句称为子查询。为在多个 SELECT 语句的结果集上进行集合操作，可以使用集合操作符 UNION、UNION ALL、INTERSECT 和 MINUS。本章将详细介绍使用子查询与集合操作进行的复杂的数据检索。在学习了本章之后，读者将学会：

(1) 各类子查询的使用；

(2) 集合操作在查询中的应用。

5.1 子查询

子查询根据返回结果的不同，被分为单行子查询、多行子查询和多列子查询等。

(1) 单行子查询，返回一行一列数据给外部的(主)SQL 语句。

(2) 多行子查询，返回多行单列数据给外部的(主)SQL 语句。

(3) 多列子查询，返回多列(单行或多行)数据给外部的(主)SQL 语句。

5.1.1 单行子查询

单行子查询语句可以使用在主查询语句的 WHERE 子句、HAVING 子句和 FROM 子句中。下面分别叙述这三种情况。

1. 在 WHERE 子句中使用子查询

在 WHERE 子句中使用子查询时，可以使用单行比较运算符=、<>、<、>、<=、>=等，子查询的结果作为主查询的查询条件。

例 5.1 在 teachers 表中，查询工资低于平均工资的所有教师。

```
SQL> SELECT * FROM Teachers
  2   WHERE wage <
  3   (SELECT AVG(wage) FROM Teachers);

TEACHER_ID NAME   TITLE  HIRE_DATE             BONUS      WAGE DEPARTMENT_ID
---------- ------ ----- ------------- ---------- --------- -------------
     10106 韩冬梅  助教   01-8月 -02               500      1800           101
     10206 崔天    助教   05-9月 -00               500      1900           102
     10306 车东日  助教   05-9月 -01               500      1900           103
     10128 王晓           05-9月 -07                        1000           101
     10328 张笑           29-9月 -07                        1000           103
     10228 赵天宇         18-9月 -07                        1000           102

已选择 6 行。
```

例 5.2 在 students 表中，查询与王天仪同学同专业的所有学生。

```
SQL> SELECT * FROM Students
  2   WHERE specialty =
  3   (SELECT specialty FROM Students
  4     WHERE name = '王天仪');

STUDENT_ID MONITOR_ID NAME       SEX   DOB          SPECIALTY
---------- ---------- -------- ----- ------------ ----------
     10101            王晓芳     女    07-5月 -88    计算机
     10102      10101 刘春苹     女    12-8月 -91    计算机
     10112      10101 张纯玉     男    21-7月 -89    计算机
     10103      10101 王天仪     男    26-12月-89    计算机
     10105      10101 韩刘       男    03-8月 -91    计算机
     10128      10101 白昕       男                  计算机

已选择 6 行。
```

例 5.3 在 students 表中，查询年龄小于王天仪同学的所有学生。

```
SQL> SELECT * FROM Students
  2   WHERE dob >
  3   (SELECT dob FROM Students
  4     WHERE name = '王天仪');

STUDENT_ID MONITOR_ID NAME     SEX    DOB           SPECIALTY
---------- ---------- -------- ------ ------------- ----------
     10205            李秋枫     男     25-11 月-90     自动化
     10102      10101 刘春苹     女     12-8 月 -91     计算机
     10301            高山       男     08-10 月-90     机电工程
     10201      10205 赵风雨     男     25-10 月-90     自动化
     10105      10101 韩刘       男     03-8 月 -91     计算机
     10311      10301 张杨       男     08-5 月 -90     机电工程

已选择 6 行。
```

2. 在 HAVING 子句中使用子查询

在 HAVING 子句中使用子查询时，子查询的结果作为主查询的分组条件。

例 5.4 在 teachers 表中，查询部门平均工资高于最低部门平均工资的部门和平均工资。

```
SQL> SELECT department_id, AVG(wage) AS 平均工资 FROM Teachers
  2   GROUP BY department_id
  3     HAVING AVG(wage) >
  4     (SELECT MIN(AVG(wage))
  5       FROM Teachers
  6       GROUP BY department_id);

DEPARTMENT_ID   平均工资
------------- ----------
          102       2240
          103       2220
```

3. 在 FROM 子句中使用子查询

在 FROM 子句中使用子查询时，子查询的结果作为主查询的视图。

例 5.5 在 students 表的女同学中，查询计算机专业的所有学生。

```
SQL> SELECT * FROM (SELECT * FROM Students WHERE sex ='女')
  2   WHERE specialty = '计算机';

STUDENT_ID MONITOR_ID NAME     SEX    DOB           SPECIALTY
---------- ---------- -------- ----- ------------- ----------
     10101            王晓芳     女     7-5 月 -88        计算机
     10102      10101 刘春苹     女     12-8 月-91        计算机
```

5.1.2 多行子查询

当在 WHERE 子句中使用多行子查询时，必须使用多行比较运算符 IN、ANY 或 ALL。它们的作用如下。

(1) IN。匹配于子查询结果的任意一个值，结果为真；否则为假。

(2) ANY。只要符合子查询结果的任意一个值，结果为真；否则为假。

(3) ALL。必须符合子查询结果的所有值时结果为真；否则为假。

1. 在多行子查询中使用 IN 或 NOT IN 操作符

例 5.6 利用子查询，在 students 表中检索有学科成绩的学号与姓名。

```
SQL> SELECT student_id, name FROM Students
  2   WHERE student_id IN
  3     (SELECT student_id FROM Students_grade );

STUDENT_ID  NAME
---------- ----------
     10101  王晓芳
```

例 5.7 查询未被学生选学的课程。

```
SQL> SELECT course_id, course_name FROM Courses
  2   WHERE course_id NOT IN
  3     (SELECT course_id
  4        FROM Students_grade);

 COURSE_ID  COURSE_NAME
---------- ------------------------------
     10102  C++语言程序设计
     10202  模拟电子技术
     10302  理论力学
     10103  离散数学
     10203  数字电子技术
     10303  材料力学

已选择 6 行。
```

2. 在多行子查询中使用 ANY 操作符

例 5.8 查询工资低于任何一个部门平均工资的教师信息。

```
SQL> SELECT * FROM Teachers
  2   WHERE wage < ANY
  3     (SELECT AVG(wage) FROM Teachers GROUP BY department_id);

TEACHER_ID  NAME   TITLE  HIRE_DATE         BONUS      WAGE   DEPARTMENT_ID
---------- ------ ----- -------------- ---------- ---------- -------------
     10106  韩冬梅  助教   01-8月 -02          500       1800           101
     10206  崔天    助教   05-9月 -00          500       1900           102
     10306  车东日  助教   05-9月 -01          500       1900           103
     10128  王晓           05-9月 -07                    1000           101
     10328  张笑           29-9月 -07                    1000           103
     10228  赵天宇         18-9月 -07                    1000           102

已选择 6 行。
```

3. 在多行子查询使用 ALL 操作符

例 5.9 查询工资高于各部门平均工资的教师信息。

```
SQL> SELECT * FROM Teachers
  2   WHERE wage > ALL
  3     (SELECT AVG(wage)
  4        FROM Teachers GROUP BY department_id);

TEACHER_ID NAME   TITLE  HIRE_DATE          BONUS      WAGE      DEPARTMENT_ID
---------- ------ ------ ------------------ ---------- --------- -------------
     10101 王彤   教授   01-9 月 -90        1000       3000      101
     10104 孔世杰 副教授 06-7 月 -94        800        2700      101
     10103 邹人文 讲师   21-1 月 -96        600        2400      101
     10210 杨文化 教授   03-10 月-89        1000       3100      102
     10209 孙晴碧 讲师   11-5 月 -98        600        2500      102
     10207 张珂   讲师   16-8 月 -97        700        2700      102
     10308 齐沈阳 高工   03-10 月-89        1000       3100      103
     10309 臧海涛 工程师 29-6 月 -99        600        2400      103
     10307 赵昆   讲师   18-2 月 -96        800        2700      103

已选择 9 行。
```

5.1.3 多列子查询

多列子查询是指返回多列(单行或多行)数据的子查询语句。返回单行多列数据的子查询可以参照单行子查询的例子来编写查询语句；返回多行多列数据的子查询，可以参照多行子查询的例子来编写查询语句。

例 5.10 利用子查询，在 students 表中检索与王天仪专业相同、生日相同的同学。

```
SQL> SELECT * FROM Students
  2   WHERE (specialty, dob)=
  3     (SELECT specialty, dob
  4        FROM Students WHERE name='王天仪');

STUDENT_ID MONITOR_ID NAME       SEX    DOB            SPECIALTY
---------- ---------- ---------- ------ -------------- ----------
     10103      10101 王天仪     男     26-12 月-89    计算机
```

例 5.11 利用子查询，在 teachers 表中检索各自部门工资最低的教师。

```
SQL> SELECT * FROM Teachers
  2   WHERE (department_id, wage) IN
  3     (SELECT department_id, MIN(wage)
  4        FROM Teachers GROUP BY department_id);

TEACHER_ID NAME   TITLE  HIRE_DATE          BONUS      WAGE      DEPARTMENT_ID
---------- ------ ------ ------------------ ---------- --------- -------------
     10128 王晓          05-9 月 -07                   1000      101
     10328 张笑          29-9 月 -07                   1000      103
     10228 赵天宇        18-9 月 -07                   1000      102
```

5.1.4 相关子查询

有时，子查询引用了外部(主)查询中包含的一列或多列，子查询不能在外部(主)查询之前求值，需要依靠外部查询才能获得值，这样的子查询被称为相关子查询。下面通过一个例子说明相关子查询的执行过程。

例 5.12 利用子查询在 teachers 表中检索工资高于所在部门平均工资的教师。

```
SQL> SELECT * FROM teachers t1
  2    WHERE wage >
  3      (SELECT AVG(wage) FROM teachers t2
  4        WHERE t2.department_id = t1.department_id);

TEACHER_ID  NAME    TITLE  HIRE_DATE             BONUS       WAGE    DEPARTMENT_ID
---------- ------- ------ -------------- ---------- ---------- -------------
     10101  王彤     教授    01-9月 -90           1000       3000            101
     10104  孔世杰   副教授  06-7月 -94            800       2700            101
     10103  邹人文   讲师    21-1月 -96            600       2400            101
     10210  杨文化   教授    03-10月-89           1000       3100            102
     10209  孙晴碧   讲师    11-5月 -98            600       2500            102
     10207  张珂     讲师    16-8月 -97            700       2700            102
     10308  齐沈阳   高工    03-10月-89           1000       3100            103
     10309  臧海涛   工程师  29-6月 -99            600       2400            103
     10307  赵昆     讲师    18-2月 -96            800       2700            103

已选择 9 行。
```

在这个例子中，外部(主)查询和子查询通过 department_id 相关联，外部(主)查询从 teachers 表中检索出所有行，并将它们传递给子查询，子查询接收外部(主)查询传递过来的每一行数据，并对满足条件(t2.department_id = t1.department_id)的每一部门的教师计算平均工资。

在相关子查询中，经常使用 EXISTS、NOT EXISTS、IN、NOT IN 等操作符。操作符 EXISTS 用于检查子查询返回的记录行是否存在，操作符 NOT EXISTS 用于检查子查询返回的记录行是否不存在，操作符 IN 和 NOT IN 的含义参见 4.2 节。下面介绍这 4 种操作符在相关子查询中的应用。

1. 使用 EXISTS

例 5.13 利用子查询，在 courses 表中检索已经被学生选择的课程。

```
SQL> SELECT course_id, course_name FROM courses c
  2    WHERE EXISTS
  3      (SELECT * FROM students_grade sg
  4        WHERE sg.course_id = c.course_id);

 COURSE_ID COURSE_NAME
---------- ------------------------------
     10101  计算机组成原理
     10201  自动控制原理
     10301  工程制图
```

2. 使用 NOT EXISTS

例 5.14 利用子查询，查询没有选择任何课程的学生的学号和姓名。

```
SQL> SELECT student_id,name FROM students s
  2   WHERE NOT EXISTS
  3     (SELECT * FROM students_grade sg
  4      WHERE sg.student_id = s.student_id);
 STUDENT_ID  NAME
-----------  -----
      10102   刘春苹
      10103   王天仪
      10105   韩刘
      10112   张纯玉
      10128   白昕
      10201   赵风雨
      10205   李秋枫
      10207   王刚
      10212   欧阳春岚
      10213   高淼
      10228   林紫寒

STUDENT_ID   NAME
-----------  -----
      10301   高山
      10311   张扬
      10312   白菲菲
      10314   赵迪帆
      10318   张冬云
      10328   曾程程

已选择 17 行。
```

3. 使用 IN

例 5.15 利用子查询，在 departments 表中检索已经安排教师的系部。

```
SQL> SELECT department_id, department_name FROM departments
  2   WHERE department_id IN
  3     (SELECT department_id FROM teachers);
DEPARTMENT_ID DEPARTMENT_NAME
------------- ------------------
          101   信息工程
          102   电气工程
          103   机电工程
```

4. 使用 NOT IN

例 5.16 利用子查询，在 departments 表中检索没有安排教师的系部。

```
SQL> SELECT department_id, department_name FROM departments
  2   WHERE department_id NOT IN
  3     (SELECT department_id FROM teachers);
```

未选定行

查询结果表明，没有未安排教师的系部。

5.1.5 嵌套子查询

SQL 允许子查询嵌套，其嵌套的深度因 SQL 版本而异，Oracle 12c 允许的嵌套深度高达 255 级。但是一般来说不需要如此深的嵌套，通常使用一级或两级嵌套子查询，如果嵌套再深一些，不仅会给代码的理解、修改和维护带来极大的不便，而且严重影响查询性能，这是用户在使用时需要加以考虑的。下面介绍嵌套子查询的使用。

例 5.17 利用嵌套子查询，在 students 表中检索与王天仪同专业的所有学生信息。

```
SQL> SELECT * FROM (SELECT * FROM students
  2    WHERE specialty =
  3      (SELECT specialty FROM students
  4        WHERE name = '王天仪'));

STUDENT_ID MONITOR_ID  NAME      SEX    DOB           SPECIALTY
---------- ---------- -------- ------ ------------ ----------
     10101             王晓芳    女     07-5 月 -88    计算机
     10102      10101  刘春苹    女     12-8 月 -91    计算机
     10112      10101  张纯玉    男     21-7 月 -89    计算机
     10103      10101  王天仪    男     26-12 月-89    计算机
     10105      10101  韩刘      男     03-8 月 -91    计算机
     10128      10101  白昕      男                    计算机

已选择 6 行。
```

5.2 集合操作

集合操作有并、交、差三种运算，操作符分别为 UNION(UNION ALL)、INTERSECT 和 MINUS，其功能如下。

(1) UNION 用于得到两个查询结果集的并集，并自动去掉重复行。

(2) UNION ALL 用于得到两个查询结果集的并集，并保留重复行。

(3) INTERSECT 用于得到两个查询结果集的交集，并以交集的第一列进行排序。

(4) MINUS 用于得到两个查询结果集的差集，并以差集第一列进行排序。

集合操作可以在单个表上进行，如使用 students 表或 teachers 表；也可以在多个表上进行，如使用课程 courses 表及副修课程 minor 表或 courses2 表。由于 minor 表与 courses2 表在此首次使用，尚未建立，可以使用下面的语句创建 minor 表与 courses2 表，以便在相关的例子中使用。

创建副修课程 minor 表：

```
CREATE TABLE minors(
       minor_id NUMBER(5)
       CONSTRAINT minor_pk PRIMARY KEY,
       minor_name VARCHAR2(30) NOT NULL,
```

```
        credit_hour NUMBER(2)
);
```

为副修课程 minor 表添加数据：

```
INSERT INTO Minors VALUES(10101,'计算机组成原理',4);
INSERT INTO Minors VALUES(10201,'自动控制原理',4);
INSERT INTO Minors VALUES(10301,'工程制图',3);
```

建立课程 courses2 表：

```
CREATE TABLE courses2(
        course_id NUMBER(5)
        CONSTRAINT course2_pk PRIMARY KEY,
        course_name VARCHAR2(30) NOT NULL,
        credit_hour NUMBER(2)
);
```

为课程 courses2 表添加数据：

```
INSERT INTO Courses2 VALUES(10201,'自动控制原理',4);
INSERT INTO Courses2 VALUES(10301,'工程制图',3);
```

5.2.1 集合操作符

集合操作符查询操作的语句格式如下：

```
SELECT sentence1 [UNION ALL|UNION|INTERSECT|MINUS] SELECT sentence2;
```

其中，SELECT sentence1 与 SELECT sentence2 为查询语句，二者形成的查询结果集参与 UNION ALL 或 UNION 或 INTERSECT 或 MINUS 集合操作。

使用并、交、差三种运算符进行集合操作时，要求参与集合操作的查询结果集列的个数和数据类型相匹配，还要注意以下一些限制。

(1) 对于 BLOB、CLOB、BFILE、VARRAY 或嵌套表类型的列，不能使用集合操作符。

(2) 对于 LONG 类型的列，不能使用集合操作符 UNION、INTERSECT 和 MINUS。

(3) 如果选择的列表包含了表达式，则必须为表达式指定列别名。

1. 使用集合操作符 UNION ALL

UNION ALL 操作符用于获取两个查询结果集的并集，操作结果不取消重复行，而且也不会对操作结果进行排序。下面通过例子说明 UNION ALL 操作符的使用方法。

例 5.18 将 courses 表与 minors 表进行 UNION ALL 操作。

```
SQL> SELECT course_id, course_name, credit_hour
  2    FROM Courses
  3   UNION ALL
  4   SELECT minor_id, minor_name, credit_hour
  5    FROM Minors;

 COURSE_ID  COURSE_NAME                      CREDIT_HOUR
---------- ---------------------------- -----------
     10101  计算机组成原理                              4
     10201  自动控制原理                                4
```

```
     10301    工程制图                          3
     10102    C++语言程序设计                   3
     10202    模拟电子技术                      4
     10302    理论力学                          3
     10103    离散数学                          3
     10203    数字电子技术                      4
     10303    材料力学                          3
     10101    计算机组成原理                    4
     10201    自动控制原理                      4

 COURSE_ID  COURSE_NAME                  CREDIT_HOUR
---------- -------------------------- -----------
     10301    工程制图                          3
```

已选择 12 行。

例 5.19 将 courses 表与 minors 表进行 UNION ALL 操作，且对结果排序。

```
SQL> SELECT course_id, course_name, credit_hour
  2    FROM Courses
  3  UNION ALL
  4  SELECT minor_id, minor_name, credit_hour
  5    FROM Minors ORDER BY 1;

 COURSE_ID  COURSE_NAME                  CREDIT_HOUR
---------- --------------------------- -----------
     10101    计算机组成原理                    4
     10101    计算机组成原理                    4
     10102    C++语言程序设计                   3
     10103    离散数学                          3
     10201    自动控制原理                      4
     10201    自动控制原理                      4
     10202    模拟电子技术                      4
     10203    数字电子技术                      4
     10301    工程制图                          3
     10301    工程制图                          3
     10302    理论力学                          3

 COURSE_ID  COURSE_NAME                  CREDIT_HOUR
---------- --------------------------- -----------
     10303    材料力学                          3
```

已选择 12 行。

例 5.20 将 students 表计算机专业检索集与男生检索集进行 UNION ALL 操作。

```
SQL> SELECT *
  2    FROM Students WHERE specialty='计算机'
  3  UNION ALL
  4  SELECT *
  5    FROM Students WHERE sex='男';

STUDENT_ID MONITOR_ID NAME     SEX   DOB          SPECIALTY
---------- ---------- -------- ----- ------------ ----------
    10101             王晓芳    女     07-5月 -88    计算机
```

```
     10102      10101      刘春苹    女    12-8月-91      计算机
     10112      10101      张纯玉    男    21-7月-89      计算机
     10103      10101      王天仪    男    26-12月-89     计算机
     10105      10101      韩刘      男    03-8月-91      计算机
     10128      10101      白昕      男                   计算机
     10205                 李秋枫    男    25-11月-90     自动化
     10301                 高山      男    08-10月-90     机电工程
     10207      10205      王刚      男    03-4月-87      自动化
     10112      10101      张纯玉    男    21-7月-89      计算机
     10103      10101      王天仪    男    26-12月-89     计算机

STUDENT_ID MONITOR_ID NAME     SEX   DOB          SPECIALTY
---------- ---------- -------- ----- ------------ ----------
     10201      10205      赵风雨    男    25-10月-90     自动化
     10105      10101      韩刘      男    03-8月-91      计算机
     10311      10301      张杨      男    08-5月-90      机电工程
     10213      10205      高淼      男    11-3月-87      自动化
     10314      10301      赵迪帆    男    22-9月-89      机电工程
     10328      10301      曾程程    男                   机电工程
     10128      10101      白昕      男                   计算机

已选择18行。
```

例5.21 将students表计算机专业检索集与男生检索集进行UNION ALL操作，且对结果排序。

```
SQL> SELECT *
  2    FROM Students WHERE specialty='计算机'
  3  UNION ALL
  4  SELECT *
  5    FROM Students WHERE sex='男' ORDER BY 1;

STUDENT_ID MONITOR_ID NAME     SEX   DOB          SPECIALTY
---------- ---------- -------- ----- ------------ ----------
     10101                 王晓芳    女    07-5月-88      计算机
     10102      10101      刘春苹    女    12-8月-91      计算机
     10103      10101      王天仪    男    26-12月-89     计算机
     10103      10101      王天仪    男    26-12月-89     计算机
     10105      10101      韩刘      男    03-8月-91      计算机
     10105      10101      韩刘      男    03-8月-91      计算机
     10112      10101      张纯玉    男    21-7月-89      计算机
     10112      10101      张纯玉    男    21-7月-89      计算机
     10128      10101      白昕      男                   计算机
     10128      10101      白昕      男                   计算机
     10201      10205      赵风雨    男    25-10月-90     自动化

STUDENT_ID MONITOR_ID NAME     SEX   DOB          SPECIALTY
---------- ---------- -------- ----- ------------ ----------
     10205                 李秋枫    男    25-11月-90     自动化
     10207      10205      王刚      男    03-4月-87      自动化
     10213      10205      高淼      男    11-3月-87      自动化
     10301                 高山      男    08-10月-90     机电工程
     10311      10301      张杨      男    08-5月-90      机电工程
```

```
    10314      10301      赵迪帆      男      22-9月 -89      机电工程
    10328      10301      曾程程      男                      机电工程
```

已选择 18 行。

2. 使用集合操作符 UNION

UNION 操作符用于获取两个查询结果集的并集。与 UNION ALL 操作符不同的是，UNION 操作符自动消除并集中的重复行，而且会以并集中的第一列对并集进行排序。下面通过例子说明 UNION 操作符的使用方法。

例 5.22 将 courses 表与 minors 表进行 UNION 操作。

```
SQL> SELECT course_id, course_name, credit_hour
  2    FROM Courses
  3  UNION
  4  SELECT minor_id, minor_name, credit_hour
  5    FROM Minors;

 COURSE_ID  COURSE_NAME                     CREDIT_HOUR
---------- ---------------------------- -----------
    10101  计算机组成原理                             4
    10102  C++语言程序设计                            3
    10103  离散数学                                   3
    10201  自动控制原理                               4
    10202  模拟电子技术                               4
    10203  数字电子技术                               4
    10301  工程制图                                   3
    10302  理论力学                                   3
    10303  材料力学                                   3
```

已选择 9 行。

例 5.23 将 students 表计算机专业检索集与男生检索集进行 UNION 操作。

```
SQL> SELECT * FROM Students WHERE specialty='计算机'
  2  UNION
  3  SELECT * FROM Students WHERE sex='男';

STUDENT_ID MONITOR_ID  NAME      SEX    DOB           SPECIALTY
---------- ---------- -------- ------ ------------ ----------
    10101              王晓芳    女     07-5月 -88     计算机
    10102      10101   刘春苹    女     12-8月 -91     计算机
    10103      10101   王天仪    男     26-12月-89     计算机
    10105      10101   韩刘      男     03-8月 -91     计算机
    10112      10101   张纯玉    男     21-7月 -89     计算机
    10128      10101   白昕      男                    计算机
    10201      10205   赵风雨    男     25-10月-90     自动化
    10205              李秋枫    男     25-11月-90     自动化
    10207      10205   王刚      男     03-4月 -87     自动化
    10213      10205   高淼      男     11-3月 -87     自动化
    10301              高山      男     08-10月-90     机电工程
```

```
STUDENT_ID MONITOR_ID  NAME     SEX   DOB           SPECIALTY
---------- ---------- -------- ----- ------------ ----------
    10311      10301   张杨      男     08-5月 -90     机电工程
    10314      10301   赵迪帆    男     22-9月 -89     机电工程
    10328      10301   曾程程    男                    机电工程

已选择 14 行。
```

3. 使用集合操作符 INTERSECT

INTERSECT 操作符用于获取两个查询结果集的交集。当使用 INTERSECT 操作符时，交集中具有同时存在于两个查询结果集中的数据，而且会以交集中的第一列对交集进行排序。下面通过例子说明 INTERSECT 操作符的使用方法。

例 5.24 将 courses 表与 minors 表进行 INTERSECT 操作。

```
SQL> SELECT course_id, course_name, credit_hour
  2    FROM Courses
  3  INTERSECT
  4  SELECT minor_id, minor_name, credit_hour
  5    FROM Minors;

 COURSE_ID  COURSE_NAME                      CREDIT_HOUR
---------- ------------------------------ -----------
    10101   计算机组成原理                              4
    10201   自动控制原理                                4
    10301   工程制图                                    3
```

例 5.25 将 students 表计算机专业检索集与男生检索集进行 INTERSECT 操作。

```
SQL> SELECT *
  2    FROM students WHERE specialty='计算机'
  3  INTERSECT
  4  SELECT *
  5    FROM students WHERE sex='男';

STUDENT_ID MONITOR_ID  NAME     SEX   DOB             SPECIALTY
---------- ---------- -------- ----- ------------ ----------
    10103      10101   王天仪    男     26-12月-89     计算机
    10105      10101   韩刘      男     03-8月 -91     计算机
    10112      10101   张纯玉    男     21-7月 -89     计算机
    10128      10101   白昕      男                    计算机
```

4. 使用集合操作符 MINUS

MINUS 操作符用于获取两个查询结果集的差集。当使用 MINUS 操作符时，差集中具有在第一个查询结果集中存在，而在第二个查询结果集中不存在的数据，并且会以差集中的第一列对差集进行排序。下面通过例子说明 MINUS 操作符的使用方法。

例 5.26 将 courses 表与 minors 表进行 MINUS 操作。

```
SQL> SELECT course_id, course_name, credit_hour
  2    FROM Courses
  3  MINUS
  4  SELECT minor_id, minor_name, credit_hour
  5    FROM Minors;
```

```
 COURSE_ID  COURSE_NAME                          CREDIT_HOUR
---------- ------------------------------------ -----------
     10102  C++语言程序设计                               3
     10103  离散数学                                      3
     10202  模拟电子技术                                  4
     10203  数字电子技术                                  4
     10302  理论力学                                      3
     10303  材料力学                                      3

已选择 6 行。
```

例 5.27 将 students 表计算机专业检索集与男生检索集进行 MINUS 操作。

```
SQL> SELECT *
  2    FROM Students WHERE specialty='计算机'
  3  MINUS
  4  SELECT *
  5    FROM Students WHERE sex='男';

STUDENT_ID MONITOR_ID  NAME      SEX    DOB             SPECIALTY
---------- ---------- -------- ------ ------------ ----------
     10101              王晓芳     女     07-5 月 -88      计算机
     10102       10101  刘春苹     女     12-8 月 -91      计算机
```

5. 组合使用集合操作符

组合使用集合操作符是指同时使用一个以上的集合操作符，这些集合操作符具有相同的优先级，即按照从左至右的方式对其引用；如果想改变集合操作的优先级，可以使用括号，括号内的集合操作具有较高的优先级。

例 5.28 将 courses 表先与 minors 表进行 INTERSECT 操作，再与 courses2 表进行 UNION 操作。

```
SQL> (SELECT course_id, course_name, credit_hour
  2     FROM Courses
  3  INTERSECT
  4  SELECT minor_id, minor_name, credit_hour
  5    FROM Minors)
  6  UNION
  7  SELECT course_id, course_name, credit_hour
  8    FROM Courses2;

 COURSE_ID  COURSE_NAME                          CREDIT_HOUR
---------- ------------------------------------ -----------
     10101  计算机组成原理                                4
     10201  自动控制原理                                  4
     10301  工程制图                                      3
```

例 5.29 将 minors 表与 courses2 表进行 INTERSECT 操作形成交集后，courses 表再与形成的交集进行 UNION 操作。

```
SQL> SELECT course_id, course_name, credit_hour
  2    FROM Courses
  3  UNION
  4  (SELECT minor_id, minor_name, credit_hour
```

```
  5   FROM Minors
  6  INTERSECT
  7  SELECT course_id, course_name, credit_hour
  8   FROM Courses2);

 COURSE_ID  COURSE_NAME                     CREDIT_HOUR
 ---------- ------------------------------ -----------
     10101   计算机组成原理                        4
     10102   C++语言程序设计                       3
     10103   离散数学                              3
     10201   自动控制原理                          4
     10202   模拟电子技术                          4
     10203   数字电子技术                          4
     10301   工程制图                              3
     10302   理论力学                              3
     10303   材料力学                              3

已选择 9 行。
```

5.2.2 集合操作的进一步讨论

1. 集合操作中的 ORDER BY 子句

集合操作只能有一个 ORDER BY 子句，并且必须将它放在语句的末尾，它将对集合操作的结果集进行排序。ORDER BY 子句中使用的排序表达式可以有多种选择，如：

(1) 第一个 SELECT 子句中的列名；

(2) 第一个 SELECT 子句中的列别名；

(3) 集合操作结果集中列的位置编号。

以上最好使用前两种方法，因为二者让代码更容易阅读和理解。下面的例子说明在集合操作中使用 ORDER BY 子句的方法。

例 5.30 在 ORDER BY 子句使用列名作为排序表达式。

```
SQL> SELECT course_id, course_name, credit_hour
  2   FROM courses
  3  UNION
  4  SELECT minor_id, minor_name, credit_hour
  5   FROM minors ORDER BY course_name;

 COURSE_ID  COURSE_NAME                     CREDIT_HOUR
 ---------- ------------------------------ -----------
     10102   C++语言程序设计                       3
     10303   材料力学                              3
     10301   工程制图                              3
     10101   计算机组成原理                        4
     10103   离散数学                              3
     10302   理论力学                              3
     10202   模拟电子技术                          4
     10203   数字电子技术                          4
     10201   自动控制原理                          4
```

已选择 9 行。

例 5.31 在 ORDER BY 子句使用列别名作为排序表达式。

```
SQL> SELECT course_id, course_name AS name, credit_hour
  2    FROM courses
  3  UNION
  4  SELECT minor_id, minor_name, credit_hour
  5    FROM minors ORDER BY name;

 COURSE_ID  NAME                          CREDIT_HOUR
----------  ---------------------------- -----------
     10102  C++语言程序设计                          3
     10303  材料力学                                 3
     10301  工程制图                                 3
     10101  计算机组成原理                           4
     10103  离散数学                                 3
     10302  理论力学                                 3
     10202  模拟电子技术                             4
     10203  数字电子技术                             4
     10201  自动控制原理                             4

已选择 9 行。
```

例 5.32 在 ORDER BY 子句使用列的位置编号作为排序表达式。

```
SQL> SELECT course_id, course_name, credit_hour
  2    FROM courses
  3  UNION
  4  SELECT minor_id, minor_name, credit_hour
  5    FROM minors ORDER BY 2;

 COURSE_ID  COURSE_NAME                    CREDIT_HOUR
----------  ------------------------------ -----------
     10102  C++语言程序设计                            3
     10303  材料力学                                   3
     10301  工程制图                                   3
     10101  计算机组成原理                             4
     10103  离散数学                                   3
     10302  理论力学                                   3
     10202  模拟电子技术                               4
     10203  数字电子技术                               4
     10201  自动控制原理                               4

已选择 9 行。
```

2. 集合操作中的 SELECT 语句

集合操作中的 SELECT 语句可以包含 SELECT 语句的所有 6 个子句，还可以包含列函数、已分组的总结、内连接和外连接等。如果想要为某个列指定一个新的名称(列别名)，则必须在集合操作的第一个 SELECT 子句中进行。

例 5.33 在集合操作 UNION 中使用复杂的 SELECT 语句。

```
SQL> SELECT course_name, SUM(credit_hour)
```

```
  2    FROM courses WHERE credit_hour>3 GROUP BY course_name
  3  UNION
  4  SELECT minor_name, SUM(credit_hour)
  5    FROM minors WHERE credit_hour>2 GROUP BY minor_name
  6      ORDER BY course_name;

COURSE_NAME                          SUM(CREDIT_HOUR)
------------------------------------ ----------------
工程制图                                            3
计算机组成原理                                      4
模拟电子技术                                        4
数字电子技术                                        4
自动控制原理                                        4
```

3. 集合操作中的数据类型

集合操作的结果集中包含两个原表的数据行，而结果集中的每一列都有一个特定的数据类型，这是否意味着只有当两个原表的对应列的数据类型都相同时，才能进行集合操作呢？下面分两种情况进行说明。

1) 数据类型相同但宽度不同

(1) 文本数据类型。假设第一个原表的某列中包含 2 个字符长的文本字符串，第二个原表与之匹配的列包含 4 个字符长的文本字符串，这种列的数据类型相同但宽度不同的差别，可能意味着来自这两列的数据不能放到一个列中。

然而，在进行集合操作的过程中，Oracle 会自动转换第一个表的数据，将 2 个字符的文本字符串转换为 4 个字符的文本字符串，这样二者不仅具有相同的数据类型，而且具有相同的数据宽度，所以所有文本数据都可以放到一个列中。即当两个文本字符串列的长度不同时，让所有数据的长度等于最长列的长度来消除它们数据类型长度的差别。

(2) 数字数据类型。假设第一个原表的某列中包含 3 位数的数字，第二个原表与之匹配的列包含 5 位数的数字。因为数据宽度不同，可能意味着来自这两列的数据不能放到一个列中。

然而，在进行集合操作的过程中，Oracle会自动将两个表中的数字转换为24位的数字(在不同版本的 Oracle 中，最大长度可能有所不同)，这样，所有数字数据都具有相同数据宽度，因此，所有数字数据都可以放到一个列中。即当两列数字的长度不同时，通过保持所有数字都允许的长度来消除数据类型的差别。

(3) 日期数据类型。因为用于日期列的数据类型只有一个，所以所有日期列的数据类型都是相同的，不存在数据类型相同但宽度不同的情况。

为了说明 Oracle 在进行集合操作时处理数据类型相同但宽度不同的情况，在此建立两个表 table_1 和 table_2，其中两者的匹配列(column_11 与 column_21，column_12 与 column_22)数据类型相同但宽度不同。

通过下面的 SQL 语句建立表 table_1，并为其添加数据。

```
CREATE TABLE table_1(
      column_11 NUMBER(3),
      column_12 VARCHAR2(2)
);
INSERT INTO table_1 VALUES(111,'aa');
```

```
INSERT INTO table_1 VALUES(222,'bb');
INSERT INTO table_1 VALUES(333,'cc');
```

通过下面的 SQL 语句建立表 table_2，并为其添加数据。

```
CREATE TABLE table_2(
       column_21 NUMBER(5),
       column_22 VARCHAR2(4)
);
INSERT INTO table_2 VALUES(44444,'dddd');
INSERT INTO table_2 VALUES(55555,'eeee');
INSERT INTO table_2 VALUES(66666,'ffff');
```

例 5.34 对表 table_1 和 table_2 进行 UNION 集合操作，以此说明 Oracle 在进行集合操作时，处理数据类型相同但宽度不同的情况。

```
SQL> SELECT column_11, column_12 FROM table_1
  2  UNION
  3  SELECT column_21, column_22 FROM table_2;

 COLUMN_11  COLUMN_12
---------- ----------
       111  aa
       222  bb
       333  cc
     44444  dddd
     55555  eeee
     66666  ffff

已选择 6 行。
```

2) 数据类型不相同

如果把数据类型不相同的列作为集合操作中的匹配列，那么可以通过数据类型转换函数，将不同的数据类型转换成同一种数据类型，从而使得集合操作成功完成。Oracle 中的 TO_CHAR 函数用来将数字型数据或日期时间型数据转换为文本型数据，这样可以将指定列中其他类型的数据都转换为文本型数据。当所有列都被转换为文本型数据时，就不存在数据类型不相同的情况，它们都可以进行集合操作。

为了说明 Oracle 在进行集合操作时处理数据类型不相同的情况，在此建立两个表 table_3 和 table_4。

通过下面的 SQL 语句建立表 table_3，并为其添加数据：

```
CREATE TABLE table_3(
  column_31 NUMBER(3),
  column_32 VARCHAR2(2),
  column_33 VARCHAR2(10)
);
INSERT INTO table_3 VALUES(111,'aa','aaaaaaaaaa');
INSERT INTO table_3 VALUES(222,'bb','bbbbbbbbbb');
INSERT INTO table_3 VALUES(333,'cc','cccccccccc');
```

通过下面的 SQL 语句建立表 table_4，并为其添加数据：

```
CREATE TABLE table_4(
  column_41 VARCHAR2(3),
```

```
  column_42 NUMBER(2),
  column_43 DATE
);
INSERT INTO table_4 VALUES('ddd',44,'07-5月-1988');
INSERT INTO table_4 VALUES('eee',55,'07-5月-1988');
INSERT INTO table_4 VALUES('fff',66,'07-5月-1988');
```

在下面的例子中，数字型数据和日期时间型数据都被转换为文本型数据，这样表table_3和表table_4就可以进行集合操作了。

例5.35 数据类型不相同。

```
SQL> COLUMN column_1 FORMAT a10
SQL> COLUMN column_32 FORMAT a10
SQL> COLUMN column_33 FORMAT a10
SQL>
SQL> SELECT TO_CHAR(column_31) AS column_1, column_32, column_33
  2   FROM table_3
  3  UNION
  4  SELECT column_41, TO_CHAR(column_42), TO_CHAR(column_43,'YYYY-MM-DD')
  5   FROM table_4;

COLUMN_1    COLUMN_32  COLUMN_33
---------- ---------- ----------
111         aa         aaaaaaaaaa
222         bb         bbbbbbbbbb
333         cc         cccccccccc
ddd         44         1988-05-07
eee         55         1988-05-07
fff       6 6          1988-05-07

已选择6行。
```

第6章 连接查询

连接查询通常是在两个及两个以上表或视图上进行的。依据连接条件，连接查询组合两个及两个以上表或视图中的数据，形成查询结果。使用前几章中学到的技术，可以从连接查询结果中筛选出其中一部分数据。

连接条件中，可以使用相等(=)、不相等(<>)、小于(<)、 大于(>)、小于等于(<=)、 大于等于(>=)、LIKE、IN 和 BETWEEN…AND 等比较符。其中使用=比较符作为连接条件的连接查询，被称为相等连接，使用除=以外其他比较符作为连接条件的连接查询，被称为不等连接。

在进行连接查询时，如果某表的一些行在其他表中不存在匹配行，内连接查询结果中删除原表中的这些行，而外连接查询结果中可以保留原表中的这些行。

另外，不使用连接条件的连接查询被称为交叉连接(笛卡儿乘积)；连接查询在一个表或视图上进行的被称为自连接。

在学习了本章之后，读者将学会：

(1) 使用内连接查询；

(2) 使用相等连接与不等连接；

(3) 使用外连接查询(包括左外连接、右外连接和全外连接查询)；

(4) 使用交叉连接；

(5) 使用自连接。

为了介绍连接查询，需要在原教师表 teachers 和原系部表 departments 中插入以下数据：

```
INSERT INTO teachers
  VALUES(11111,'林飞', NULL, '11-10月-2007',NULL,1000, NULL);
INSERT INTO departments VALUES(104,'工商管理','4号教学楼');
```

6.1 内连接查询

内连接查询组合两个或多个表(视图)中的数据，其查询结果含有多个原表中的相关数据。内连接查询返回满足连接条件的记录行，删除不满足连接条件和匹配列中带有 NULL 值的记录行。内连接查询的语句格式为：

```
SELECT<table_name1.*/table_name1.column_name1, …
       table_name2.*/table_name2.column_name1, …>
   FROM table_name1, table_name2 WHERE condition(s);
```

其中，FROM 子句用于指定参与连接查询的表，table_name1 和 table_name2 给出表名。WHERE 子句用于指定连接条件，condition(s)给出具体的连接条件表达式。SELECT 子句<>中的内容用于指定要检索的列。由于连接查询的结果列可能来自不同的表，所以列名前一般要带上表名作为前缀以示区别，故写成 table_name.column_name 的形式，星号(*)表示检索表中的所有列。

6.1.1 简单内连接

在连接查询语句中，连接查询结果中各个列取自不同的表，如果各表之间的列名不相同，就不需要在列名前加表名作为前缀；如果各表之间存在名字相同的列，那么列名之前必须加表名作为前缀。

有时表名可能较长，这时可以给表起别名，以简化连接查询语句。在 FROM 子句中可以给表起别名，格式如下：

```
FROM table_name1 table_alias1, table_name2 table_alias2
```

1. 相等连接

相等连接使用=比较符作为连接条件。

例 6.1 查询教师编号、姓名以及所在系部名称等信息。

```
SQL> SELECT teacher_id, name, department_name
  2    FROM Teachers, Departments
  3      WHERE Teachers.department_id = Departments.department_id;

TEACHER_ID NAME     DEPARTMENT_NAME
---------- -------- ----------------
     10101 王彤     信息工程
     10104 孔世杰   信息工程
     10103 邹人文   信息工程
     10106 韩冬梅   信息工程
     10210 杨文化   电气工程
```

```
    10206  崔天    电气工程
    10209  孙晴碧  电气工程
    10207  张珂    电气工程
    10308  齐沈阳  机电工程
    10306  车东日  机电工程
    10309  臧海涛  机电工程

TEACHER_ID NAME    DEPARTMENT_NAME
---------- ------- ----------------
    10307  赵昆    机电工程
    10128  王晓    信息工程
    10328  张笑    机电工程
    10228  赵天宇  电气工程

已选择 15 行。
```

该例没有给参与连接查询的 teachers 表和 departments 表起别名，由于连接查询的结果列没有重名，所以不需要在列名前加表名作为前缀。

例 6.2 查询学生学号、姓名以及所修课程编号与成绩。

```
SQL> SELECT s.student_id, name, course_id, score
  2   FROM Students s, Students_grade sg
  3     WHERE s.student_id = sg.student_id;

STUDENT_ID NAME       COURSE_ID       SCORE
---------- ---------- ---------- ----------
    10101  王晓芳          10301         79
    10101  王晓芳          10201        100
    10101  王晓芳          10101         87
```

该例给参与连接查询的 students 表和 students_grade 表起了别名，所以简化了连接查询语句。连接查询的结果 student_id 列在 students 表和 students_grade 表都存在，因此，需要在 student_id 列名前加上表(别)名作为前缀，否则会出现列的二义性错误。

例 6.3 查询学科成绩大于 80 分的课程编号、课程名称以及所修该课学生学号与成绩。

```
SQL> SELECT c.course_id, course_name, student_id, score
  2   FROM Courses c, Students_grade sg
  3     WHERE c.course_id = sg.course_id and score>80;

 COURSE_ID COURSE_NAME                        STUDENT_ID      SCORE
---------- ------------------------------ ---------- ----------
    10101  计算机组成原理                         10101         87
    10201  自动控制原理                           10101        100
```

2. 不等连接

不等连接使用除=以外的其他比较符作为连接条件。下面通过使用 BETWEEN…AND 比较符作为连接条件进行不等连接查询。

例 6.4 查询学生学号、百分制成绩及与之对应的等级。

```
SQL> SELECT student_id, score, grade
  2   FROM Students_grade sg, Grades g
  3     WHERE sg.score BETWEEN g.low_score AND g.high_score;
```

```
STUDENT_ID      SCORE   GRADE
---------- ---------- ------
     10101         87   良好
     10101        100   优秀
     10101         79   中等
```

6.1.2 复杂内连接

简单内连接查询结果集中含有满足连接条件的所有记录行，但多数情况下还需要为内连接指定筛选条件，来查询显示所需要的记录行。有时，内连接查询还可能需要在多(两个以上)表间进行。无论是对连接查询结果进行筛选，还是在两个以上表间进行连接查询，都增加了连接查询的复杂性。

1. 使用筛选条件

在连接查询中使用筛选条件，相当于在连接查询的结果中再进行一次条件查询，最终查询的结果记录同时满足连接条件和筛选条件。

例 6.5 查询具有讲师职称的教师编号、姓名以及所在系部名称等信息。

```
SQL> SELECT teacher_id, name, department_name
  2   FROM Teachers t, Departments d
  3     WHERE t.department_id = d.department_id AND title= '讲师';

TEACHER_ID NAME    DEPARTMENT_NAME
---------- ------- ---------------
     10103 邹人文  信息工程
     10209 孙晴碧  电气工程
     10207 张珂    电气工程
     10307 赵昆    机电工程
```

例 6.6 查询选修材料力学课程的学生学号、成绩以及课程编号与课程名称。

```
SQL> SELECT c.course_id, course_name, student_id, score
  2   FROM Courses c, Students_grade sg
  3     WHERE c.course_id = sg.course_id AND course_name ='材料力学';

未选定行
```

查询结果表明，材料力学课程无人选修。

例 6.7 查询选修一门以上课程的学生学号、学生姓名及所修课程门数。

```
SQL> SELECT s.student_id, s.name, count(*) AS 所修课程门数
  2   FROM Students s, Students_grade sg
  3     WHERE s.student_id = sg.student_id
  4       GROUP BY s.student_id, s.name
  5         HAVING count(*)>1
  6           ORDER BY s.student_id;

STUDENT_ID NAME     所修课程门数
---------- -------- ------------
     10101 王晓芳              3
```

2. 多(两个以上)表连接

连接查询一般在两个表间进行，但有时也会涉及两个以上的表。连接查询在多个(两个以上)表间进行，通常很难控制，容易出现错误。可以通过一次连接两个表，进行多次连接的方法来实现多表连接。

例 6.8 查询学生成绩。查询结果中含有学生姓名、课程名称、成绩等信息。查询结果name、course_name 与 score 列分别来自 students、courses 以及 students_grade 三个表，因此，此连接查询要在上述三个表间进行，无筛选条件。

```
SQL> SELECT s.name, course_name, score
  2  FROM Students s, Courses c, Students_grade sg
  3    WHERE s.student_id = sg.student_id AND c.course_id = sg.course_id;

NAME             COURSE_NAME                                  SCORE
----------       ------------------------------------------   ----------
王晓芳           工程制图                                         79
王晓芳           自动控制原理                                    100
王晓芳           计算机组成原理                                   87
```

例 6.9 查询学生平均成绩。查询结果中含有学生学号、学生姓名、课程名称、平均成绩等信息，各列分别来自 students、courses 以及 students_grade 三个表，因此，此连接查询要在上述三个表间进行。

```
SQL> SELECT s.student_id, s.name, c.course_name, AVG(sg.score) AS 平均成绩
  2  FROM Students s, Courses c, Students_grade sg
  3    WHERE s.student_id = sg.student_id AND c.course_id = sg.course_id
  4      GROUP BY s.student_id, s.name, c.course_name;

STUDENT_ID NAME     COURSE_NAME    平均成绩
---------- -------- -------------- ----------
     10101 王晓芳   计算机组成原理         87
     10101 王晓芳   工程制图               79
     10101 王晓芳   自动控制原理          100
```

6.2 外连接查询

外连接查询是由内连接查询扩展产生的，内连接查询返回满足连接条件的记录；而外连接查询则在内连接查询结果的基础上，部分或全部添加回被内连接查询从原表中删除的记录。据此，外连接查询分为左外连接、右外连接和全外连接查询三种类型。左外连接添加回内连接查询从第一个表中删除的所有行，右外连接添加回内连接查询从第二个表中删除的所有行。全外连接添加回内连接查询从两个表中删除的所有行。

在标准 SQL 实现外连接查询之前，Oracle 已经实现了外连接查询。Oracle 实现的外连接的语法是将连接条件放在 WHERE 子句中。标准 SQL 在 SQL-92 时实现的外连接查询，是将连接条件放在 FROM 子句中。标准 SQL 外连接查询语句格式如下：

```
SELECT<table_name1.*/table_name1.column_name1, …
      table_name2.*/table_name2.column_name1, …>
   FROM table_name1 [ LEFT | RIGHT | FULL ] JOIN table_name2 ON condition(s);
```

其中，ON子句用于指定连接条件；FROM子句指定外连接类型，LEFT表示左外连接查询，RIGHT表示右外连接查询，FULL表示完全外连接查询。

Oracle 9i以前版本采用的非标准SQL外连接查询语句格式同内连接查询的语句格式，但在进行左或右外连接查询时，需要在WHERE子句的condition(s)表达式的适当位置给出(+)操作符指定外连接类型，并且不能实现完全外连接查询。

6.2.1 左外连接

左外连接查询添加回内连接查询从第一个表中删除的所有行，NULL值被放入其他表的列中。例6.10中，departments表的第二行被添加回结果表中，teachers表的匹配行所在的列(department_name、director_id)都被设置为NULL。

例6.10 查询教师编号、教师姓名及其所在系部的名称。使用Oracle 9i以前版本采用的非标准SQL外连接查询语句格式。

```
SQL> SELECT teacher_id, name, department_name
  2    FROM Teachers t, Departments d
  3      WHERE t.department_id = d.department_id(+);

TEACHER_ID NAME    DEPARTMENT_NAME
---------- ------- ----------------
     10128 王晓    信息工程
     10106 韩冬梅  信息工程
     10103 邹人文  信息工程
     10104 孔世杰  信息工程
     10101 王彤    信息工程
     10228 赵天宇  电气工程
     10207 张珂    电气工程
     10209 孙晴碧  电气工程
     10206 崔天    电气工程
     10210 杨文化  电气工程
     10328 张笑    机电工程

TEACHER_ID NAME    DEPARTMENT_NAME
---------- ------- ----------------
     10307 赵昆    机电工程
     10309 臧海涛  机电工程
     10306 车东日  机电工程
     10308 齐沈阳  机电工程
     11111 林飞

已选择 16 行。
```

例6.11 查询教师编号、教师姓名及其所在系部的名称。使用Oracle 12c版本采用的标准SQL外连接查询语句格式。

```
SQL> SELECT teacher_id, name, department_name
  2    FROM Teachers t LEFT OUTER
  3      JOIN Departments d ON t.department_id = d.department_id;
```

```
TEACHER_ID NAME   DEPARTMENT_NAME
---------- ------ -----------------
     10128 王晓   信息工程
     10106 韩冬梅 信息工程
     10103 邹人文 信息工程
     10104 孔世杰 信息工程
     10101 王彤   信息工程
     10228 赵天宇 电气工程
     10207 张珂   电气工程
     10209 孙晴碧 电气工程
     10206 崔天   电气工程
     10210 杨文化 电气工程
     10328 张笑   机电工程

TEACHER_ID NAME   DEPARTMENT_NAME
---------- ------ -----------------
     10307 赵昆   机电工程
     10309 臧海涛 机电工程
     10306 车东日 机电工程
     10308 齐沈阳 机电工程
     11111 林飞

已选择 16 行。
```

6.2.2 右外连接

右外连接查询添加回内连接查询从第二个表中删除的所有行。例 6.12 中，teachers 表的第二行被添加回结果表中，departments 表的匹配行所在的列(teacher_id、 name)都被设置为 NULL。

例 6.12 查询教师编号、教师姓名及其所在系部的名称。使用 Oracle 9i 以前版本采用的非标准 SQL 外连接查询语句格式。

```
SQL> SELECT teacher_id, name, department_name
  2    FROM Teachers t, Departments d
  3      WHERE t.department_id(+) = d.department_id;

TEACHER_ID NAME   DEPARTMENT_NAME
---------- ------ -----------------
     10101 王彤   信息工程
     10104 孔世杰 信息工程
     10103 邹人文 信息工程
     10106 韩冬梅 信息工程
     10210 杨文化 电气工程
     10206 崔天   电气工程
     10209 孙晴碧 电气工程
     10207 张珂   电气工程
     10308 齐沈阳 机电工程
     10306 车东日 机电工程
     10309 臧海涛 机电工程
```

```
TEACHER_ID NAME    DEPARTMENT_NAME
---------- ------- -----------------
     10307 赵昆     机电工程
     10128 王晓     信息工程
     10328 张笑     机电工程
     10228 赵天宇   电气工程
                   工商管理

已选择 16 行。
```

例 6.13 查询教师编号、教师姓名及其所在系部的名称。使用 Oracle 12c 版本采用的标准 SQL 外连接查询语句格式。

```
SQL> SELECT teacher_id, name, department_name
  2    FROM Teachers t RIGHT OUTER
  3      JOIN Departments d ON t.department_id = d.department_id;

TEACHER_ID NAME  DEPARTMENT_NAME
---------- ----- -----------------
     10101 王彤   信息工程
     10104 孔世杰 信息工程
     10103 邹人文 信息工程
     10106 韩冬梅 信息工程
     10210 杨文化 电气工程
     10206 崔天   电气工程
     10209 孙晴碧 电气工程
     10207 张珂   电气工程
     10308 齐沈阳 机电工程
     10306 车东日 机电工程
     10309 臧海涛 机电工程

TEACHER_ID NAME  DEPARTMENT_NAME
---------- ----- -----------------
     10307 赵昆   机电工程
     10128 王晓   信息工程
     10328 张笑   机电工程
     10228 赵天宇 电气工程
                 工商管理

已选择 16 行。
```

6.2.3 全外连接

全外连接添加回了内连接查询从两个表中删除的所有行，NULL 值被放入其他表的列中。

例 6.14 查询教师编号、教师姓名及其所在系部的名称。使用 Oracle 9i 以前版本采用的非标准 SQL 外连接查询语句格式。由于此种语句格式不直接支持全外连接，因此需要使用间接的方法来实现。具体方法是，通过左外连接和右外连接的 UNION 操作完成全外连接。

```
SQL> SELECT teacher_id, name, department_name
  2    FROM Teachers t, Departments d
  3      WHERE t.department_id = d.department_id(+)
```

```
  4  UNION
  5  SELECT teacher_id, name, department_name
  6    FROM Teachers t, Departments d
  7      WHERE t.department_id(+) = d.department_id;

TEACHER_ID  NAME    DEPARTMENT_NAME
---------- ------- -----------------
     10101  王彤    信息工程
     10103  邹人文  信息工程
     10104  孔世杰  信息工程
     10106  韩冬梅  信息工程
     10128  王晓    信息工程
     10206  崔天    电气工程
     10207  张珂    电气工程
     10209  孙晴碧  电气工程
     10210  杨文化  电气工程
     10228  赵天宇  电气工程
     10306  车东日  机电工程

TEACHER_ID  NAME    DEPARTMENT_NAME
---------- ------ ------------------
     10307  赵昆    机电工程
     10308  齐沈阳  机电工程
     10309  臧海涛  机电工程
     10328  张笑    机电工程
     11111  林飞
                    工商管理

已选择 17 行。
```

例 6.15 查询教师编号、教师姓名及其所在系部的名称。使用 Oracle 12c 版本采用的标准 SQL 外连接查询语句格式。

```
SQL> SELECT teacher_id, name, department_name
  2    FROM Teachers t FULL OUTER
  3      JOIN Departments d ON t.department_id = d.department_id;

TEACHER_ID  NAME    DEPARTMENT_NAME
---------- ------- -----------------
     10128  王晓    信息工程
     10106  韩冬梅  信息工程
     10103  邹人文  信息工程
     10104  孔世杰  信息工程
     10101  王彤    信息工程
     10228  赵天宇  电气工程
     10207  张珂    电气工程
     10209  孙晴碧  电气工程
     10206  崔天    电气工程
     10210  杨文化  电气工程
     10328  张笑    机电工程

TEACHER_ID  NAME    DEPARTMENT_NAME
---------- ------- -----------------
     10307  赵昆    机电工程
     10309  臧海涛  机电工程
```

```
      10306   车东日    机电工程
      10308   齐沈阳    机电工程
      11111   林飞
                        工商管理

已选择 17 行。
```

6.3 其他特殊连接

连接查询一般都要给出连接条件，没有使用连接条件的连接查询被称为交叉连接(笛卡儿乘积)。连接查询一般是在两个及两个以上表或视图上进行的，若连接查询在一个表或一个视图上进行，那么这样的连接查询被称为自连接。

6.3.1 交叉连接

交叉连接查询不常用到，但事实上所有连接操作都源自交叉连接。因为交叉连接查询提供了内连接和外连接的基础，所以理解交叉连接非常重要。由于交叉连接查询的结果具有很多记录($m×n$)，因此，应该只将它用于小型表(记录行少)，避免对大型表(记录行多)进行交叉连接。

例 6.16 在教师 teachers 表和系部 departments 表上进行交叉连接，取教师编号、教师姓名、系部名称三列。注意，连接查询语句中没有给出 WHERE 子句，即没有使用连接条件。如果教师 teachers 表中有 *m* 条记录，系部 departments 表有 *n* 条记录，那么交叉连接结果中共有 $m×n$ 条记录。

```
SQL> SELECT teacher_id, name, department_name
  2    FROM Teachers, Departments;

TEACHER_ID NAME   DEPARTMENT_NAME
---------- ------ -----------------
     10101 王彤   信息工程
     10104 孔世杰 信息工程
     10103 邹人文 信息工程
     10106 韩冬梅 信息工程
     10210 杨文化 信息工程
     10206 崔天   信息工程
     10209 孙晴碧 信息工程
     10207 张珂   信息工程
     10308 齐沈阳 信息工程
     10306 车东日 信息工程
     10309 臧海涛 信息工程

TEACHER_ID NAME   DEPARTMENT_NAME
---------- ------ -----------------
     10307 赵昆   信息工程
     10128 王晓   信息工程
     10328 张笑   信息工程
     10228 赵天宇 信息工程
     11111 林飞   信息工程
     10101 王彤   电气工程
```

```
     10104     孔世杰     电气工程
     10103     邹人文     电气工程
     10106     韩冬梅     电气工程
     10210     杨文化     电气工程
     10206     崔天       电气工程

TEACHER_ID NAME   DEPARTMENT_NAME
---------- ------ -----------------
     10209     孙晴碧     电气工程
     10207     张珂       电气工程
     10308     齐沈阳     电气工程
     10306     车东日     电气工程
     10309     臧海涛     电气工程
     10307     赵昆       电气工程
     10128     王晓       电气工程
     10328     张笑       电气工程
     10228     赵天宇     电气工程
     11111     林飞       电气工程
     10101     王彤       机电工程

TEACHER_ID NAME   DEPARTMENT_NAME
---------- ------ -----------------
     10104     孔世杰     机电工程
     10103     邹人文     机电工程
     10106     韩冬梅     机电工程
     10210     杨文化     机电工程
     10206     崔天       机电工程
     10209     孙晴碧     机电工程
     10207     张珂       机电工程
     10308     齐沈阳     机电工程
     10306     车东日     机电工程
     10309     臧海涛     机电工程
     10307     赵昆       机电工程

TEACHER_ID NAME   DEPARTMENT_NAME
---------- ------ -----------------
     10128     王晓       机电工程
     10328     张笑       机电工程
     10228     赵天宇     机电工程
     11111     林飞       机电工程
     10101     王彤       工商管理
     10104     孔世杰     工商管理
     10103     邹人文     工商管理
     10106     韩冬梅     工商管理
     10210     杨文化     工商管理
     10206     崔天       工商管理
     10209     孙晴碧     工商管理

TEACHER_ID NAME   DEPARTMENT_NAME
---------- ------ -----------------
     10207     张珂       工商管理
     10308     齐沈阳     工商管理
     10306     车东日     工商管理
```

```
10309      臧海涛    工商管理
10307      赵昆      工商管理
10128      王晓      工商管理
10328      张笑      工商管理
10228      赵天宇    工商管理
11111      林飞      工商管理
```

已选择 64 行。

6.3.2 自连接

自连接是某一个表与自身进行的连接查询。所有的数据库(包括 Oracle)每次都只能处理表中的一行记录，如果要在同一时间访问同一个表中两个不同行中的信息，则需要将表与自身进行连接。

例如，想在表的同一行中列出关于学生和班长的信息，但是学生与班长的信息在同一表的不同行中，因此，必须在同一时间使用表的两个不同行，使用自连接建立 student_id 列和 monitor_id 列的对应关系，以确定某学生的班长是谁。因为自连接是在同一个表之间的连接，所以必须定义表别名。

例 6.17 显示学生与班长的对应信息。使用 Oracle 9i 以前版本采用的非标准 SQL 外连接查询语句格式。

```
SQL> SELECT s1.student_id, s1.name AS 学生姓名, s1.monitor_id, s2.name AS 班
长姓名
  2   FROM Students s1, Students s2
  3    WHERE s1.monitor_id = s2.student_id(+);

STUDENT_ID 学生姓名 MONITOR_ID 班长姓名
---------- -------- ---------- -------
  10128     白昕          10101 王晓芳
  10105     韩刘          10101 王晓芳
  10103     王天仪        10101 王晓芳
  10112     张纯玉        10101 王晓芳
  10102     刘春苹        10101 王晓芳
  10228     林紫寒        10205 李秋枫
  10212     欧阳春岚      10205 李秋枫
  10213     高淼          10205 李秋枫
  10201     赵风雨        10205 李秋枫
  10207     王刚          10205 李秋枫
  10328     曾程程        10301 高山

STUDENT_ID 学生姓名 MONITOR_ID 班长姓名
---------- -------- ---------- -------
  10312     白菲菲        10301 高山
  10314     赵迪帆        10301 高山
  10311     张杨          10301 高山
  10318     张冬云        10301 高山
  10301     高山
  10205     李秋枫
  10101     王晓芳
```

已选择 18 行。

例 6.18 显示学生与班长的对应信息。使用 Oracle 12c 版本采用的标准 SQL 外连接查询语句格式。

```
SQL> SELECT s1.student_id, s1.name AS 学生姓名, s1.monitor_id, s2.name AS 班
长姓名
  2    FROM Students s1 LEFT OUTER
  3      JOIN Students s2 ON s1.monitor_id = s2.student_id;

STUDENT_ID  学生姓名  MONITOR_ID  班长姓名
---------- -------- ----------- -------
   10128     白昕         10101  王晓芳
   10105     韩刘         10101  王晓芳
   10103     王天仪       10101  王晓芳
   10112     张纯玉       10101  王晓芳
   10102     刘春苹       10101  王晓芳
   10228     林紫寒       10205  李秋枫
   10212     欧阳春岚     10205  李秋枫
   10213     高淼         10205  李秋枫
   10201     赵风雨       10205  李秋枫
   10207     王刚         10205  李秋枫
   10328     曾程程       10301  高山

STUDENT_ID  学生姓名  MONITOR_ID  班长姓名
---------- -------- ---------- -------
   10312     白菲菲       10301  高山
   10314     赵迪帆       10301  高山
   10311     张杨         10301  高山
   10318     张冬云       10301  高山
   10301     高山
   10205     李秋枫
   10101     王晓芳

已选择 18 行。
```

第7章 数据操纵语言与事务处理

数据操纵语言(DML)包括 INSERT、DELETE、UPDATE 等语句，它们分别完成对数据库数据的增、删、改功能。Oracle 处理 DML 语句的结果时，以事务(transaction)为单位进行，一个事务为一个工作的逻辑单位，由一组 SQL 语句序列组成。执行每一个 DML 语句时，所有的操作都在内存中完成，当执行完一系列 DML 语句后，需要决定由 DML 语句所作的修改是全部或部分地保留到硬盘文件上，还是全部撤销。这些决定可以通过事务处理语句来完成。事务处理语句主要有三个，COMMIT(提交)、ROLLBACK(撤销)、SAVEPOINT(保留点)。

在学习了本章内容之后，读者将：

(1) 会使用 DML 的 INSERT、DELETE、UPDATE 语句分别完成对数据库数据的增、删、改操作；

(2) 了解事务处理的概念，掌握事务处理语句 COMMIT(提交)、ROLLBACK(撤销)、SAVEPOINT(保留点)的使用方法。

7.1 数据操纵语言

数据操纵语言(DML)用于对表或视图中的数据进行增、删、改等操作。

(1) INSERT 语句。给表增加一行或多行数据。

(2) UPDATE 语句。修改表中的数据。

(3) DELETE 语句。删除表中的数据。

下面将详细介绍这三种 DML 语句。

7.1.1 插入数据(INSERT)

INSERT 语句的作用是将数据行追加到表或视图的基表中。用户要将数据行插入表中，该表必须在自己的模式中或者操作者在该表上具有 INSERT 权限，并且必须满足该表上的数据完整性约束条件和参考完整性约束条件。

向数据表中插入数据使用 INSERT 语句，其语句格式如下：

```
INSERT INTO <table_name> [(column_name [, column_name, …])]
   VALUES (value [, value, …] );
```

其中，table_name 用于指定表名或视图名；column_name 用于指定列名，如果要指定多个列，那么列之间要用逗号分开；VALUES 子句用于给对应列提供数据，value 给出数据的具体值；[(column_name [, column_name, …])] 项为可选项，如果选定了该可选项，那么在 VALUES 子句中只需要为选定的列提供数据，如果省略了该可选项，那么在 VALUES 子句中必须为所有列提供数据，并且应该确保 VALUES 子句提供的数据的顺序与指定表中列的顺序完全一致。

使用 INSERT 语句应当注意，如果为数字列插入数据，则可以直接提供数字值；如果为字符列或日期列插入数据，则必须使用单引号将插入内容引上。INSERT 语句中提供的数据必须与对应列的数据类型相匹配。

下面举例说明使用 INSERT 语句插入数据的方法。

例 7.1 给 students 表中插入一新生数据，为所有列指定值，并且省略列名。

```
SQL> INSERT INTO Students
  2    VALUES(10138,10101,'王一', '男', '26-12 月-1989','计算机');

已创建 1 行。
```

注意，由于INSERT语句省略了列名，那么VALUES子句提供的数据顺序必须与students表中列的顺序完全一致。

可以通过执行查询(SELECT)语句，了解学生表 students 中数据的变化情况。

例 7.2 给 students 表中插入一新生数据，为所有列指定值，并且没有省略列名。

```
SQL> INSERT INTO Students (student_id,monitor_id,name,dob,sex,specialty)
  2    VALUES(10139,10101,'王二', '20-12 月-1989', '男','计算机');

已创建 1 行。
```

注意，本例没有省略列名，应该确保 VALUES 子句提供的新生数据的顺序要与列名列表(student_id、monitor_id、name、dob、sex、specialty)的顺序完全一致，而不是与 students 表中列的顺序完全一致。

可以通过执行查询(SELECT)语句，了解学生表 students 中数据变化情况。

例 7.3 给 teachers 表中插入一新教师数据，并且只指定 teacher_id、name、department_id 三列的值。

```
SQL> INSERT INTO Teachers (teacher_id,name,department_id)
  2      VALUES(10138,'张三',101);

已创建 1 行。
```

注意，当向表中插入数据时，必须为主键列和 NOT NULL 列提供数据，另外，数据还必须满足约束规则。其中，未指定的列取 NULL 值或默认值，列 job_title、bonus、wage 为 NULL 值，列 hire_date 取默认值。

可以通过执行查询(SELECT)语句，了解教师表 teachers 中数据变化情况。

例 7.4 给 students 表中插入一新生数据，指定各列的值，并显式处理列 dob 的空值。

```
SQL> INSERT INTO Students (student_id,name,dob,sex,specialty)
  2      VALUES(10140,'王三',NULL,'男','计算机');

已创建 1 行。
```

例 7.5 给 teachers 表中插入一新教师数据，并且显式指定列 hire_date 的默认值。

```
SQL> INSERT INTO Teachers (teacher_id,name,hire_date,department_id)
  2      VALUES(10139,'张四',DEFAULT,101);

已创建 1 行。
```

7.1.2 更新数据(UPDATE)

UPDATE 语句的作用是修改指定表或视图的基表中的值。用户可以修改位于用户自己模式中的表，也可以修改在该表上具有 UPDATE 权限的表，并且在修改指定表时，必须满足该表上的完整性约束条件。

UPDATE 语句格式如下：

```
UPDATE < table_name > SET < column_name > = value [,< column_name > = value]
    [WHERE condition(s)];
```

其中，table_name 用于指定表名或视图名；column_name 用于指定要更新的列名，可以指定一列，也可以指定多列；value 用于指定更新后的列值，它可以是常量、变量，还可以是表达式；WHERE 子句为可选项，如果没有使用 WHERE 子句，UPDATE 语句会修改表中所有行的数据，如果使用 WHERE 子句的 condition(s)指定条件，那么 UPDATE 语句会修改表中满足条件的记录行数据。

使用 UPDATE 语句时应当注意，如果更新数字列，则可以直接提供数字值；如果更新字符列或日期列，则更新数据必须用单引号引住。UPDATE 语句中提供的数据必须与对应列的数据类型匹配。

下面举例说明使用 UPDATE 语句更新数据的方法。

例 7.6 将课程号为 10303 的学分修改为 5。修改数字列，可以直接提供数字值。

```
SQL> UPDATE courses SET credit_hour = 5
  2   WHERE course_id = 10303;

已更新 1 行。
```

可以通过执行查询(SELECT)语句，了解学生表 students 中数据变化情况。

例 7.7 将计算机专业修改为计算机应用专业。修改字符列，数据必须使用单引号引上。

```
SQL> UPDATE Students SET specialty = '计算机应用'
  2   WHERE specialty='计算机';

已更新 9 行。
```

可以通过执行查询(SELECT)语句，了解学生表 students 中数据变化情况。

例 7.8 将学号为 10198 的学生的出生日期修改为 1989 年 2 月 16 日。修改日期列，则数据必须使用单引号引上。

```
SQL> UPDATE Students SET dob='16-2月-1989'
  2   WHERE student_id = 10198;

已更新 1 行。
```

例 7.9 将学号为 10198 的学生专业改为 NULL 值。修改为空值，所修改列必须不能为主键列和 NOT NULL 约束的列，另外数据还必须满足约束规则。

```
SQL> UPDATE Students SET specialty = NULL
  2   WHERE student_id = 10198;

已更新 1 行。
```

例 7.10 将教师编号为 11111 的教师的参加工作时间修改为默认值。

```
SQL> UPDATE Teachers SET hire_date = DEFAULT
  2   WHERE teacher_id = 11111;

已更新 1 行。
```

例 7.11 将教授的工资提高 10%，奖金增加 100 元。

```
SQL> UPDATE Teachers SET wage = 1.1*wage, bonus = bonus+100
  2   WHERE title='教授';

已更新 2 行。
```

例 7.12 将奖金在 900～1100 的记录更新为 1200。

```
SQL> UPDATE Teachers SET bonus = 1200
  2   WHERE bonus BETWEEN 900 AND 1100;

已更新 3 行。
```

7.1.3 删除数据(DELETE、TRUNCATE TABLE)

删除数据可以使用 DELETE 语句或 TRUNCATE TABLE 语句。

1. DELETE 语句

DELETE 语句的作用是在指定表或指定视图的基表中删除记录行。用户可以删除位于用户自己模式中的表的记录行，也可以删除在该表上具有 DELETE 权限的表的记录行，并且在删除指定表的记录行时，必须满足该表上的完整性约束条件。

DELETE 语句格式如下：

```
DELETE FROM < table_name > [WHERE condition(s)];
```

其中，table_name 用于指定表名或视图名；WHERE 子句为可选项，如果没有使用 WHERE 子句，那么 DELETE 语句会删除表中所有行的数据，如果使用 WHERE 子句的 condition(s)指定条件，那么 DELETE 语句会删除表中满足条件的记录行。

下面举例说明使用 DELETE 语句删除数据的方法。

例 7.13 删除 students_grade 表中的全部数据。不使用 WHERE 子句，使用 DELETE 语句删除表中所有行的数据。

```
SQL> DELETE FROM students_grade;

已删除 3 行。
```

可以通过执行查询(SELECT)语句，了解学生表 students_grade 中数据的变化情况。

例 7.14 删除 students 表中计算机应用专业的学生数据。使用 WHERE 子句的 condition(s)指定待删除数据的条件。

```
SQL> DELETE FROM Students WHERE specialty = '计算机应用';

已删除 8 行。
```

例 7.15 删除 teachers 表中奖金为 1200 的教师数据。使用 WHERE 子句的 condition(s)指定待删除数据的条件。

```
SQL> DELETE FROM Teachers WHERE bonus =1200;

已删除 3 行。
```

2. TRUNCATE TABLE 语句

TRUNCATE TABLE 语句用于删除表的所有数据(截断表)，其语句格式如下：

```
TRUNCATE TABLE <table_name>
```

其中，table_name 用于指定表名。

DELETE 语句和 TRUNCATE TABLE 语句都可以删除表的所有数据，但前者删除表的所有数据时，不会释放表所占用的空间，并且操作可以撤销(ROLLBACK)；后者删除表的所有数据时，执行速度更快，还会释放表、段所占用的空间，并且操作不能撤销(ROLLBACK)。

下面举例说明使用 TRUNCATE TABLE 语句删除数据的方法。

例 7.16 使用 TRUNCATE TABLE 语句删除 teachers 表的所有数据。

```
SQL> TRUNCATE TABLE Teachers;
```

表被截断。

7.1.4 数据库完整性

在使用 DML 语句时，经常出现违反数据库完整性约束规则的情况。为此，专门提供一些这方面的例子，以避免出现此类错误。

数据库完整性包括三个方面的约束规则，分别是实体完整性、参照完整性和自定义完整性。下面分别予以介绍。

1. 实体完整性

实体完整性是指关系的主属性，即表的主键不能为空值(NULL)，也不能取重复值。下面的例子说明在使用 DML 语句时，可能出现的违反实体完整性约束规则的情况。

例 7.17 插入(INSERT)数据时主键取 NULL 值。

```
SQL> INSERT INTO Students (name,specialty)
  2      VALUES('王一','计算机');
INSERT INTO Students (name,specialty)
*
第 1 行出现错误:
ORA-01400: 无法将 NULL 插入 ("SYSTEM"."STUDENTS"."STUDENT_ID")
```

例 7.18 修改(UPDATE)数据时主键取 NULL 值。

```
SQL> UPDATE Students SET student_id = NULL WHERE student_id = 10205;
UPDATE Students SET student_id = NULL WHERE student_id = 10205
*
第 1 行出现错误:
ORA-01407: 无法更新 ("SYSTEM"."STUDENTS"."STUDENT_ID") 为 NULL
```

例 7.19 插入(INSERT)数据时主键取重复值。

```
SQL> INSERT INTO Students
  2    VALUES(10205, NULL,'张三', '男', '26-12月-1989','自动化');
INSERT INTO Students
*
第 1 行出现错误:
ORA-00001: 违反唯一约束条件 (SYSTEM.STUDENT_PK)
```

例 7.20 修改(UPDATE)数据时主键取重复值。

```
SQL> UPDATE Students
  2    SET student_id = 10207
  3      WHERE student_id = 10205;
UPDATE Students
*
第 1 行出现错误:
ORA-00001: 违反唯一约束条件 (SYSTEM.STUDENT_PK)
```

2．参照完整性

teachers 表通过 department_id 列与 departments 表建立了参照完整性约束关系，这样，teachers 表被称为从表，departments 表被称为主表。依照参照完整性约束规则，teachers 表中的 department_id 列只允许两种取值，一是空值，二是等于 departments 表中某个记录行的主键值；如果取其他值，即违反参照完整性约束规则。

下面的例子说明在使用 DML 语句时，可能出现的违反参照完整性约束规则的情况。

例 7.21 主表 departments 要删除(DELETE)的 department_id 列值包含在从表 teachers 的 department_id 列中。

```
SQL> DELETE FROM Departments WHERE department_id = 101;
DELETE FROM Departments WHERE department_id = 101
*
第 1 行出现错误:
ORA-02292: 违反完整约束条件 (SYSTEM.TEACHERS_FK_DEPARTMENTS) - 已找到子记录
```

例 7.22 主表 departments 要修改(UPDATE)的 department_id 列值包含在从表 teachers 的 department_id 列中。

```
SQL> UPDATE Departments SET department_id = 105
  2   WHERE department_id = 102;
UPDATE Departments SET department_id = 105
*
第 1 行出现错误:
ORA-02292: 违反完整约束条件 (SYSTEM.TEACHERS_FK_DEPARTMENTS) - 已找到子记录
```

例 7.23 从表 teachers 插入(INSERT)department_id 列的值，在主表 departments 的 department_id 列值中不存在。

```
SQL> INSERT INTO Teachers
  2   VALUES(10805,'李四', '教授', '01-9月-1990',1000,3000,108);
INSERT INTO Teachers
*
第 1 行出现错误:
ORA-02291: 违反完整约束条件 (SYSTEM.TEACHERS_FK_DEPARTMENTS) - 未找到父项关键字
```

例 7.24 从表 teachers 修改(UPDATE)department_id 列所取的值，在主表 departments 的 department_id 列中不存在。

```
SQL> UPDATE Teachers SET department_id = 107
  2   WHERE teacher_id = 10106;
UPDATE Teachers SET department_id = 107
*
第 1 行出现错误:
ORA-02291: 违反完整约束条件 (SYSTEM.TEACHERS_FK_DEPARTMENTS) - 未找到父项关键字
```

3．自定义完整性

自定义完整性规则是针对某一应用环境的完整性约束条件，该完整性规则一般在建立库表的时候进行定义，应用编程人员不需要再作考虑。如果某些约束条件没有建立在库表一级，则编程人员应在各模块的编程中通过程序进行检查和控制。

下面的例子说明在使用 DML 语句时，可能出现的违反自定义完整性约束规则的情况。

例 7.25 插入学生记录时，没有给出姓名值，违反了 NOT NULL 自定义完整性约束。

```
SQL> INSERT INTO Students (student_id,dob,sex,specialty)
  2   VALUES(10178,'20-12月-1989','男','计算机');
INSERT INTO Students (student_id,dob,sex,specialty)
*
第 1 行出现错误：
ORA-01400: 无法将 NULL 插入 ("SYSTEM"."STUDENTS"."NAME")
```

例 7.26 修改学生性别，本例违反了 CHECK 自定义完整性约束(只能取男或女)。

```
SQL> UPDATE Students SET sex='南'
  2   WHERE student_id = 10205;
UPDATE Students SET sex='南'
*
第 1 行出现错误：
ORA-02290: 违反检查约束条件 (SYSTEM.SEX_CHK)
```

7.1.5 含有子查询的 DML 语句

在数据操纵(DML)语句中可以使用子查询语句完成操作过程较复杂、功能较强的 DML 操作。

1. 插入数据语句中使用子查询

使用带有子查询的插入数据语句，可以将某表的数据查询子集插入另一表中。其语句格式如下：

```
INSERT INTO <table_name> [(column_name [, column_name, …])] subquery
```

其中，table_name 用于指定表名或视图名；column_name 用于指定列名，如果要指定多个列，那么列名之间要用逗号分开，若省略该选项，默认选定指定表或视图的所有列；subquery 用于指定子查询。

另外，column_name 指定的列的数据类型和个数，必须与子查询列的数据类型和个数完全匹配。

下面例子需使用 students_computer 表，可以依据下面的语句建立 students_computer 表：

```
CREATE TABLE students_computer (
  student_id NUMBER(5)
    CONSTRAINT student_computer_pk PRIMARY KEY,
  monitor_id NUMBER(5),
  name VARCHAR2(10) NOT NULL,
  sex VARCHAR2(6),
  dob DATE,
  specialty VARCHAR2(10)
);
```

例 7.27 在学生 students 表中，利用子查询形成计算机专业学生的子集，并将其插入 students_computer 表中。

```
SQL> INSERT INTO Students_computer
  2   (SELECT * FROM Students WHERE specialty = '计算机');
```

```
已创建 6 行。
SQL> select * from Students_computer;

STUDENT_ID MONITOR_ID  NAME     SEX   DOB          SPECIALTY
---------- ---------- -------- ------ ----------- ----------
     10101            王晓芳    女    07-5月 -88    计算机
     10102      10101 刘春苹    女    12-8月 -91    计算机
     10112      10101 张纯玉    男    21-7月 -89    计算机
     10103      10101 王天仪    男    26-12月-89    计算机
     10105      10101 韩刘      男    03-8月 -91    计算机
     10128      10101 白昕      男          .       计算机

已选择 6 行。
```

2. 更新数据语句中使用子查询

使用 UPDATE 语句时，可以利用子查询结果修改表中的数据，其语句格式如下：

```
UPDATE <table_name> SET [(column_name [, column_name, …])]= subquery
```

其中，table_name 用于指定表名或视图名；column_name 用于指定列名，如果要指定多个列，那么列名之间要用逗号分开，若省略该选项，默认选定指定表或视图的所有列；subquery 指定提供修改数据的子查询。

另外，column_name 指定的列的数据类型和个数，必须与子查询列的数据类型和个数完全匹配。

例 7.28 将奖金未定的教师的奖金更新为教师的平均奖金。

```
SQL> UPDATE Teachers SET bonus =
  2   (SELECT AVG(bonus) FROM Teachers)
  3    WHERE bonus IS NULL;

已更新 3 行。
```

3. 删除数据语句中使用子查询

使用 DELETE 语句时，可以利用子查询结果作为删除表中的数据的条件，其语句格式如下：

```
DELETE FROM <table_name> WHERE [(column_name [, column_name, …])]= subquery
```

其中，table_name 用于指定表名或视图名；column_name 用于指定列名，如果要指定多个列，那么列名之间要用逗号分开，若省略该选项，默认选定指定表或视图的所有列；subquery 结果作为删除表中数据的条件。

另外，column_name 指定的列的数据类型和个数必须与子查询列的数据类型和个数完全匹配。

例 7.29 删除工资超过平均工资 10%的教师信息。

```
SQL> DELETE FROM Teachers
  2   WHERE wage >
  3    (SELECT 1.1*AVG(wage) FROM Teachers);

已删除 7 行。
```

7.2 数据事务处理

事务(transaction)是将对一个或多个表中数据进行的一组 DML 操作作为一个单元来处理的方法。当把对数据的一组 DML 操作当作一个事务时，这些 DML 操作要么全部成功，要么全部取消。

事务被用来确保数据库中数据的一致性。假设有人准备利用银行卡中的存款购买某商品，这就需要将购货款从客户银行卡存款账户转到商家银行存款账户。执行这一数据修改任务的事务，需要同时成功完成减少客户银行卡中的存款、增加商家银行存款账户的金额两项操作。否则，将会出现客户银行卡中的存款减少，但商家银行存款账户的金额没有相应增加，或者出现客户银行卡中的存款没有减少，但商家银行存款账户的金额却有增加的矛盾现象。这一现象在数据库中产生了数据的不一致性，为了确保数据库中数据的一致性，类似上述事务中的操作要么全部成功，要么全部取消。

数据库事务开始于应用程序中的第一条 DML 语句，当执行 COMMIT 或 ROLLBACK 语句时显式结束事务(执行某些语句或操作隐式结束事务)。数据库事务开始后，Oracle 会为 DML 操作涉及的表加上表锁，涉及的行加上行锁。加表锁防止其他用户改变表结构，加行锁防止其他事务在相应的行上执行 DML 操作。数据库事务结束后，释放该事务的封锁(表锁和行锁)。

7.2.1 显式处理事务

事务显式处理，需要使用 COMMIT(提交)语句或 ROLLBACK(撤销)语句。建议在应用程序中用 COMMIT 或 ROLLBACK 语句显式地结束每一事务。如果不显式地处理事务，程序异常中止时，未提交的事务会自动地被撤销。

1. 提交事务

提交事务使用 COMMIT 语句，其作用是结束当前事务，并把当前事务所执行的全部修改保存到外存的数据库中；同时该命令还删除事务所设置的全部保留点，释放该事务的封锁。其语句格式如下：

```
COMMIT;
```

例 7.30 给 departments 表添加一条新的系部信息，然后执行提交事务语句 COMMIT，使这一修改永久地保存到数据库中。

```
SQL> INSERT  INTO departments VALUES(111,'地球物理','X号教学楼');

已创建 1 行。

SQL> COMMIT;

提交完成。

SQL> SELECT * FROM departments;
```

```
DEPARTMENT_ID   DEPARTMENT_NAME     ADDRESS
-------------   ---------------   -----------------------------------
          101     信息工程            1 号教学楼
          102     电气工程            2 号教学楼
          103     机电工程            3 号教学楼
          104     工商管理            4 号教学楼
          111     地球物理            X 号教学楼
```

2. 撤销事务

撤销事务使用 ROLLBACK 语句。该语句的作用是撤销当前事务中所作的修改。其语句格式如下：

```
ROLLBACK [ TO savepoint_name ];
```

其中，TO savepoint_name 为可选项，当选择 TO savepoint_name 可选项时，ROLLBACK 语句撤销保留点 savepoint_name 之后的部分事务，删除保留点 savepoint_name 后所建的全部保留点；当省略该可选项时，ROLLBACK 语句结束事务，撤销当前事务中所作的全部修改，删除该事务中的全部保留点，释放该事务的封锁。

1) 全部撤销

例 7.31 修改 departments 表中的数据，然后执行撤销事务语句 ROLLBACK，取消所作的修改。

```
SQL> UPDATE departments SET address = '5 号教学楼'
  2   WHERE department_id = 104;

已更新 1 行。

SQL> SELECT * FROM departments;

DEPARTMENT_ID DEPARTMENT_NAME ADDRESS
------------- --------------- -----------------------------------
          101     信息工程       1 号教学楼
          102     电气工程       2 号教学楼
          103     机电工程       3 号教学楼
          104     工商管理       5 号教学楼
          111     地球物理       X 号教学楼

SQL> ROLLBACK;

回退已完成。

SQL> SELECT * FROM departments;

DEPARTMENT_ID DEPARTMENT_NAME ADDRESS
------------- --------------- -----------------------------------
          101     信息工程       1 号教学楼
          102     电气工程       2 号教学楼
          103     机电工程       3 号教学楼
          104     工商管理       4 号教学楼
          111     地球物理       X 号教学楼
```

2) 部分撤销

部分撤销事务需要使用保留点，设置保留点使用 SAVEPOINT 语句，其语句格式如下：

```
SAVEPOINT savepoint_name;
```

其中，savepoint_name 为设置的保留点的名称，该命令用于标识事务中的一个保留点。保留点与 ROLLBACK 一起使用，可返回到保留点撤销部分当前事务。利用保留点可以进行程序查错和调试。

例 7.32 设置保留点 sp1，然后删除一行数据，再执行撤销事务语句 ROLLBACK TO sp1，部分撤销事务到保留点 sp1。

```
SQL> UPDATE departments SET address = '5号教学楼'
  2    WHERE department_id = 104;

已更新 1 行。

SQL> SAVEPOINT sp1;

保存点已创建。

SQL> DELETE FROM departments WHERE department_id = 104;

已删除 1 行。

SQL> SELECT * FROM departments;

DEPARTMENT_ID DEPARTMENT_NAME  ADDRESS
------------- ---------------- ----------------------------------------
          101      信息工程        1号教学楼
          102      电气工程        2号教学楼
          103      机电工程        3号教学楼
          111      地球物理        X号教学楼

SQL> ROLLBACK TO sp1;

回退已完成。

SQL> SELECT * FROM departments;

DEPARTMENT_ID DEPARTMENT_NAME   ADDRESS
------------- ---------------- ----------------------------------------
          101      信息工程         1号教学楼
          102      电气工程         2号教学楼
          103      机电工程         3号教学楼
          104      工商管理         5号教学楼
          111      地球物理         X号教学楼
```

7.2.2 隐式处理事务

使用 COMMIT 语句或 ROLLBACK 语句是显式处理事务，但执行某些语句或操作时 Oracle 系统也会自动结束事务，这就是隐式处理事务。

(1) 当执行 DDL 语句时 Oracle 系统会自动提交(COMMIT)事务，例如 CREATE TABLE、ALTER TABLE、DROP TABLE 等语句。

(2) 当执行 DCL 语句时 Oracle 系统会自动提交(COMMIT)事务，例如 GRANT、REVOKE 等语句。

(3) 当正常退出(执行 EXIT 命令)SQL*Plus 时，Oracle 系统会自动提交(COMMIT)事务；当非正常退出(被意外终止)SQL*Plus 时，Oracle 系统会自动撤销(ROLLBACK)事务。

7.2.3 特殊事务

1. 只读事务

只读事务只允许执行查询语句，而不允许执行任何 DML 语句。设置只读事务使用命令 SET TRANSACTION READ ONLY，并且该命令必须为事务的第一条语句。必须使用 COMMIT 或 ROLLBACK 语句结束只读事务。

例 7.33 设当前事务为只读事务。

```
SQL> SET TRANSACTION READ ONLY;

事务处理集。
SQL> SELECT * FROM departments;
2     ROLLBACK;
```

当在某一会话中使用只读事务时，尽管其他会话可能会提交新事务，但只读事务将不会取得新的数据，可以使得这一会话中的用户取得特定时间点的数据。

2. 顺序事务

只读事务可以取得特定时间点的数据，但设置了只读事务的会话将不能执行 DML(INSERT、UPDATE、DELETE)操作。顺序事务不仅可以取得特定时间点的数据，而且允许在其中使用 DML(INSERT、UPDATE、DELETE)操作。

设置顺序事务使用命令 SET TRANSACTION ISOLATION LEVEL SERIALIZABLE，并且该命令必须为事务的第一条语句。必须使用 COMMIT 或 ROLLBACK 语句结束顺序事务。

例 7.34 设置当前事务为顺序事务。

```
SQL> SET TRANSACTION ISOLATION LEVEL SERIALIZABLE;

事务处理集。
```

第8章 SQL函数

根据函数是对一行还是多行记录进行操作，可将 SQL 函数分为单行函数和多行函数。其中，单行函数每次只对一行记录进行操作，并得到一行返回结果；多行函数每次可以对多行记录进行操作，但也得到一行返回结果。

SQL 单行函数主要有 5 种，分别为数字函数、字符函数、日期时间函数、转换函数和正则表达式函数。多行函数也称为列函数或分组函数，如求平均值函数 AVG(x)。

SQL 函数不仅可以在 SQL 语句中使用，有些也可以在 PL/SQL 程序中使用。大多数单行函数都可以直接在 PL/SQL 程序中使用，但多行函数不能在 PL/SQL 程序中直接使用。

本章将详细介绍 Oracle 内置的 SQL 函数，学习了本章之后，读者将学会：

(1) 使用数字函数；

(2) 使用字符函数；

(3) 使用日期时间函数；

(4) 使用转换函数。

8.1 数字函数

数字函数接受数字型参数，由表中的数字列或数字型表达式构成；函数的返回值也为数值型，其作用是通过计算得出对应参数(自变量)的函数值。

下面详细介绍 Oracle 内置的各种数字函数及其使用方法。

8.1.1 数字函数概述

Oracle 内置的数字函数有很多种，常用的数字函数及其功能见表 8.1，其他不常用的数字函数可查阅 SQL 参考手册。

8.1.2 数字函数示例

1. ABS(x)

函数 ABS(x)的功能是，求 x 的绝对值。

例 8.1 求 3，-3.3 和-33 的绝对值。

```
SQL> SELECT ABS(3),ABS(-3.3),ABS(-3.3) FROM dual;

   ABS(3)    ABS(-3.3)    ABS(-33)
---------- ----------   --------
         3       3.3       33
```

表 8.1 Oracle 常用的数字函数及其功能概要

SQL 数字函数	功能概要
ABS(x)	返回 x 的绝对值
ACOS(x)	返回 x 的反余弦值
ASIN(x)	返回 x 的反正弦值
ATAN(x)	返回 x 的反正切值
ATAN2(x, y)	返回 x 除以 y 的反正切值
BITAND(x, y)	返回 x 和 y 进行按位与(AND)操作的结果
CEIL(x)	返回大于或等于 x 的最小整数
COS(x)	返回 x 的余弦值，其中 x 为弧度
COSH(x)	返回 x 的双曲余弦值
EXP(x)	返回 e^x 的值，其中 e = 2.71828183
FLOOR(x)	返回小于或等于 x 的最大整数
LN(x)	返回 x 的自然对数值
LOG(x, y)	返回以 x 为底 y 的对数值
MOD(x, y)	返回 x 除以 y 的余数

续表

SQL 数字函数	功能概要
POWER(x, y)	返回 x 的 y 次幂
ROUND(x[,y])	对 x 进行取整。可选参数 y 指定对第几位小数取整。若没有指定 y，则对 x 第 0 位小数取整。
SIGN(x)	若 x 为负数，则返回-1；若 x 为正数，则返回 1；若 x 为 0，则返回 0
SIN(x)	返回 x 的正弦值，其中 x 为弧度
SINH(x)	返回 x 的双曲正弦值
TAN(x)	返回 x 的正切值，其中 x 为弧度
TANH(x)	返回 x 的双曲正切值
TRUNC(x[, y])	返回对 x 的第 y 位进行截断的结果。若没有指定 y，则对 x 第 0 位小数截断

2．ACOS(x)

函数 ACOS(x)的功能是，求 x 的反余弦值，其中-1≤x≤1。函数 ACOS(x)返回值的单位为弧度。

例 8.2　求 ACOS(1)和 ACOS(−1)的值。

```
SQL> SELECT ACOS(1), ACOS(-1) FROM dual;

   ACOS(1)   ACOS(-1)
---------- ----------
         0 3.14159265
```

3．ASIN(x)

函数 ASIN(x)的功能是，求 x 的反正弦值，其中-1≤x≤1。函数 ASIN (x)返回值的单位为弧度。

例 8.3　求 ASIN (0.5)和 ASIN (−0.5)的值。

```
SQL> SELECT ASIN (0.5), ASIN (-0.5) FROM dual;

 ASIN(0.5) ASIN(-0.5)
---------- ----------
.523598776 -.52359878
```

4．ATAN(x)

函数 ATAN (x)的功能是，求 x 的反正切值。其中自变量 x 可取任意数字。函数 ATAN (x)返回值的单位为弧度。

例 8.4　求 ATAN (5)和 ATAN(−5)的值。

```
SQL> SELECT ATAN (5), ATAN (-5) FROM dual;

   ATAN(5)   ATAN(-5)
---------- ----------
1.37340077 -1.3734008
```

5．ATAN2(x, y)

函数ATAN2(x, y)的功能是，求x除以y的反正切值，其中自变量x可取任意数字，自变量y可取除0以外的任意数字。函数ATAN 2 (x)返回值的单位为弧度。

例8.5　求ATAN2(10, 2)和ATAN2(−5, 1)的值。

```
SQL> SELECT ATAN2(10,2), ATAN2(-5,1) FROM dual;

ATAN2(10,2) ATAN2(-5,1)
----------- -----------
 1.37340077  -1.3734008
```

6．BITAND(x, y)

函数BITAND(x, y)的功能是，返回x和y按二进制位进行与(AND)操作的值(十进制形式)，其中自变量x和y可取任意十进制数字。

例8.6　求BITAND(15, −1)的值。

```
SQL> SELECT BITAND(15,-1) FROM dual;

BITAND(15,-1)
-------------
           15
```

7．CEIL(x)

函数CEIL(x)的功能是，返回大于或等于x的最小整数。

例8.7　求CEIL(15)、CEIL(−15)、CEIL(15.3)、CEIL(−15.8)的值。

```
SQL> SELECT CEIL(15), CEIL(-15), CEIL(15.3), CEIL(-15.8) FROM dual;

  CEIL(15)  CEIL(-15) CEIL(15.3) CEIL(-15.8)
---------- ---------- ---------- -----------
        15        -15         16         -15
```

8．COS(x)

函数COS(x)的功能是，求x的余弦值，其中x为弧度。

例8.8　求COS (3.1415926/4)、COS (−3.1415926/4) 的值。

```
SQL> SELECT COS(3.1415926/4), COS(-3.1415926/4) FROM dual;

COS(3.1415926/4) COS(-3.1415926/4)
---------------- -----------------
      .707106791        .707106791
```

9．COSH(x)

函数COSH(x)的功能是，求x的双曲余弦值。

例8.9　求COSH (1)、COSH (−1)的值。

```
SQL> SELECT COSH(1), COSH(-1) FROM dual;

   COSH(1)   COSH(-1)
---------- ----------
1.54308063 1.54308063
```

10. EXP(x)

函数 EXP(x)的功能是，求 e^x 的值，其中 e = 2.71828183。

例 8.10 求 EXP (1)、EXP (-1)的值。

```
SQL> SELECT EXP(1), EXP(-1) FROM dual;

   EXP(1)    EXP(-1)
---------- ----------
2.71828183 .367879441
```

11. FLOOR(x)

函数 FLOOR(x)的功能是，返回小于或等于 x 的最大整数。

例 8.11 求 FLOOR (15)、FLOOR (-15)、FLOOR (15.3)、FLOOR(-15.8)的值。

```
SQL> SELECT FLOOR(15), FLOOR(-15), FLOOR(15.3), FLOOR(-15.8) FROM dual;

 FLOOR(15) FLOOR(-15) FLOOR(15.3) FLOOR(-15.8)
---------- ---------- ----------- ------------
        15        -15          15          -16
```

12. LN(x)

函数 LN(x)的功能是，返回 x 的自然对数值。

例 8.12 求 LN (2.71828183)、LN (1)的值。

```
SQL> SELECT LN(2.71828183), LN(1) FROM dual;

LN(2.71828183)      LN(1)
-------------- ----------
             1          0
```

13. LOG(x, y)

函数 LOG(x, y)的功能是，返回以 x 为底 y 的对数值。

例 8.13 求 LOG (10, 10)、LOG (2, 8)的值。

```
SQL> SELECT LOG(10, 10), LOG(2, 8) FROM dual;

LOG(10,10)   LOG(2,8)
---------- ----------
         1          3
```

14. MOD(x, y)

函数 MOD(x, y)的功能是，返回 x 除以 y 的余数。

例 8.14 求 MOD (10, 5)、MOD (10, 3)的值。

```
SQL> SELECT MOD(10, 5), MOD(10, 3) FROM dual;

 MOD(10,5)  MOD(10,3)
---------- ----------
         0          1
```

15. POWER(x, y)

函数 POWER (x, y)的功能是，返回 x 的 y 次幂。

例 8.15 求 POWER (2, 3)、POWER (10, 2)的值。

```
SQL> SELECT POWER(2, 3), POWER(10, 2) FROM dual;

POWER(2,3) POWER(10,2)
---------- -----------
         8         100
```

16. ROUND(x[, y])

函数 ROUND(x[, y]) 的功能是，返回对 x 的第 y 位进行取整的结果；若没有指定 y，则对 x 第 0 位小数取整。

例 8.16 求 ROUND(15.51)、ROUND(15.49)、ROUND(15.51, 1)、ROUND(15.51,0) ROUND(15.51, -1)的值。

```
SQL> SELECT ROUND(15.51), ROUND(15.49),
  2    ROUND(15.51,1), ROUND(15.51,0), ROUND(15.51,-1) FROM dual;

ROUND(15.51) ROUND(15.49) ROUND(15.51,1) ROUND(15.51,0) ROUND(15.51,-1)
------------ ------------ -------------- -------------- ---------------
          16           15           15.5             16              20
```

17. SIGN(x)

函数 SIGN(x)的功能是，若 x 为负数，则返回-1；若 x 为正数，则返回 1；若 x 为 0，则返回 0。

例 8.17 求 SIGN(10)、SIGN(-10)、SIGN(0)的值。

```
SQL> SELECT SIGN(10), SIGN(-10), SIGN(0) FROM dual;

  SIGN(10)  SIGN(-10)    SIGN(0)
---------- ---------- ----------
         1         -1          0
```

18. SIN(x)

函数 SIN(x) 的功能是，返回 x 的正弦值，其中 x 为弧度。

例 8.18 求 SIN (3.1415926/6)、SIN (3.1415926/4)、SIN (3.1415926/3)的值。

```
SQL> SELECT SIN(3.1415926/6),
  2    SIN(3.1415926/4), SIN(3.1415926/3) FROM dual;

SIN(3.1415926/6) SIN(3.1415926/4) SIN(3.1415926/3)
---------------- ---------------- ----------------
      .499999992       .707106772       .866025395
```

19. SINH(x)

函数 SINH (x) 的功能是，返回 x 的双曲正弦值。

例 8.19 求 SINH (10)、SINH (-10)的值。

```
SQL> SELECT SINH(10), SINH(-10) FROM dual;
```

```
 SINH(10)  SINH(-10)
---------- ----------
11013.2329 -11013.233
```

20．SQRT(x)

函数 SQRT(x)的功能是，返回非负数 x 的二次平方根。

例 8.20　求 SQRT(9)，SQRT(40)的值。

```
SQL> SELECT SQRT(9 ), SQRT(40)  FROM dual;

  SQRT ( 9 )      SQRT(40)
------------ --------------
       3      6 . 32455532 8
```

21．TAN(x)

函数 TAN(x) 的功能是，返回 x 的正切值，其中 x 为弧度

例 8.21　求 TAN (3.1415926/6)、TAN (3.1415926/4)、TAN (3.1415926/3)的值。

```
SQL> SELECT TAN(3.1415926/6),
  2   TAN(3.1415926/4), TAN(3.1415926/3) FROM dual;

TAN(3.1415926/6) TAN(3.1415926/4) TAN(3.1415926/3)
---------------- ---------------- ----------------
      .577350257       .999999973       1.73205074
```

22．TANH(x)

函数 TANH(x) 的功能是，返回 x 的双曲正切值。

例 8.22　求 TANH (10)、TANH (−10)的值。

```
SQL> SELECT TANH(10), TANH(-10) FROM dual;

 TANH(10)  TANH(-10)
---------- ----------
.999999996         -1
```

23．TRUNC(x[, y])

函数 TRUNC(x[, y]) 的功能是，返回对 x 的第 y 位进行截断的结果；若没有指定 y，则对 x 第 0 位小数截断。

例 8.23　求 TRUNC (15.51)、TRUNC (15.49)、TRUNC (15.51, 1)、TRUNC (15.51,0) TRUNC (15.51, −1)的值。

```
SQL> SELECT TRUNC(15.51), TRUNC(15.49), TRUNC(15.51,1),
  2   TRUNC(15.51,0), TRUNC(15.51,-1) FROM dual;

TRUNC(15.51) TRUNC(15.49) TRUNC(15.51,1) TRUNC(15.51,0) TRUNC(15.51,-1)
------------ ------------ -------------- -------------- ---------------
          15           15           15.5             15              10
```

8.2 字符函数

字符函数接受字符型或数字类型参数，这些参数由表中列或表达式构成。其作用是对输入参数(自变量)进行处理得出函数的返回值。

下面详细介绍 Oracle 内置的各种字符函数及其使用方法。

8.2.1 字符函数概述

Oracle 内置的字符函数有很多种，常用的字符函数及其功能概要见表 8.2。其他不常用的字符函数可查阅 SQL 参考手册。

表 8.2 Oracle 常用的字符函数及其功能概要

SQL 字符函数	功能概要
ASCII(x)	返回字符 x 的 ASCII 码
CHR(x)	返回 ASCII 码为 x 的字符
CONCAT(x, y)	将字符串 x 与字符串 y 连接起来，并将连接后的字符串作为结果返回
INITCAP(x)	将字符串 x 中的每个单词的首字母都转换成大写，并返回所得到的字符串
INSTR(x, y [, n][, m])	在字符串 x 中查找子串 y，确定并返回 y 所在 x 中的位置。可选参数 n 指定查找的起始位置，可选参数 m 指定返回 y 第几次出现的位置
LENGTH(x)	返回字符串 x 中字符的个数
LOWER(x)	将字符串 x 中的字母转换成小写后作为结果返回
LPAD(x, n [, y])	在字符串 x 的左边补充字符串 y，得到总长为 n 的字符串。可选参数 y 用于指定在 x 左边补充的字符串
LTRIM(x[, y])	从字符串 x 的左边截去包含在字符串 y 中的字符。如果不指定参数 y，则默认截去空格
NVL(x, y)	如果 x 为 NULL，返回 y 值；否则返回 x 值。其中 x 与 y 的数据类型必须匹配
NVL2(x, y, z)	如果 x 不为 NULL，就返回 y 值；否则返回 z 值。其中 x、y、z 三者的数据类型必须匹配
REPLACE(x, y, z)	将字符串 x 中所具有的子串 y 用子串 z 替换
RPAD(x, n[, y])	在字符串 x 的右边补充字符串 y，得到总长为 n 的字符串。可选参数 y 用于指定在 x 右边补充的字符串
RTRIM(x[, y])	从字符串 x 的右边截去包含在字符串 y 中的字符。如果不指定参数 y，则默认截去空格
SUBSTR(x, n[, m])	返回字符串 x 中的一个子串，这个子串从字符串 x 的第 n 字符开始，截取 m 个字符
TRIM([y FROM] x)	从字符串 x 的左边和右边同时截去一些字符，可选参数 y 指定要截去的字符；如果不指定参数 y，则默认截去空格
UPPER(x)	将字符串 x 中的字符转换为大写后所得到的字符串作为返回值

8.2.2 字符函数示例

表 8.2 介绍了各个字符函数的功能，下面通过示例分别介绍字符函数的使用方法。

1．ASCII(x)

函数 ASCII(x)的功能是，返回单个字符 x 的 ASCⅡ码，或字符串 x 首个字符的 ASCII 码。

例 8.24 求 ASCII('a')、ASCII('A')、ASCII('0')的值。

```
SQL> SELECT ASCII('a'), ASCII('A'), ASCII('0') FROM dual;

ASCII('a') ASCII('A') ASCII('0')
---------- ---------- ----------
        97         65         48
```

例 8.25 求 ASCII('X')、ASCII('XYZ')的值。

```
SQL> SELECT ASCII('X'), ASCII('XYZ') FROM dual;

ASCII('X') ASCII('XYZ')
---------- ------------
        88          88
```

2．CHR(x)

函数 CHR(x)的功能是，返回 ASCII 码为 x 的字符。

例 8.26 求 CHR (97)、CHR (65)、CHR (48)的值。

```
SQL> SELECT CHR(97), CHR(65), CHR(48) FROM dual;

C C C
- - -
a A 0
```

3．CONCAT(x, y)

函数 CONCAT(x, y)的功能是，将字符串 x 与字符串 y 连接起来所形成的字符串作为结果返回。

例 8.27 求 CONCAT('Oracle：', '12c')的值。

```
SQL> SELECT CONCAT('Oracle ', '12c')name FROM dual;

NAME
----------
Oracle 12c
```

4．INITCAP(x)

函数 INITCAP(x)的功能是，将字符串 x 中的每个单词的首字母都转换成大写所形成的字符串作为结果返回。

例 8.28 求 INITCAP ('My name is oRacle)的值。

```
SQL> SELECT INITCAP('My name is oRacle')name FROM dual;
```

```
NAME
-----------------
My Name Is Oracle
```

5．INSTR(x, y [, n][, m])

函数INSTR(x, y [, n][, m])的功能是，在字符串x中查找子串y，确定并返回y所在x中的位置。可选参数n指定查找的起始位置，可选参数m指定返回y第几次出现的位置；省略参数n或m，均默认其值为1。

例8.29 求INSTR('XYZABMLNABEF', 'AB')的值。

```
SQL> SELECT INSTR('XYZABMLNABEF', 'AB') FROM dual;

INSTR('XYZABMLNABEF','AB')
--------------------------
                         4
```

例8.30 求INSTR('XYZABMLNABEF', 'AB', 1, 2)的值。

```
SQL> SELECT INSTR('XYZABMLNABEF', 'AB', 1, 2) FROM dual;

INSTR('XYZABMLNABEF','AB',1,2)
------------------------------
                             9
```

6．LENGTH(x)

函数LENGTH(x)的功能是，返回字符串x中字符的个数。

例8.31 求LENGTH ('Oracle 12c')的值。

```
SQL> SELECT LENGTH('Oracle 12c')name FROM dual;

NAME
----------------
              10
```

7．LOWER(x)

函数LOWER(x)的功能是，将字符串x中的字母转换成小写后作为结果返回。

例8.32 求LOWER (' ORAcle 12C')的值。

```
SQL> SELECT LOWER('ORAcle 12C') FROM dual;

LOWER('ORACLE 12C')
--------------------
          oracle 12c
```

8．LPAD(x, n [, y])

函数LPAD(x, n [, y])的功能是，在字符串x的左边补充字符串y，得到总长为n的字符串。可选参数y用于指定在x左边补充的字符串；省略参数y，默认其值为空串。

例8.33 求LPAD('name is oracle', 14, 'My ')的值。

```
SQL> SELECT LPAD('name is oracle', 14, 'My ') FROM dual;
```

```
LPAD('MYNAMEISORACLE')
----------------------
My name is ora
```

9. LTRIM(x[, y])

函数 LTRIM(x[, y])的功能是，从字符串 x 的左边截去包含在字符串 y 中的字符。如果不指定参数 y，则默认截去空格。

例 8.34 求 LTRIM('student', 'tu')、LTRIM('student')的值。

```
SQL> SELECT LTRIM('student', 'stu'), LTRIM('student') FROM dual;

LTRI LTRIM('
---- -------
dent student
```

10. NVL(x, y)

函数 NVL(x, y)的功能是，如果 x 为 NULL，返回 y 值；否则返回 x 值。其中 x 与 y 的数据类型必须匹配。

11. NVL2(x, y, z)

函数 NVL2(x, y, z)的功能是，如果 x 不为 NULL，就返回 y 值；否则返回 z 值。其中 x、y、z 三者的数据类型必须匹配。

12. REPLACE(x, y, z)

函数 REPLACE(x, y, z)的功能是，将字符串 x 中所具有的子串 y 用子串 z 替换，替换后形成的字符串作为返回值。

例 8.35 求 REPLACE('XYZABMLNABEF', 'AB', 'CD')的值。

```
SQL> SELECT REPLACE('XYZABMLNABEF', 'AB', 'CD') FROM dual;

REPLACE('XYZ
------------
XYZCDMLNCDEF
```

13. RPAD(x, n[, y])

函数 RPAD(x, n [, y])的功能是，在字符串 x 的右边补充字符串 y，得到总长为 n 的字符串。可选参数 y 用于指定在 x 右边补充的字符串；省略参数 y，默认其值为空串。

例 8.36 求 RPAD('My', 14, ' name is oracle)的值。

```
SQL> SELECT RPAD('My', 14, ' name is oracle') FROM dual;

RPAD('MY',14,'
--------------
My name is ora
```

14. RTRIM(x[, y])

函数 RTRIM(x[, y])的功能是，从字符串 x 的右边截去包含在字符串 y 中的字符。如果不指定参数 y，则默认截去空格。

例 8.37　求 RTRIM('student', 'tu')、RTRIM('student')的值。

```
SQL> SELECT RTRIM('student', 'dent'), RTRIM('student') FROM dual;

RTR RTRIM('
--- -------
stu student
```

15. SUBSTR(x, n[, m])

函数 SUBSTR(x, n[, m])的功能是，从字符串 x 的第 n 字符开始，截取 m 个字符返回。

例 8.38　求 SUBSTR ('student', 1, 3)、SUBSTR ('student', 2)的值。

```
SQL> SELECT SUBSTR ('student', 1, 3), SUBSTR ('student', 2) FROM dual;

SUB SUBSTR
--- ------
stu tudent
```

16. TRIM([y FROM] x)

函数 TRIM([y FROM] x)的功能是，从字符串 x 的左边和右边同时截取一些字符。可选参数 y 指定要截取的字符；如果不指定参数 y，则默认截去空格。

例 8.39　求 TRIM('AB' FROM 'ABXYZAB')的值。

```
SQL> SELECT TRIM('A' FROM 'AAUVWXYZAA') FROM dual;

TRIM('
------
UVWXYZ
```

17. UPPER(x)

函数 UPPER(x)的功能是，将字符串 x 中的字符转换为大写后所得到的字符串作为函数的返回值。

例 8.40　求 UPPER ('Abbb')的值。

```
SQL> SELECT UPPER ('Abbb') FROM dual;

UPPER
-----
ABBB
```

8.3 日期时间函数

日期时间函数接受日期时间类型参数，这些参数由表中列或表达式构成。

日期时间数据在 Oracle 数据库中，是以世纪、年、月、日、时、分、秒的形式存储的，日期显示格式默认为 DD-MON-YY 的形式。

下面详细介绍 Oracle 内置的各种日期时间函数及其使用方法。

8.3.1 日期时间函数概述

Oracle 内置的日期时间函数有很多种，常用的日期时间函数及其功能概要见表 8.3。其他不常用的日期时间函数可查阅 SQL 参考手册。

8.3.2 日期时间函数示例

表 8.3 Oracle 常用的日期时间函数及其功能概要

SQL 字符函数	功能概要
ADD_MONTHS(x, n)	返回日期 x 加上 n 个月所对应的日期。n 为正数，则返回值表示 x 之后的日期；n 为负数，则返回值表示 x 之前的日期
CURRENT_DATE	返回当前会话时区所对应的日期
CURRENT_TIMESTAMP[(x)]	返回当前会话时区所对应的日期时间，可选参数 x 表示精度，如果不指定参数 x，则默认精度值为 6
DBTIMEZONE	返回数据库所在的时区
EXTRACT(YEAR|MONTH|DAY FROM x)	从日期 x 中摘取所需要的年或月或日数据
LAST_DAY(x)	返回日期 x 所在月份的最后一天的日期
LOCALTIMESTAMP[(x)]	返回当前会话时区所对应的日期时间，可选参数 x 表示精度，如果不指定参数 x，则默认精度值为 6
MONTHS_BETWEEN(x, y)	返回日期 x 和日期 y 之间相差的月数
NEXT_DAY(x, week)	返回日期 x 后的由 week 指定的星期几所对应的日期
ROUND(x, [fmt])	返回日期 x 的四舍五入结果。fmt 可以取'YEAR'、'MONTH'、'DAY' 三者之一
SYSDATE	返回当前系统的日期
SYSTIMESTAMP	返回当前系统的日期时间(格式与 SYSDATE 不同)
TRUNC(x, [fmt])	返回截断日期 x 时间数据。fmt 可以取'YEAR'、'MONTH'、'DAY' 三者之一

以上介绍了各个日期时间函数的功能，下面通过示例分别介绍日期时间函数的使用方法。

1. ADD_MONTHS(x, n)

函数 ADD_MONTHS(x, n)的功能是，返回日期 x 加上 n 个月所对应的日期。n 为正数，则返回值表示 x 之后的日期；n 为负数，则返回值表示 x 之前的日期。

例 8.41 求 ADD_MONTHS('03-06 月-2020', 12)的值。

```
SQL> SELECT ADD_MONTHS('03-06月-2020', 12) FROM dual;

ADD_MONTHS('03
--------------
03-06月 -21
```

2. CURRENT_DATE

函数 CURRENT_DATE 的功能是，返回当前会话时区所对应的日期。

例 8.42　求 CURRENT_DATE 的值。

```
SQL> SELECT CURRENT_DATE FROM dual;

CURRENT_DATE
------------
03-6月 -20
```

3. CURRENT_TIMESTAMP[(x)]

函数 CURRENT_TIMESTAMP[(x)]的功能是，返回当前会话时区所对应的日期时间，可选参数 x 表示精度，取值范围为 0～9 的整数；如果不指定参数 x，则默认精度值为 6。

例 8.43　求 CURRENT_TIMESTAMP、CURRENT_TIMESTAMP(3)的值。

```
SQL> SELECT CURRENT_TIMESTAMP, CURRENT_TIMESTAMP(3) FROM dual;

CURRENT_TIMESTAMP
---------------------------------------------------------------------------
CURRENT_TIMESTAMP(3)
---------------------------------------------------------------------------
03-6月 -20 01.29.19.937000 下午 +08:00
03-6月 -20 01.29.19.937 下午 +08:00
```

4. DBTIMEZONE

函数 DBTIMEZONE 的功能是，返回数据库所在的时区。

例 8.44　求 DBTIMEZONE 的值。

```
SQL> SELECT DBTIMEZONE FROM dual;

DBTIME
------
+00:00
```

5. EXTRACT(YEAR|MONTH|DAY FROM x)

函数 EXTRACT(YEAR|MONTH|DAY FROM x)的功能是，从日期 x 中选取所需要的年或月或日数据。

例 8.45　求 EXTRACT(YEAR FROM TO_DATE('03-6-2020', 'dd-mm-yy'))的值。

```
SQL> SELECT EXTRACT(YEAR FROM TO_DATE('03-6-2020','dd-mm-yy')) FROM dual;

EXTRACT(YEARFROMTO_DATE('03-6-2020','DD-MM-YY'))
------------------------------------------------
                                            2020
```

6. LAST_DAY(x)

函数 LAST_DAY(x)的功能是，返回日期 x 所在月份的最后一天的日期。

例 8.46　求 LAST_DAY('03-6月-2020')的值。

```
SQL> SELECT LAST_DAY('03-6月-2020') FROM dual;
```

```
LAST_DAY('03-6
--------------
30-6月 -20
```

7. LOCALTIMESTAMP[(x)]

函数 LOCALTIMESTAMP[(x)]的功能是，返回当前会话时区所对应的日期时间，可选参数 x 表示精度，取值范围为 0～9 的整数；如果不指定参数 x，则默认精度值为 6。

例 8.47 求 LOCALTIMESTAMP、LOCALTIMESTAMP(3)的值。

```
SQL> SELECT LOCALTIMESTAMP, LOCALTIMESTAMP(3) FROM dual;

LOCALTIMESTAMP
---------------------------------------------------------------------------
LOCALTIMESTAMP(3)
---------------------------------------------------------------------------
03-6月 -20 01.33.35.968000 下午
03-6月 -20 01.33.35.968 下午
```

8. MONTHS_BETWEEN(x, y)

函数 MONTHS_BETWEEN(x, y)的功能是，返回日期 x 和日期 y 之间相差的月数。

例 8.48 求 MONTHS_BETWEEN('03-6 月-2020','31-7 月-2020')的值。

```
SQL> SELECT MONTHS_BETWEEN('03-6月-2020', '31-7月-2020') FROM dual;

MONTHS_BETWEEN('03-6月-2020','31-7月-2020')
-------------------------------------------
                                          1
```

9. NEXT_DAY(x, week)

函数 NEXT_DAY(x, week)的功能是，返回日期 x 后的第一个由 week 指定的星期几所对应的日期。

例 8.49 求 NEXT_DAY('03-6 月-2020', '星期一')的值。

```
SQL> SELECT NEXT_DAY('03-6月-2020', '星期一') FROM dual;

NEXT_DAY('03-6
--------------
08-6月 -20
```

10. ROUND(x, [fmt])

函数 ROUND(x, [fmt])的功能是，返回日期 x 的四舍五入结果。fmt 可以取'YEAR'、'MONTH'、'DAY' 三者之一，如果 fmt 取'YEAR'，则以 7 月 1 日为舍入分界；如果 fmt 取'MONTH'，则以 16 日为舍入分界；如果 fmt 取'DAY'，则以中午 12:00 为舍入分界。

例 8.50 求 ROUND('01-07 月-2020', 'YEAR')、ROUND('30-06 月-2020', 'YEAR')的值。

```
SQL> SELECT ROUND(TO_DATE('01-7-2020','dd-mm-yy'), 'YEAR'),
  2   ROUND(TO_DATE('30-6-2020', 'dd-mm-yy'), 'YEAR') FROM dual;

ROUND(TO_DATE( ROUND(TO_DATE(
-------------- --------------
01-1月 -20      01-1月 -20
```

11. SYSDATE

函数 SYSDATE 的功能是，返回当前系统的日期。

例 8.51 求 SYSDATE 的值。

```
SQL> SELECT SYSDATE FROM dual;

SYSDATE
----------
03-6月 -20
```

12. SYSTIMESTAMP

函数 SYSTIMESTAMP 的功能是，返回当前系统的日期时间(格式与 SYSDATE 不同)。

例 8.52 求 SYSTIMESTAMP 的值。

```
SQL> SELECT SYSTIMESTAMP FROM dual;

SYSTIMESTAMP
---------------------------------------------------------------------------
03-6月 -20 01.41.13.828000 下午 +08:00
```

13. TRUNC(x, [fmt])

函数 TRUNC(x, [fmt])的功能是，返回截断日期 x 时间数据。fmt 可以取'YEAR'、'MONTH'、'DAY' 三者之一，fmt 取'YEAR'，则返回本年的 1 月 1 日；如果 fmt 取'MONTH'，则返回本月的 1 日；如果 fmt 取'DAY'，则返回天的个位为 0(只有个位时不变)的日期。

例 8.53 求 TRUNC(TO_DATE('03-6-2020','dd-mm-yy'), 'YEAR')的值。

```
SQL> SELECT TRUNC(TO_DATE('03-6-2020','dd-mm-yy'), 'YEAR') FROM dual;

TRUNC(TO_DATE(
--------------
01-1月 -20
```

8.4 转换函数

转换函数接受某种数据类型的参数，将其转换为另一种数据类型作为函数的返回值，从而实现把数值从一种数据类型转换为另一种数据类型的功能。虽然 Oracle 系统可以自动转换数据类型，以达到参与运算的不同类型数据之间相互匹配，但从程序设计的角度考虑，应该使用转换函数进行数据类型转换，以消除参与运算的数据之间出现数据类型不同或不匹配的情况。

下面详细介绍 Oracle 内置的各种转换函数及其使用方法。

8.4.1 转换函数概述

Oracle 内置的转换函数有很多种，常用的转换函数及其功能概要见表 8.4，其他不常用的转换函数可查阅 SQL 参考手册。

表 8.4 Oracle 常用的转换函数及其功能概要

SQL 转换函数	功能概要
ASCIISTR(x)	将字符类型数据 x 转换为一个 ASCII 字符串，其中 x 由任意字符集中的字符组成
BIN_TO_NUM(b1[, b2][, b3]…)	将各位由 b1、b2、b3 构成的二进制数字转换为 NUMBER 数字(十进制)
CAST(x AS type_name)	将 x 的值从一种数据类型转换为由 type_name 指定的数据类型
CHARTOROWID(x)	将字符串 x 转换为 ROWID 类型数据
HEXTORAW(x)	将十六进制数字的字符 x 转换为 RAW 数据类型
RAWTOHEX(x)	将 x 从 RAW 类型转换为十六进制字符类型
RAWTONHEX(x)	将 x 从 RAW 类型转换为 NVARCHAR2 字符类型
ROWIDTOCHAR(x)	将 x 从 ROWID 类型转换为 VARCHAR2 类型
ROWIDTONCHAR(x)	将 x 从 ROWID 类型转换为 NVARCHAR2 类型
TO_BINARY_DOUBLE(x)	Oracle 10g 新增的函数，将 x 转换为一个 BINARY_DOUBLE 类型
TO_BINARY_FLOAT(x)	Oracle 10g 新增的函数，将 x 转换为一个 BINARY_FLOAT 类型
TO_CHAR(x[, format])	将 x 转换为一个 VARCHAR2 字符串。x 取数字或日期时间类型数据，可选参数 format 指定 x 的格式
TO_DATE(x[, format])	将字符串 x 转换为 DATE 类型数据，可选参数 format 指定 x 的格式

8.4.2 转换函数示例

1. ASCIISTR(x)

函数 ASCIISTR(x)的功能是，将字符类型数据 x 转换为一个 ASCII 字符串，其中 x 由任意字符集中的字符组成。字符串 x 中的 ASCII 字符保持不变，非 ASCII 字符则转换为 ASCII 字符。

例 8.54 求 ASCIISTR('Oracle 数据库') 的值。

```
SQL> SELECT ASCIISTR('Oracle 数据库') FROM dual;

ASCIISTR('ORACLE 数据库)
------------------------
Oracle\6570\636E\5E93
```

2. BIN_TO_NUM(b1[, b2][, b3]…)

函数 BIN_TO_NUM(b1[, b2][, b3]…)的功能是，将各位由 b1、b2、b3 构成的二进制数字转换为 NUMBER 数字(十进制)。

例 8.55 求 BIN_TO_NUM(1, 0, 1, 1, 1, 0)的值。

```
SQL> SELECT BIN_TO_NUM(1, 0, 1, 1, 1, 0) FROM dual;

BIN_TO_NUM(1,0,1,1,1,0)
------------------------
                      46
```

3. CAST(x AS type_name)

函数CAST(x AS type_name)的功能是，将x从一种数据类型转换为由type_name指定的数据类型。

例 8.56 求CAST(TO_DATE('03-6-2020','dd-mm-yy')AS VARCHAR2(15)的值。

```
SQL> SELECT CAST(TO_DATE('03-6-2020','dd-mm-yy') AS VARCHAR2(15)) FROM dual;

CAST(TO_DATE('0
---------------
03-6月 -20
```

4. CHARTOROWID(x)

函数CHARTOROWID(x)的功能是，将字符串x转换为ROWID类型数据。要求字符串x必须满足ROWID数据类型的格式。

例 8.57 求CHARTOROWID('BBAFc2AAFAAEEEGFS/')的值。

```
SQL> SELECT CHARTOROWID('BBAFc2AAFAAEEEGFS/') FROM dual;

CHARTOROWID('BBAFC
------------------
BBAFc2AAFAAEEEGFS/
```

5. HEXTORAW(x)

函数HEXTORAW(x)的功能是，将十六进制数字的字符x转换为RAW数据类型。

例 8.58 求HEXTORAW('ABCDEF55')的值。

```
SQL> SELECT HEXTORAW('ABCDEF55') FROM dual;

HEXTORAW
--------
ABCDEF55
```

6. RAWTOHEX(x)

函数RAWTOHEX(x)的功能是，将x从RAW类型转换为十六进制字符类型。

例 8.59 求RAWTOHEX('ABCDEF55')的值。

```
SQL> SET SERVEROUTPUT ON
SQL> DECLARE
  2    var VARCHAR2(15);
  3  BEGIN
  4    var := RAWTOHEX('ABCDEF55');
  5    DBMS_OUTPUT.PUT_LINE ('转换结果为：'||var);
  6  END;
  7  /
转换结果为：ABCDEF55

PL/SQL 过程已成功完成。
```

7．RAWTONHEX(x)

函数 RAWTONHEX(x)的功能是，将 x 的值从 RAW 类型转换为 NVARCHAR2 字符类型。

例 8.60 求 RAWTONHEX('ABCDEF55')的值。

```
SQL> SET SERVEROUTPUT ON
SQL> DECLARE
  2   var NVARCHAR2(15);
  3  BEGIN
  4   var := RAWTONHEX('ABCDEF55');
  5   DBMS_OUTPUT.PUT_LINE ('转换结果为：'||var);
  6  END;
  7  /
转换结果为：ABCDEF55

PL/SQL 过程已成功完成。
```

8．ROWIDTOCHAR(x)

函数 ROWIDTOCHAR(x)的功能是，将 x 从 ROWID 类型转换为 VARCHAR2 类型。

例 8.61 求 ROWIDTOCHAR('BBAFc2AAFAAEEEGFS/')的值。

```
SQL> SET SERVEROUTPUT ON
SQL> DECLARE
  2   var VARCHAR2(20);
  3  BEGIN
  4   var := ROWIDTOCHAR('BBAFc2AAFAAEEEGFS/');
  5   DBMS_OUTPUT.PUT_LINE ('转换结果为：'||var);
  6  END;
  7  /
转换结果为：BBAFc2AAFAAEEEGFS/

PL/SQL 过程已成功完成。
```

9．ROWIDTONCHAR(x)

函数 ROWIDTONCHAR(x)的功能是，将 x 从 ROWID 类型转换为 NVARCHAR2 类型。

例 8.62 求 ROWIDTONCHAR('BBAFc2AAFAAEEEGFS/')的值。

```
SQL> SET SERVEROUTPUT ON
SQL> DECLARE
  2   var NVARCHAR2(20);
  3  BEGIN
  4   var := ROWIDTONCHAR('BBAFc2AAFAAEEEGFS/');
  5   DBMS_OUTPUT.PUT_LINE ('转换结果为：'||var);
  6  END;
  7  /
转换结果为：BBAFc2AAFAAEEEGFS/

PL/SQL 过程已成功完成。
```

10. TO_BINARY_DOUBLE(x)

函数 TO_BINARY_DOUBLE(x)的功能是，将 x 转换为一个 BINARY_DOUBLE 类型。

例 8.63 求 TO_BINARY_DOUBLE(2020)的值。

```
SQL> SELECT TO_BINARY_DOUBLE(2020) FROM dual;

TO_BINARY_DOUBLE(2020)
----------------------
          2.020E+003
```

11. TO_BINARY_FLOAT(x)

函数 TO_BINARY_FLOAT(x)的功能是，将 x 转换为一个 BINARY_FLOAT 类型。

例 8.64 求 TO_BINARY_FLOAT(2020)的值。

```
SQL> SELECT TO_BINARY_FLOAT(2020) FROM dual;

TO_BINARY_FLOAT(2020)
---------------------
         2.020E+003
```

12. TO_CHAR(x[, format])

函数 TO_CHAR(x[, format])的功能是，将 x 转换为一个 VARCHAR2 字符串。x 取数字或日期时间类型数据，可选参数 format 指定 x 的格式。

例 8.65 求 TO_CHAR(sysdate, 'YYYY-MM-DD')的值。

```
SQL> SELECT TO_CHAR(sysdate, 'YYYY-MM-DD')FROM dual;

TO_CHAR(SY
----------
2020-06-03
```

13. TO_ DATE(x[, format])

函数 TO_ DATE(x[, format])的功能是，将字符串 x 转换为 DATE 类型数据。可选参数 format 指定 x 的格式。

例 8.66 求 TO_DATE('2020-6-03 8:00:00', 'YYYY-MM-DD HH12:MI:SS')的值。

```
SQL> ALTER SESSION SET NLS_DATE_FORMAT = 'YYYY-MM-DD HH12:MI:SS';

会话已更改。

SQL> SELECT TO_DATE('2020-6-03 8:00:00', 'YYYY-MM-DD HH12:MI:SS') FROM dual;

TO_DATE('2020-6-03:
-------------------
2020-06-03 08:00:00
```

第9章

数据控制语言与数据定义语言

本章讲述数据控制语言(DCL，Data Control Language)与数据定义语言(DDL，Data Definition Language)。数据控制语言完成授予和收回用户对数据库的使用权限。数据定义语言完成建立、修改、删除表、视图、索引等功能。在学习了本章之后，读者将学会：

(1) 使用 DCL 语句授予用户访问数据库的权限。

(2) 使用 DCL 语句收回用户访问数据库的权限。

(3) 使用 DDL 语句建立、修改、删除表。

(4) 使用 DDL 语句建立、修改、删除索引。

(5) 使用 DDL 语句建立、修改、删除视图。

9.1 数据控制语言

数据控制语言的功能是控制用户对数据库的存取权限。用户对某类数据具有何种操作权限是由DBA(数据库管理员)决定的，DBA通过数据控制语言的GRANT语句完成权限授予，通过REVOKE语句完成权限收回。授权的结果存入Oracle的数据字典中，当用户提出操作数据库请求时，Oracle会在数据字典中检查该用户的授权情况，以此决定是执行还是拒绝该用户的操作请求。

9.1.1 数据库权限

权限是指能够在数据库中执行某种操作或者访问某个数据库对象的权力。Oracle中的权限分为两类，系统权限和对象权限。

1. 系统权限(System Privileges)

系统权限是在数据库中执行某种特定操作的权力。系统权限并不针对某一个特定的对象，而是针对整个数据库范围。例如，在模式中创建表或者视图的权力就属于系统权限。Oracle 11g中提供了近百种系统权限，常用的系统权限见表9.1。要全面了解系统权限，请阅读Oracle 11g SQL参考手册。

表9.1 Oracle数据库常用系统权限及功能说明

常用系统权限	功能说明
CREATE SESSION	连接到数据库上
CREATE SEQUENCE	创建序列。序列是一系列数字，通常用来自动填充主键列
CREATE TABLE	创建表
CREATE ANY TABLE	在任何模式中创建表
DROP TABLE	删除表
DROP ANY TABLE	删除任何模式中的表
CREATE PROCEDURE	创建存储过程
EXECUTE ANY PROCEDURE	执行任何模式中的存储过程
CREATE USER	创建用户
DROP USER	删除用户
CRETAE VIEW	创建视图。视图是存储的查询，可以用来对多个表和多列进行访问，可以像查询表一样查询视图

2. 对象权限(Object Privileges)

对象权限是针对某个特定的模式对象执行操作的权力。只能针对模式对象来设置和管理对象权限，这些模式对象包括表、视图、存储过程等。Oracle数据库中提供了多种对象权限，常用的对象权限见表9.2。要全面了解对象权限，请阅读Oracle 12c SQL参考手册。

表9.2 Oracle 数据库常用对象权限种类及功能说明

对象权限	功能说明
SELECT	允许执行查询操作
INSERT	允许执行插入操作
UPDATE	允许执行修改操作
DELETE	允许执行删除操作
EXECUTE	允许执行存储过程

无论是系统权限还是对象权限，都是通过 Oracle 用户来行使的。下面首先介绍用户的概念，然后介绍权限的授予(给用户)和收回(从用户)。

3. 用户

用户是 Oracle 数据库的合法使用者。创建 Oracle 数据库时，系统自动生成 SYSTEM 和 SYS 两个基本用户。除系统自动生成的用户外，其他用户均需另外创建。创建用户需要以一个特权用户的身份注册到数据库上。已建立的用户，可以修改其属性，如密码等；也可以删除不再需要的用户。

1) 建立用户

建立用户语句的基本格式如下：

```
CREATE USER user_name
IDENTIFIED BY password
[DEFAULT TABLESPACE tabspace_name]
[TEMPORARY TABLESPACE tabspace_name];
```

其中，user_name 指定将要建立的用户名；password 指定所建用户的密码；可选项[DEFAULT TABLESPACE tabspace_name]使用 tabspace_name 指定用户所建对象的默认表空间，如果忽略该选项，默认使用 SYSTEM 表空间；可选项[TEMPORARY TABLESPACE tabspace_name]使用 tabspace_name 指定用户所建临时对象的默认表空间，如果忽略该选项，默认使用 SYSTEM 表空间。

例 9.1 建立用户 c##test 并指定口令为 testword。使用系统自动生成的用户登录 Oracle，再创建新用户。

```
SQL> CONN/as sysdba

连接到：
Oracle Database 12c Enterprise Edition Release 12.1.0.2.0-64bit Production
With the Partitioning,OLAP,Advanced Analytics and Real Application Testing
options

SQL> CREATE USER c##test IDENTIFIED BY testword;

用户已创建。

SQL> CONNECT c##test/testword
ERROR:
ORA-01045: user C##TEST lacks CREATE SESSION privilege; logon denied
```

```
警告: 您不再连接到 ORACLE。
```

由于用户 c##test 尚未被指定 CREATE SESSION 权限，因此，用户 c##test 不能登录Oracle。

例 9.2　建立用户 c##test02，指定口令为 test02，并指定一个默认表空间 users 和一个临时表空间 temp。

```
SQL> CONN/as sysdba
已连接。
SQL> CREATE USER c##test02 IDENTIFIED BY test02
  2   DEFAULT TABLESPACE users
  3     TEMPORARY TABLESPACE temp;

用户已创建。

SQL> CONNECT c##test02/test02
ERROR:
ORA-01045: user C##TEST02 lacks CREATE SESSION privilege; logon denied

警告: 您不再连接到 ORACLE。
```

同例 9.1 一样，由于用户 c##test02 尚未授予 CREATE SESSION 权限，因此不能登录Oracle。

例 9.3　建立用户 c##test03 和 c##test04 并分别指定口令为 test03 与 test04。

同例 9.1 一样，由于用户 c##test03 和 c##test04 尚未授予 CREATE SESSION 权限，因此不能登录 Oracle。

```
SQL> CONN/as sysdba
已连接。
SQL> CREATE USER c##test03 IDENTIFIED BY test03;

用户已创建。

SQL> CREATE USER c##test03 IDENTIFIED BY test04;

用户已创建。
```

2)　修改用户密码

修改用户密码语句的格式如下：

```
ALTER USER user_name IDENTIFIED BY newpassword;
```

其中，user_name 指定将要修改密码的用户名；newpassword 指定修改后的密码。

例 9.4　将用户 c##test 的密码修改为 test01。

```
SQL> CONN/as sysdba
已连接。
SQL> ALTER USER c##test IDENTIFIED BY test01;

用户已更改。
```

3)　删除用户

删除用户语句的格式如下：

```
DROP USER user_name [CASCADE];
```

其中，user_name 指定将要删除的用户名；可选项[CASCADE]在要删除的用户模式中包含对象(如表、存储过程等)时，不可忽略。

例 9.5 将用户 c##test04 删除。

```
SQL> CONN/as sysdba
已连接。
SQL> DROP USER c##test04;

用户已删除。
```

9.1.2 权限控制

新建立的用户必须授予某种权限才能使用 Oracle 数据库资源。一般情况下，由数据库管理员(DBA)授权给用户，有时，也可以通过具有授予权限的用户再授权给其他用户。

1. 系统权限控制

系统权限控制包括系统权限的授予和收回。如果需要了解用户所具有的系统权限，可以通过数据字典进行查看。

1) 授予用户系统权限

授予用户系统权限语句的格式如下：

```
GRANT system_privileges_list TO user_name [WITH ADMIN OPTION];
```

其中，user_name 指定被授权的用户名，若用户名为 PUBLIC，则指定所有用户；system_privileges_list 指定将要授予用户系统权限的列表；可选项[WITH ADMIN OPTION]指定被授权用户可以将其获得的权限再授予其他用户。

例 9.6 授予用户 c##test CREATE SESSION、CREATE USER、CREATE TABLE 等权限。授予用户 c##test02、c##test03 CREATE SESSION 权限。

```
SQL> CONN/as sysdba
已连接。
SQL> GRANT CREATE SESSION, CREATE USER, CREATE TABLE TO c##test;

授权成功。
SQL> GRANT CREATE SESSION TO c##test02;

授权成功。
SQL> GRANT CREATE SESSION TO c##test03;

授权成功。
```

例 9.7 授予用户 c##test EXECUTE ANY PROCEDURE 权限。

```
SQL> CONN/as sysdba
已连接。
SQL> GRANT EXECUTE ANY PROCEDURE TO c##test WITH ADMIN OPTION;

授权成功。
```

例 9.8　通过用户 c##test 授予用户 c##test02 EXECUTE ANY PROCEDURE 权限。

```
SQL> CONNECT c##test/test01
已连接。
SQL> GRANT EXECUTE ANY PROCEDURE TO c##test02;

授权成功。
```

给用户 c##test 授权时，使用了 WITH ADMIN OPTION 选项，因此，用户 c##test 还可以将获得的 EXECUTE ANY PROCEDURE 系统权限再授予其他用户。

例 9.9　通过用户 c##test 将系统权限 CREATE SESSION 和 EXECUTE ANY PROCEDURE 授予所有用户。

```
SQL> CONNECT c##test/test01
已连接。
SQL> GRANT CREATE SESSION, EXECUTE ANY PROCEDURE TO PUBLIC;

授权成功。
```

2)　查看授予用户的系统权限

通过数据字典中的 user_sys_privs 视图，可以查看授予用户的系统权限。user_sys_privs 视图给出用户名(username)、系统权限(privilege)、是否可以将该用户拥有的权限再授予其他用户(ADM)等信息。

例 9.10　查看授予用户 c##test 的系统权限。

```
SQL> CONNECT c##test/test01
已连接。
SQL> SELECT *
  2  FROM user_sys_privs;

USERNAME                    PRIVILEGE                              ADM
--------------------------- -------------------------------------- -----
PUBLIC                      CREATE SESSION                         NO
C##TEST                     CREATE TABLE                           NO
C##TEST                     EXECUTE ANY PROCEDURE                  YES
C##TEST                     CREATE SESSION                         NO
PUBLIC                      EXECUTE ANY PROCEDURE                  NO
C##TEST                     CREATE USER                            NO

已选择 6 行。
```

例 9.11　查看授予用户 c##test02 的系统权限。

```
SQL> CONNECT c##test02/test02
已连接。
SQL> SELECT *
  2   FROM user_sys_privs;

USERNAME                    PRIVILEGE                              ADM
-------------------------- -------------------------------------- -----
PUBLIC                      CREATE SESSION                         NO
C##TEST02                   EXECUTE ANY PROCEDURE                  NO
PUBLIC                      EXECUTE ANY PROCEDURE                  NO
```

3) 收回用户系统权限

收回用户系统权限语句的格式如下：

```
REVOKE system_privileges FROM user_name;
```

其中，system_privileges 指定将要收回的系统权限；user_name 指定被收回系统权限的用户名。

例 9.12 收回用户 c##test 系统权限 CREATE TABLE，之后再查看授予用户 c##test 的系统权限。

```
SQL> CONN/as sysdba
已连接。
SQL> REVOKE CREATE TABLE FROM c##test;

撤销成功。

SQL> CONNECT c##test /test01
已连接。
SQL> SELECT *
  2   FROM user_sys_privs;

USERNAME                    PRIVILEGE                              ADM
-------------------------- ---------------------------------- -----
PUBLIC                      CREATE SESSION                          NO
C##TEST                     EXECUTE ANY PROCEDURE                   YES
C##TEST                     CREATE SESSION                          NO
PUBLIC                      EXECUTE ANY PROCEDURE                   NO
C##TEST                     CREATE USER                             NO
```

2. 对象权限控制

对象权限控制包括对象权限的授予和收回。如果需要了解用户所具有的对象权限，可以通过数据字典进行查看。

1) 授予用户对象权限

授予用户对象权限语句的格式如下：

```
GRANT object_privileges_list ON table_name TO user_name [WITH GRANT OPTION];
```

其中，user_name 指定被授权的用户名；object_privileges_list 指定将要授予用户对象权限的列表；可选项[WITH GRANTOPTION]指定被授权用户可以将其获得的权限再授予其他用户。

例 9.13 授予用户 c##test 在表 departments 上具有 SELECT、INSERT、UPDATE 对象权限。

```
SQL> CONN/as sysdba
已连接。
SQL> GRANT SELECT, INSERT, UPDATE ON Departments TO c##test;

授权成功。
```

例 9.14 授予用户 c##test 在表 teachers 的 wage、bonus 列上具有 UPDATE 对象权限。

```
SQL> CONN/as sysdba
```

```
已连接。
SQL> GRANT UPDATE (wage, bonus) ON Teachers TO c##test;

授权成功。
```

例 9.15 授予用户 c##test 在表 students 上具有 SELECT 对象权限，并指定可选项 WITH GRANT OPTION。

```
SQL> CONN/as sysdba
已连接。
SQL> GRANT SELECT ON Students TO c##test WITH GRANT OPTION;

授权成功。
```

用户 c##test 在表 students 上具有 SELECT 对象权限后，即可查询表 students。

```
SQL> CONNECT c##test/test01
已连接。
SQL> SELECT * FROM system.Students;

STUDENT_ID MONITOR_ID  NAME     SEX     DOB            SPECIALTY
---------- ---------- -------- ------ ------------- ----------
     10101              王晓芳    女     07-5 月 -88    计算机
     10205              李秋枫    男     25-11 月-90    自动化
     10102      10101   刘春苹    女     12-8 月 -91    计算机
     10301              高山      男     08-10 月-90    机电工程
     10207      10205   王刚      男     03-4 月 -87    自动化
     10112      10101   张纯玉    男     21-7 月 -89    计算机
     10318      10301   张冬云    女     26-12 月-89    机电工程
     10103      10101   王天仪    男     26-12 月-89    计算机
     10201      10205   赵风雨    男     25-10 月-90    自动化
     10105      10101   韩刘      男     03-8 月 -91    计算机
     10311      10301   张杨      男     08-5 月 -90    机电工程

STUDENT_ID MONITOR_ID  NAME     SEX     DOB            SPECIALTY
---------- ---------- -------- ------ ------------- ----------
     10213      10205   高淼      男     11-3 月 -87    自动化
     10212      10205   欧阳春岚  女     12-3 月 -89    自动化
     10314      10301   赵迪帆    男     22-9 月 -89    机电工程
     10312      10301   白菲菲    女     07-5 月 -88    机电工程
     10328      10301   曾程程    男                    机电工程
     10128      10101   白昕      男                    计算机
     10228      10205   林紫寒    女                    自动化

已选择 18 行。
```

该例把对表 students 的 SELECT 对象权限授予指定的用户 c##tes，同时指定了 WITH GRANT OPTION 选项，表明 c##test 用户还可将获得的 SELECT 权限再授予其他用户。

例 9.16 通过用户 c##test 授予用户 c##test02 在表 students 上具有 SELECT 对象权限。

```
SQL> CONNECT c##test/test01
已连接。
SQL> GRANT SELECT ON system.Students TO c##test02;
```

授权成功。

用户 c##test02 在表 students 上具有 SELECT 对象权限后，即可查询表 students。

2) 查看授予用户的对象权限

通过数据字典中的 user_tab_privs_recd 视图，可以查看授予用户的对象权限。user_tab_privs_recd 视图中信息包括该对象的拥有者(owner)、拥有对象权限的表(table_name)、授权者(grantor)、该对象被授予的权限(privilege)、是否可以将所具有的权限再授予其他用户(grantable)等。

例 9.17 查看用户 c##test 在表 departments 上所具有的对象权限。

```
SQL> CONNECT c##test/test01
已连接。
SQL> SELECT owner, table_name, grantor, privilege, grantable
  2    FROM user_tab_privs_recd;

OWNER                          TABLE_NAME
------------------------------ ------------------------------
GRANTOR                        PRIVILEGE                                GRA
------------------------------ ---------------------------------------- ---
SYSTEM                         DEPARTMENTS
SYSTEM                         UPDATE                                   NO

SYSTEM                         DEPARTMENTS
SYSTEM                         SELECT                                   NO

SYSTEM                         DEPARTMENTS
SYSTEM                         INSERT                                   NO


OWNER                          TABLE_NAME
------------------------------ ------------------------------
GRANTOR                        PRIVILEGE                                GRA
------------------------------ ---------------------------------------- ---
SYSTEM                         TEACHERS
SYSTEM                         SELECT                                   NO

SYSTEM                         STUDENTS
SYSTEM                         SELECT                                   YES
```

3) 收回用户对象权限

收回用户对象权限语句的格式如下：

```
REVOKE object_privileges FROM user_name;
```

其中，object_privileges 指定将要收回的对象权限；user_name 指定被收回对象权限的用户名。

例 9.18 收回用户 c##test 在表 departments 上具有的 INSERT 对象权限。

```
SQL> CONN/as sysdba
已连接。
SQL> REVOKE INSERT ON Departments FROM c##test;

撤销成功。
```

例 9.19　通过用户 c##test 收回用户 c##test02 在表 students 上具有 SELECT 对象权限。

```
SQL> CONNECT c##test/test01
已连接。
SQL> REVOKE SELECT ON system.Students FROM c##test02;

撤销成功。
```

9.2 表

表是 Oracle 数据库中最基本的对象，对数据库的操作最终都是基于表进行的。本节将详细介绍建立表、修改表、删除表，以及利用数据字典获得表的有关信息的方法。

9.2.1 建立表

使用数据描述语言(DDL)建立表的方法有两种：①直接建立表，即利用建立表的语句直接创建表的所有信息，如表名、列名、列的数据类型、关键字、约束条件等；②间接建立表，即通过复制已存在的表建立新表。

1. 直接建立表

直接建立表的语句格式如下：

```
CREATE TABLE table_name (
column_name datatype [CONSTRAINT constraint_name DEFAULT
default_expression…])
[TABLESPACE tablespace_name];
```

其中，table_name 指定要建立的表名；column_name 指定表中的一个列的名字，datatype 指定列的数据类型；可选项[CONSTRAINT constraint_name]由 constraint_name 定义数据库完整性约束条件，见表 9.3；可选项[DEFAULT default_expression]由 default_expression 定义列的默认值，并且要求其数据类型与该列 datatype 指定的数据类型相匹配；可选项[TABLESPACE tablespace_name] 由 tablespace_name 指定所建表的存储空间，如果没有使用 tablespace_name 指定表空间，所建立的表就存储在建表用户的默认表空间中。

注意，上述介绍的建表语句 CREATE TABLE 是经过简化的，完整的建表语句 CREATE TABLE 详见 Oracle 的 SQL 参考手册。

表 9.3　数据库完整性约束条件

约　束	约束类型	约束含义
PRIMARY KEY	P	指定表的主键。主键由一列或多列构成，唯一标识表中的行
NOT NULL	C	规定某一列不允许取空值
CHECK	C	规定一列或一组列的值必须满足指定的约束条件
UNIQUE	U	指定一列或一组列不能取重复值
FOREIGN KEY	R	指定表的外键。外键引用另外一个表中的列，构成参照约束

例 9.20 建立表 departments1。其中 department_id 设为 PRIMARY KEY，department_name 设为 NOT NULL。

```
SQL> CONN/as sysdba
已连接。
SQL> CREATE TABLE Departments1(
  2   department_id NUMBER(3)
  3     CONSTRAINT d1_pk PRIMARY KEY,
  4   department_name VARCHAR2(8) NOT NULL,
  5   director_id NUMBER(5)
  6  );

表已创建。
```

可以参照例 9.51 获得表 departments1 有关约束的信息。

例 9.21 建立表 teachers1，同时将表 departments1 的 department_id 设为外关键字(Foreign key)。外关键字必须是参照表中主关键字的组成部分或唯一的关键字，否则不会生成外关键字。

```
SQL> CREATE TABLE Teachers1(
  2   teacher_id NUMBER(5)
  3     CONSTRAINT t1_pk PRIMARY KEY,
  4   name VARCHAR2(6) NOT NULL,
  5   job_title  VARCHAR2(10),
  6   hire_date DATE,
  7   bonus NUMBER(4) DEFAULT 800,
  8   wage NUMBER(5),
  9   department_id NUMBER(3)
 10     CONSTRAINT t1_fk_d1
 11     REFERENCES Departments1(department_id)
 12  );

表已创建。
```

例 9.22 建立表 students1，同时使用 CHECK 子句约束 sex 列值，为 register_date 设置默认值，为 phone_number 设置 UNIQUE 约束。

```
SQL> CREATE TABLE Students1(
  2   student_id NUMBER(5)
  3     CONSTRAINT s1_pk PRIMARY KEY,
  4   name VARCHAR2(10) NOT NULL,
  5   sex VARCHAR2(6)
  6   CONSTRAINT sex_chk1 CHECK(sex IN ('男','女')),
  7   register_date DATE DEFAULT SYSDATE,
  8   phone_number VARCHAR2(12) CONSTRAINT pnum_uq UNIQUE
  9  );

表已创建。
```

2. 间接建立表

间接建立表的方法，即通过复制已存在的表建立新表。间接建立表的语句格式如下：

```
CREATE TABLE table_name AS subquery;
```

其中，table_name 指定要建立的表名；subquery 给出利用已存在的表建立新表的子查询。

通过调整 subquery 可以使新建表的结构取自原表结构的全部或部分，使新建的表数据取自原表数据的全部或部分。下面通过例子说明间接建立表的方法。

例 9.23 复制表 teachers 生成表 teachers2，使表 teachers2 具有与表 teachers 相同的结构和相同的数据记录。

```
SQL> CREATE TABLE Teachers2 AS SELECT * FROM Teachers;

表已创建。
```

查看表 teachers2 的结构参见例 9.28。

可以使用 SELECT 语句查询表 teachers2。

```
SQL> SELECT * FROM teachers2;

TEACHER_ID NAME   TITLE   HIRE_DATE          BONUS       WAGE    DEPARTMENT_ID
---------- ----- ------- -------------- ---------- ---------- -------------
     10101  王彤    教授    01-9月 -90         1000       3000            101
     10104  孔世杰  副教授  06-7月 -94          800       2700            101
     10103  邹人文  讲师    21-1月 -96          600       2400            101
     10106  韩冬梅  助教    01-8月 -02          500       1800            101
     10210  杨文化  教授    03-10月-89         1000       3100            102
     10206  崔天    助教    05-9月 -00          500       1900            102
     10209  孙晴碧  讲师    11-5月 -98          600       2500            102
     10207  张珂    讲师    16-8月 -97          700       2700            102
     10308  齐沈阳  高工    03-10月-89         1000       3100            103
     10306  车东日  助教    05-9月 -01          500       1900            103
     10309  臧海涛  工程师  29-6月 -99          600       2400            103

TEACHER_ID  NAME   TITLE  HIRE_DATE          BONUS       WAGE    DEPARTMENT_ID
---------- ----- ------ -------------- ---------- ---------- -------------
     10307  赵昆    讲师    18-2月 -96          800       2700            103
     10128  王晓            05-9月 -07                    1000            101
     10328  张笑            29-9月 -07                    1000            103
     10228  赵天宇          18-9月 -07                    1000            102

已选择 15 行。
```

例 9.24 由表 students 生成表 students2，复制表 students 的 student_id 和 name 两列(部分行)，以及计算机专业的学生记录(部分列)。

```
SQL> CREATE TABLE Students2 AS
  2    SELECT student_id, name FROM Students
  3     WHERE specialty='计算机';

表已创建。
```

可以使用 SELECT 语句查询表 students2。

```
SQL> SELECT * FROM Students2;
```

```
STUDENT_ID  NAME
----------  ----------
    10101   王晓芳
    10102   刘春苹
    10112   张纯玉
    10103   王天仪
    10105   韩刘
    10128   白昕
```

已选择 6 行。

例 9.25　由表 teachers 生成表 teachers3，通过 UNION 操作复制其中部门号为 101 和 102 的教师记录。

```
SQL> CREATE TABLE Teachers3 AS (
  2    SELECT * FROM Teachers WHERE department_id=101
  3  UNION
  4    SELECT * FROM Teachers WHERE department_id=102);
```

表已创建。

可以使用 SELECT 语句查询表 teachers3。

```
SQL> SELECT * FROM Teachers3;

TEACHER_ID NAME    TITLE  HIRE_DATE          BONUS     WAGE  DEPARTMENT_ID
---------- ------- ------ -------------- --------- -------- -------------
     10101 王彤    教授   01-9月 -90          1000     3000           101
     10103 邹人文  讲师   21-1月 -96           600     2400           101
     10104 孔世杰  副教授 06-7月 -94           800     2700           101
     10106 韩冬梅  助教   01-8月 -02           500     1800           101
     10128 王晓           05-9月 -07                   1000           101
     10206 崔天    助教   05-9月 -00           500     1900           102
     10207 张珂    讲师   16-8月 -97           700     2700           102
     10209 孙晴碧  讲师   11-5月 -98           600     2500           102
     10210 杨文化  教授   03-10月-89          1000     3100           102
     10228 赵天宇         18-9月 -07                   1000           102
```

已选择 10 行。

例 9.26　由表 teachers 和表 departments 生成表 teachers4，通过连接查询复制表 teachers 中的 teacher_id 和 name 列、复制表 departments 中的 department_name 列，以及与连接条件匹配的教师记录。

```
SQL> CREATE TABLE Teachers4 AS
  2    SELECT t.teacher_id, t.name, department_name
  3      FROM Teachers t, Departments d
  4        WHERE t.department_id=d.department_id;
```

表已创建。

可以使用 SELECT 语句查询表 teachers4。

```
SQL> SELECT * FROM teachers4;
```

```
TEACHER_ID NAME    DEPARTMENT_NAME
---------- ------- ---------------
     10101 王彤    信息工程
     10104 孔世杰  信息工程
     10103 邹人文  信息工程
     10106 韩冬梅  信息工程
     10210 杨文化  电气工程
     10206 崔天    电气工程
     10209 孙晴碧  电气工程
     10207 张珂    电气工程
     10308 齐沈阳  机电工程
     10306 车东日  机电工程
     10309 臧海涛  机电工程

TEACHER_ID NAME    DEPARTMENT_NAME
---------- ------- ---------------
     10307 赵昆    机电工程
     10128 王晓    信息工程
     10328 张笑    机电工程
     10228 赵天宇  电气工程

已选择 15 行。
```

9.2.2 获得表的相关信息

获得表的相关信息可以使用 SQL*Plus 命令 DESCRIBE，也可以通过查询数据字典中的视图 user_tables 和 user_tab_columns。

1. 获得表的基本信息

通过查询数据字典中的视图 user_tables，可以获得表的名字(table_name)、该表存储空间(tablespace_name)以及该表是否是临时表等信息。

例 9.27 在数据字典中获取表 departments1、teachers1、teachers2、students1、students2、teachers3、teachers4 的 table_name、tablespace_name、 temporary 的等信息。

```
SQL> SELECT table_name, tablespace_name, temporary
  2   FROM user_tables
  3     WHERE table_name IN ('DEPARTMENTS1', 'TEACHERS1', 'TEACHERS2');

TABLE_NAME                     TABLESPACE_NAME                T
------------------------------ ------------------------------ -
DEPARTMENTS1                   SYSTEM                         N
TEACHERS1                      SYSTEM                         N
TEACHERS2                      SYSTEM                         N
SQL> SELECT table_name, tablespace_name, temporary FROM user_tables
  2   WHERE table_name IN ('STUDENTS1', 'STUDENTS2', 'TEACHERS3',
'TEACHERS4');

TABLE_NAME                     TABLESPACE_NAME                T
------------------------------ ------------------------------ -
STUDENTS1                      SYSTEM                         N
STUDENTS2                      SYSTEM                         N
```

```
TEACHERS3                   SYSTEM                    N
TEACHERS4                   SYSTEM                    N
```

2. 获得表中列的信息

获得表中列的信息有两种方法：使用 SQL*Plus 命令 DESCRIBE、通过查询数据字典中的视图 user_tab_columns。

例 9.28 使用 SQL*Plus 的 DESCRIBE 命令获取表 teachers2 中列的信息。

```
SQL> DESCRIBE Teachers2
 名称                                   是否为空?   类型
 ------------------------------------ -------- ---------------------------
 TEACHER_ID                                     NUMBER(5)
 NAME                                  NOT NULL  VARCHAR2(8)
 TITLE                                          VARCHAR2(6)
 HIRE_DATE                                      DATE
 BONUS                                          NUMBER(7,2)
 WAGE                                           NUMBER(7,2)
 DEPARTMENT_ID                                  NUMBER(3)
```

例 9.29 通过查询数据字典中的视图 user_tab_columns，获取表 teachers2 中列的信息，这些信息包括列名(column_name)、列的数据类型(data_type)、列的数据长度(data_length)、列的数据精度(data_precision)、列的小数位数(data_scale)等。

```
SQL> COLUMN column_name FORMAT a15
SQL> COLUMN data_type FORMAT a10
SQL> SELECT column_name, data_type, data_length, data_precision, data_scale
  2    FROM user_tab_columns
  3      WHERE table_name = 'TEACHERS2';

COLUMN_NAME     DATA_TYPE  DATA_LENGTH DATA_PRECISION DATA_SCALE
--------------- ---------- ----------- -------------- ----------
TEACHER_ID      NUMBER              22              5          0
NAME            VARCHAR2             8
TITLE           VARCHAR2             6
HIRE_DATE       DATE                 7
BONUS           NUMBER              22              7          2
WAGE            NUMBER              22              7          2
DEPARTMENT_ID   NUMBER              22              3          0

已选择 7 行。
```

9.2.3 修改表定义

修改表定义包括增、删、改表的列以及增、删表的约束、控制(允许或禁止)约束等，所有这些修改表的操作均通过 ALTER TABLE 语句实现。

1. 增/删/改表的列

1) 添加表的列

添加表的列的语句格式为：

```
ALTER TABLE table_name ADD column_name datatype…;
```

其中，table_name 指定表名；column_name 指定要添加的列(给出列名)，datatype 指定该列的数据类型。

例 9.30 在表 students2 中添加 sex 列，取字符型数据。

```
SQL> DESCRIBE Students2
 名称                                      是否为空?  类型
 ----------------------------------------- -------- ----------------------------
 STUDENT_ID                                         NUMBER(5)
 NAME                                      NOT NULL VARCHAR2(10)

SQL> ALTER TABLE Students2
  2    ADD sex VARCHAR2(6);

表已更改。

SQL> DESCRIBE Students2
 名称                                      是否为空?  类型
 ----------------------------------------- -------- ----------------------------
 STUDENT_ID                                         NUMBER(5)
 NAME                                      NOT NULL VARCHAR2(10)
 SEX                                                VARCHAR2(6)
```

例 9.31 在表 students2 中添加 enrollment_grade 列，取数字型数据。

```
SQL> ALTER TABLE Students2
  2    ADD enrollment_grade NUMBER(3);

表已更改。

SQL> DESCRIBE Students2
 名称                                      是否为空?  类型
 ----------------------------------------- -------- ----------------------------
 STUDENT_ID                                         NUMBER(5)
 NAME                                      NOT NULL VARCHAR2(10)
 SEX                                                VARCHAR2(6)
 ENROLLMENT_GRADE                                   NUMBER(3)
```

例 9.32 在表 students2 中添加 register_date 列，取日期型数据，并把系统日期作为默认值。

```
SQL> ALTER TABLE Students2
  2    ADD register_date DATE DEFAULT SYSDATE;

表已更改。

SQL> DESCRIBE Students2
 名称                                      是否为空?  类型
 ----------------------------------------- -------- ----------------------------
 STUDENT_ID                                         NUMBER(5)
 NAME                                      NOT NULL VARCHAR2(10)
 SEX                                                VARCHAR2(6)
 ENROLLMENT_GRADE                                   NUMBER(3)
 REGISTER_DATE                                      DATE
```

2)　删除表的列

删除表的列的语句格式为：

```
ALTER TABLE table_name DROP COLUMN column_name …;
```

其中，table_name 指定表名；column_name 指定要删除的列(给出列名)。

例 9.33　删除表 students2 的 sex 列，并用 SQL*Plus 命令 DESCRIBE 查看表 students2 变化后的结构。

```
SQL> ALTER TABLE Students2
  2    DROP COLUMN sex;

表已更改。

SQL> DESCRIBE Students2
 名称                                      是否为空？ 类型
 ----------------------------------------- -------- ----------------------------
 STUDENT_ID                                          NUMBER(5)
 NAME                                      NOT NULL VARCHAR2(10)
 ENROLLMENT_GRADE                                    NUMBER(3)
 REGISTER_DATE                                       DATE
```

3)　修改表的列

修改表的列包括修改列的长度、列的数据类型、数字列的精度、列的默认值等。修改表的列的语句格式为：

```
ALTER TABLE table_name MODIFY column_name datatype…;
```

其中，table_name 指定表名；column_name 指定要修改的列(给出列名)，datatype 指定该列新的数据类型。

例 9.34　修改 teachers1 表 wage 列的数字精度，将原来的 NUMBER(5)修改为 NUMBER(7,2)，并使用 SQL*Plus 命令 DESCRIBE 查看表 teachers1 变化后的结构。

```
SQL> DESCRIBE Teachers1
 名称                                      是否为空？ 类型
 ----------------------------------------- -------- ----------------------------
 TEACHER_ID                                NOT NULL NUMBER(5)
 NAME                                      NOT NULL VARCHAR2(6)
 JOB_TITLE                                           VARCHAR2(10)
 HIRE_DATE                                           DATE
 BONUS                                               NUMBER(4)
 WAGE                                                NUMBER(5)
 DEPARTMENT_ID                                       NUMBER(3)

SQL> ALTER TABLE Teachers1
  2    MODIFY wage NUMBER(7,2);

表已更改。

SQL> DESCRIBE Teachers1
 名称                                      是否为空？ 类型
 ----------------------------------------- -------- ----------------------------
 TEACHER_ID                                NOT NULL NUMBER(5)
 NAME                                      NOT NULL VARCHAR2(6)
```

```
 JOB_TITLE                                     VARCHAR2(10)
 HIRE_DATE                                     DATE
 BONUS                                         NUMBER(4)
 WAGE                                          NUMBER(7,2)
 DEPARTMENT_ID                                 NUMBER(3)
```

例 9.35 修改 teachers1 表 name 列的字符宽度，将原来的 VARCHAR2(6)修改为VARCHAR2(10)，并使用 SQL*Plus 命令 DESCRIBE 查看表 teachers1 变化后的结构。

```
SQL> ALTER TABLE Teachers1
  2   MODIFY name VARCHAR2(10);

表已更改。

SQL> DESCRIBE Teachers1
 名称                                   是否为空？ 类型
 ----------------------------------- -------- ----------------------------
 TEACHER_ID                           NOT NULL  NUMBER(5)
 NAME                                 NOT NULL  VARCHAR2(10)
 JOB_TITLE                                      VARCHAR2(10)
 HIRE_DATE                                      DATE
 BONUS                                          NUMBER(4)
 WAGE                                           NUMBER(7,2)
 DEPARTMENT_ID                                  NUMBER(3)
```

例 9.36 修改 teachers1 表 teacher_id 列的数据类型，将原来的 NUMBER(5)修改为VARCHAR2(5)，并使用 SQL*Plus 命令 DESCRIBE 查看表 teachers1 变化后的结构。

```
SQL> ALTER TABLE Teachers1
  2   MODIFY teacher_id VARCHAR2(5);

表已更改。
SQL> DESCRIBE Teachers1
 名称                                   是否为空？ 类型
 ----------------------------------- -------- ----------------------------
 TEACHER_ID                           NOT NULL VARCHAR2(5)
 NAME                                 NOT NULL VARCHAR2(10)
 JOB_TITLE                                     VARCHAR2(10)
 HIRE_DATE                                     DATE
 BONUS                                         NUMBER(4)
 WAGE                                          NUMBER(7,2)
 DEPARTMENT_ID                                 NUMBER(3)
```

例 9.37 将 teachers1 表 bonus 列的默认值由 800 修改为 1000。可以通过数据字典中的视图 user_tab_columns 查看表 teachers1 中列 bonus 的默认值。

```
SQL> select DATA_DEFAULT from user_tab_columns
  2   where table_name = 'TEACHERS1' AND COLUMN_NAME='BONUS';

DATA_DEFAULT
--------------------------------------------------------------------------
800

SQL> ALTER TABLE Teachers1
```

```
  2   MODIFY bonus DEFAULT 1000;
```

表已更改。

```
SQL> select DATA_DEFAULT from user_tab_columns
  2   where table_name = 'TEACHERS1' AND COLUMN_NAME='BONUS';

DATA_DEFAULT
--------------------------------------------------------------------------
1000
```

2. 添加/删除约束

1) 添加约束

添加约束的语句格式为：

```
ALTER TABLE table_name ADD CONSTRAINT constraint_name constraint_
expression;
```

其中，table_name 指定表名；constraint_name 指定要添加的约束(给出约束名)；constraint_expression 指定约束类型和具体的约束内容。

由于添加约束所涉及的原表中已经存在相应的约束，因此，执行下面的例子之前，先删除相应的约束。

例 9.38 给表 students1 添加主关键字约束。主关键字为 student_id，约束名字为 s1_pk。

```
SQL> ALTER TABLE Students1
  2   ADD CONSTRAINT s1_pk PRIMARY KEY(student_id);
```

表已更改。

例 9.39 给表 teachers1 添加外关键字约束。外关键字为 department_id，参考 departments1 表中的 department_id，约束名字为 t1_fk_d1。

```
SQL> ALTER TABLE Teachers1 ADD CONSTRAINT t1_fk_d1
  2   FOREIGN KEY(department_id) REFERENCES Departments1(department_id);
```

表已更改。

例 9.40 给表 students1 的 name 列添加 NOT NULL 约束。注意，添加 NOT NULL 约束使用 ALTER…MODIFY，而不使用 ALTER…ADD CONSTRAINT。

```
SQL> ALTER TABLE Students1
  2   MODIFY name NOT NULL;
```

表已更改。

例 9.41 给表 students1 的 sex 列添加 CHECK 约束，使其只能取男、女二字，约束名字为 sex_chk。

```
SQL> ALTER TABLE Students1
  2   ADD CONSTRAINT sex_chk1
  3     CHECK(sex IN ('男','女'));
```

表已更改。

例 9.42　给表 students1 的 phone_number 列添加 UNIQUE 约束，使其不能取重复值，约束名字为 pnum_uq。

```
SQL> ALTER TABLE Students1
  2    ADD CONSTRAINT pnum_uq UNIQUE(phone_number);
```

表已更改。

2)　删除约束

删除约束的语句格式为：

```
ALTER TABLE table_name DROP CONSTRAINT constraint_name;
```

其中，table_name 指定表名；constraint_name 指定要删除的约束(给出约束名)。

例 9.43　删除表 students1 的主关键字约束。

```
SQL> ALTER TABLE Students1
  2    DROP CONSTRAINT s1_pk;
```

表已更改。

例 9.44　删除表 teachers1 的外关键字约束。

```
SQL> ALTER TABLE Teachers1
  2    DROP CONSTRAINT t1_fk_d1;
```

表已更改。

例 9.45　删除 students1 表 name 列的 NOT NULL 约束。

```
SQL> ALTER TABLE Students1
  2    DROP name NULL;
```

表已更改。

例 9.46　删除 students1 表 sex 列的 CHECK 约束。

```
SQL> ALTER TABLE Students1
  2    DROP CONSTRAINT sex_chk1;
```

表已更改。

例 9.47　删除 students1 表 phone_number 列的 UNIQUE 约束。

```
SQL> ALTER TABLE Students1
  2    DROP CONSTRAINT pnum_uq;
```

表已更改。

3. 允许/禁止约束

约束在建立时默认处于允许状态，可以通过使用关键字 ENABLE 或 DISABLE 指定或改变约束的允许或禁止状态。约束处于允许状态时，对数据库起作用；建立了约束，但约束处于禁止状态，则对数据库不起作用。此处仅简单介绍约束的允许与禁止，有关这方面的详细信息，请查阅 Oracle 12c SQL 参考手册。

1) 禁止约束

禁止约束可以在建立约束时使用关键字DISABLE指定，也可以在建立约束之后，使用DISABLE CONSTRAINT子句重新设置约束为禁止状态。

例 9.48 在Students1表phone_number列上建立UNIQUE pnum_uq的同时，使用DISABLE禁止约束(新建约束时)。

```
SQL> ALTER TABLE Students1
  2    ADD CONSTRAINT pnum_uq UNIQUE(phone_number) DISABLE;

表已更改。
```

例 9.49 将已建立的students1表sex列的CHECK约束禁止(已建立约束)。

```
SQL> ALTER TABLE Students1
  2    DISABLE CONSTRAINT sex_chk1;

表已更改。
```

2) 允许约束

允许约束可以在建立约束时指定，也可以在建立约束之后，使用ENABLE CONSTRAINT子句重新设置约束为允许状态。设置约束为允许状态时，表中已有的数据必须全部满足约束条件；否则，允许约束的设置将失败，并返回相应的错误信息。

例 9.50 将表Students1的约束pnum_uq设置为允许。

```
SQL> ALTER TABLE Students1
  2    ENABLE CONSTRAINT pnum_uq;

表已更改。
```

4. 获得有关约束的信息

通过查询数据字典中的视图user_constraints，可以获取有关约束的信息。这些信息包括约束的所有者(owner)、约束名(constraint_name)、约束类型(constraint_type)、约束定义所针对的表(table_name)、约束的状态(status)等。

例 9.51 通过查询视图user_constraints，获取表teachers1的owner、constraint_name、constraint_type、status等信息。

```
SQL> SELECT owner,constraint_name, constraint_type,status
  2    FROM user_constraints
  3      WHERE table_name = 'TEACHERS1';

OWNER                      CONSTRAINT_NAME                C STATUS
-------------------------- ------------------------------ - ---------
SYSTEM                     SYS_C005212                    C ENABLED
SYSTEM                     T1_PK                          P ENABLED
SYSTEM                     T1_FK_D1                       R ENABLED
```

9.2.4 修改表名

修改表名的语句格式为:

```
RENAME table_oldname TO table_newname;
```

其中，table_oldname 指定原表名(改名前)；table_newname 指定新表名(改名后)。

例 9.52 将表 departments1 的表名修改为 dep1。

```
SQL> RENAME Departments1 TO Dep1;

表已重命名。
```

9.2.5 删除表

删除表可以使用 TRUNCATE TABLE 语句和 DROP TABLE 语句。其中，TRUNCATE TABLE 语句只删除表中的所有数据，不删除表的结构(定义)；DROP TABLE 语句将表的结构(定义)以及其中的数据全部删除。

例 9.53 使用 TRUNCATE 语句删除表 Teachers1 中的所有记录。

```
SQL> TRUNCATE TABLE Teachers1;

表被截断。
```

例 9.54 使用 DROP TABLE 语句删除表 Teachers2。

```
SQL> DROP TABLE Teachers2;

表已删除。
```

9.3 索引

当数据库中数据记录很多时，建立索引可以提高检索速度。索引对于数据库的作用与目录对于书的作用是一样的。本节将详细介绍建立索引、修改索引、删除索引，以及利用数据字典获得索引信息的方法。

9.3.1 建立索引

建立索引的语句格式为：

```
CREATE [UNIQUE] INDEX index_name
ON table_name (column_name [,column_name…])
[TABLESPACE table_space];
```

其中，index_name 指定要建立的索引(给出名字)；table_name 指定建立索引所基于的表(给出名字)；column_name 指定建立索引所基于的列(给出名字)，可以基于多列建立索引，这种索引被称为复合索引；可选项[UNIQUE] 指定索引列中的值必须是唯一的；可选项[TABLESPACE table_space] 指定索引存储的表空间，由 table_space 给出表空间的名字，若省略该项，则索引被存储在用户默认的表空间中。

例 9.55 在 students1 表 name 列上建立索引 name_idx。

```
SQL> CREATE INDEX name_idx ON Students1(name);
```

索引已创建。

例 9.56　在 teachers1 表 wage 列上建立索引 wage_idx。

```
SQL> CREATE INDEX wage_idx ON Teachers1(wage);
```

索引已创建。

例 9.57　在 students1 表 register_date 列上建立索引 register_date_idx。

```
SQL> CREATE INDEX register_date_idx ON Students1(register_date);
```

索引已创建。

例 9.58　在 students1 表 phone_number 列上建立唯一索引 phone_number_idx。

```
SQL> CREATE UNIQUE INDEX phone_number_idx ON Students1(phone_number);
```

索引已创建。

9.3.2 获得索引信息

获得索引信息需要使用数据字典中的视图 user_indexes 和 user_ind_columns。

1. 获得索引的基本信息

使用数据字典中的视图 user_indexes，可以获得索引的索引名(index_name)、建立索引所基于的表名(table_name)、唯一性(uniqueness)、索引是否有效(status)等基本信息。

例 9.59　利用数据字典获得表 students1 和 teachers1 上所建索引的基本信息。其中包括 index_name, table_name, uniqueness, status 等。

```
SQL> SELECT index_name, table_name, uniqueness, status
  2   FROM user_indexes
  3     WHERE table_name IN ('STUDENTS1', 'TEACHERS1');

INDEX_NAME                     TABLE_NAME      UNIQUENESS STATUS
------------------------------ --------------- ---------- --------
REGISTER_DATE_IDX              STUDENTS1       NONUNIQUE  VALID
STUDENTS1_NAME_IDX             STUDENTS1       NONUNIQUE  VALID
PNUM_UQ                        STUDENTS1       UNIQUE     VALID
S1_PK                          STUDENTS1       UNIQUE     VALID
WAGE_IDX                       TEACHERS1       NONUNIQUE  VALID
T1_PK                          TEACHERS1       UNIQUE     VALID
```

已选择 6 行。

2. 获得索引中列的信息

使用数据字典中的视图 user_ind_columns，可以获得索引中列的信息。其中包括索引名(index_name)、索引所基于的表名(table_name)、索引所基于的列名(column_name)等信息。

例 9.60　利用数据字典获得表 students1 和表 teachers1 索引中列的信息。其中包括 index_name、table_name、column_name 等。

```
SQL> COLUMN table_name FORMAT a15
```

```
SQL> COLUMN column_name FORMAT a15
SQL> SELECT index_name, table_name, column_name
  2   FROM user_ind_columns
  3     WHERE table_name IN ('STUDENTS1', 'TEACHERS1');

INDEX_NAME                    TABLE_NAME     COLUMN_NAME
------------------------ --------------- ---------------
S1_PK                         STUDENTS1      STUDENT_ID
PNUM_UQ                       STUDENTS1      PHONE_NUMBER
NAME_IDX                      STUDENTS1      NAME
REGISTER_DATE_IDX             STUDENTS1      REGISTER_DATE
T1_PK                         TEACHERS1      TEACHER_ID
WAGE_IDX                      TEACHERS1      WAGE
```

已选择 6 行。

9.3.3 修改索引名字

修改索引名字的语句格式为：

```
ALTER INDEX index_oldname RENAME TO index_newname;
```

其中，index_oldname 指定索引旧名(改名前)；index_newname 指定新索引名(改名后)。

例 9.61 将索引 name_idx 的名字修改为 students1_name_idx。

```
SQL> ALTER INDEX name_idx RENAME TO Students1_name_idx;
```

索引已更改。

9.3.4 删除索引

删除索引的语句格式为：

```
DROP INDEX index_name;
```

其中，index_name 指定要删除的索引(给出名字)。

例 9.62 删除索引 students1_name_idx。

```
SQL> DROP INDEX Students1_name_idx;
```

索引已删除。

9.4 视图

视图是通过对一个或多个表定义查询得到的，视图定义所依据的表被称为基表。视图是由表导出的“表”，数据库中只存在视图的定义，因此视图是一个“虚”表。使用视图可以检索数据库中的信息，使用某些视图还可以对基表进行 DML 操作。

利用视图可以简化查询语句，降低查询的复杂性；用户通过视图访问数据库，避免直接对基表进行操作，提高了数据的安全性。本节将介绍建立视图、使用视图、修改视图、删除视图，以及获得视图定义的方法。

9.4.1 建立视图

建立视图的语句格式如下：

```
CREATE [OR REPLACE] VIEW view_name
AS subquery [WITH READ ONLY];
```

其中，view_name 指定要建立的视图(给出名字)；可选项[OR REPLACE]说明如果名为 view_name 的视图已经存在，就替换它，若忽略可选项[OR REPLACE]，则需将同名视图删除后才能建立名为 view_name 的视图；subquery 指定子查询，定义视图中的数据来源；可选项[WITH READ ONLY]指定该视图为只读视图，只能使用该视图检索数据，而不能执行插入、修改、删除操作。

视图是由 subquery 定义的，根据 subquery 的复杂程度，可以基于一个表定义简单视图，也可以基于多个表，或使用函数，或使用 GROUP BY 等子句定义复杂视图。下面通过由简到繁的顺序介绍建立视图的方法。

例 9.63 在 departments 表上建立视图 departments_view。视图 departments_view 映射表 departments 的全部行列。

```
SQL> CREATE VIEW Departments_view AS
  2   SELECT * FROM Departments;

视图已创建。
```

可以通过使用 SQL*Plus 中的命令 DESCRIBE 查看视图定义。

例 9.64 在 students 表上建立视图 students_view。视图 students_view 映射表 students 的全部列和其中男生的记录行。

```
SQL> CREATE VIEW Students_view AS
  2   SELECT * FROM Students
  3     WHERE sex='男';

视图已创建。
```

例 9.65 在 teachers 表上建立视图 teachers_view。视图 teachers_view 映射表 teachers 的 teacher_id、name、bonus、wage 等列和其中职称为教授的记录行。

```
SQL> CREATE VIEW Teachers_view AS
  2   SELECT teacher_id, name, bonus, wage
  3     FROM Teachers
  4       WHERE title='教授';

视图已创建。
```

例 9.66 在 teachers 表上建立视图 teachers_view1。视图 teachers_view1 映射表 teachers 的全部列和其中部门号为 101 和 102 的记录行。

```
SQL> CREATE VIEW Teachers_view1 AS (
  2    SELECT * FROM Teachers WHERE department_id=101
  3  UNION
  4    SELECT * FROM Teachers WHERE department_id=102);
```

视图已创建。

例 9.67 在 teachers 和 departments 表上建立视图 teachers_view2。视图 teachers_view2 映射表 teachers 的 teacher_id、name 列，表 departments 的 department_name 列。

```
SQL> CREATE VIEW Teachers_view2 AS
  2    SELECT t.teacher_id, t.name, d.department_name
  3      FROM Teachers t, Departments d
  4        WHERE t.department_id=d.department_id;
```

视图已创建。

9.4.2 使用视图

视图建立以后，就可以通过它访问基表了。对于只读视图只能执行查询操作；对于非只读视图不仅能执行查询操作，还能执行插入、修改、删除等 DML 操作。

1. 查询数据

使用视图查询数据与在基表上查询数据的语句格式一样。下面是使用视图查询数据的例子。

例 9.68 在视图 departments_view 上查询其中的所有行列。

```
SQL> SELECT * FROM Departments_view;

DEPARTMENT_ID   DEPARTME    ADDRESS
-------------   --------  ----------------------------------------
          101   信息工程     1 号教学楼
          102   电气工程     2 号教学楼
          103   机电工程     3 号教学楼
          104   工商管理     4 号教学楼
          111   地球物理     X 号教学楼
```

例 9.69 在视图 students_view 上查询其中的 student_id、name、dob 列和全部行。

```
SQL> SELECT student_id, name, dob
  2    FROM Students_view;

STUDENT_ID  NAME       DOB
---------- -------- --------------
     10205  李秋枫     25-11 月-90
     10301  高山       08-10 月-90
     10207  王刚       03-4 月 -87
     10112  张纯玉     21-7 月 -89
     10103  王天仪     26-12 月-89
     10201  赵风雨     25-10 月-90
     10105  韩刘       03-8 月 -91
     10311  张杨       08-5 月 -90
     10213  高淼       11-3 月 -87
     10314  赵迪帆     22-9 月 -89
     10328  曾程程
```

```
STUDENT_ID NAME       DOB
---------- -------- --------------
     10128 白昕
```

已选择12行。

例 9.70 在视图 teachers_view1 上查询职称为讲师的教师信息，其中包括 teacher_id, name，title，department_id 列。

```
SQL> SELECT teacher_id, name, title, department_id
  2   FROM Teachers_view1 WHERE title='讲师';

TEACHER_ID NAME     TITLE  DEPARTMENT_ID
---------- ------- ------ -------------
     10103 邹人文   讲师             101
     10207 张珂     讲师             102
     10209 孙晴碧   讲师             102
```

例 9.71 在视图 teachers_view2 上查询其中的所有行列。

```
SQL> SELECT * FROM Teachers_view2;

TEACHER_ID NAME     DEPARTMENT_NAME
---------- -------- ----------------
     10101 王彤     信息工程
     10104 孔世杰   信息工程
     10103 邹人文   信息工程
     10106 韩冬梅   信息工程
     10210 杨文化   电气工程
     10206 崔天     电气工程
     10209 孙晴碧   电气工程
     10207 张珂     电气工程
     10308 齐沈阳   机电工程
     10306 车东日   机电工程
     10309 臧海涛   机电工程

TEACHER_ID NAME     DEPARTMENT_NAME
---------- -------- ----------------
     10307 赵昆     机电工程
     10128 王晓     信息工程
     10328 张笑     机电工程
     10228 赵天宇   电气工程
```

已选择15行。

2. 插入数据

使用视图插入数据与在基表上插入数据的语句格式一样。注意，只读视图不支持插入操作。

例 9.72 利用视图 students_view 插入李石强同学的记录。

```
SQL> INSERT INTO Students_view
  2   VALUES(10177,NULL,'李石强', '男', '07-1月-1989','计算机');
```

```
已创建 1 行。
```

可以使用 SELECT 语句查询视图 students_view 所对应基表 students 的变化。

```
SQL> SELECT * FROM students;

STUDENT_ID MONITOR_ID  NAME     SEX    DOB           SPECIALTY
---------- ---------- -------- ------ ------------- ----------
    10101              王晓芳    女     07-5 月 -88    计算机
    10205              李秋枫    男     25-11 月-90    自动化
    10102      10101   刘春苹    女     12-8 月 -91    计算机
    10301              高山      男     08-10 月-90    机电工程
    10207      10205   王刚      男     03-4 月 -87    自动化
    10112      10101   张纯玉    男     21-7 月 -89    计算机
    10318      10301   张冬云    女     26-12 月-89    机电工程
    10103      10101   王天仪    男     26-12 月-89    计算机
    10201      10205   赵风雨    男     25-10 月-90    自动化
    10105      10101   韩刘      男     03-8 月 -91    计算机
    10311      10301   张杨      男     08-5 月 -90    机电工程
STUDENT_ID MONITOR_ID  NAME     SEX    DOB           SPECIALTY
---------- ---------- -------- ------ ------------- ----------
    10213      10205   高淼      男     11-3 月 -87    自动化
    10212      10205   欧阳春岚  女     12-3 月 -89    自动化
    10314      10301   赵迪帆    男     22-9 月 -89    机电工程
    10312      10301   白菲菲    女     07-5 月 -88    机电工程
    10328      10301   曾程程    男                    机电工程
    10128      10101   白昕      男                    计算机
    10228      10205   林紫寒    女                    自动化
    10177              李石强    男     07-1 月 -89    计算机
已选择 19 行。
```

例 9.73 利用视图 teachers_view 插入教师孔夫之记录。

```
SQL> INSERT INTO Teachers_view VALUES (10168, '孔夫之', 1000, 3000);
已创建 1 行。
```

可以使用 SELECT 语句查询视图 teachers_view 所对应基表 teachers 的变化。

```
SQL> SELECT * FROM Teachers;

TEACHER_ID NAME   TITLE  HIRE_DATE           BONUS      WAGE DEPARTMENT_ID
---------- ------ ------ -------------- ---------- --------- -------------
     10101 王彤    教授    01-9 月 -90          1000      3000           101
     10104 孔世杰  副教授  06-7 月 -94           800      2700           101
     10103 邹人文  讲师    21-1 月 -96           600      2400           101
     10106 韩冬梅  助教    01-8 月 -02           500      1800           101
     10210 杨文化  教授    03-10 月-89          1000      3100           102
     10206 崔天    助教    05-9 月 -00           500      1900           102
     10209 孙晴碧  讲师    11-5 月 -98           600      2500           102
     10207 张珂    讲师    16-8 月 -97           700      2700           102
     10308 齐沈阳  高工    03-10 月-89          1000      3100           103
     10306 车东日  助教    05-9 月 -01           500      1900           103
     10309 臧海涛  工程师  29-6 月 -99           600      2400           103
```

```
TEACHER_ID NAME    TITLE  HIRE_DATE                BONUS       WAGE DEPARTMENT_ID
---------- ------- ------ -------------- ---------- ---------- -------------
     10307 赵昆    讲师   18-2月-96             800       2700           103
     10128 王晓           05-9月-07                       1000           101
     10328 张笑           29-9月-07                       1000           103
     10228 赵天宇         18-9月-07                       1000           102
     10168 孔夫之         15-7月-08            1000       3000
```

已选择16行。

3. 修改数据

使用视图修改数据与在基表上修改数据的语句格式一样。注意，只读视图不支持修改操作。

例9.74 利用视图 students_view 修改学号为10177的学生的出生日期。

```
SQL> UPDATE Students_view
  2    SET dob = '07-2月-1989' WHERE student_id = 10177;
```

已更新 1 行。

可以使用 SELECT 语句查询视图 students_view 所对应基表 students 的变化。

4. 删除数据

使用视图删除数据与在基表上删除数据的语句格式一样。注意，只读视图不支持删除操作。

例9.75 利用视图 students_view 删除学号为10177的学生信息。

```
SQL> DELETE FROM Students_view WHERE student_id = 10177;
```

已删除 1 行。

可以使用 SELECT 语句查询视图 students_view 所对应基表 students 的变化。

9.4.3 获得视图定义信息

获得有关视图定义的信息，可以使用 SQL*Plus 中的命令 DESCRIBE，或查询数据字典中的 user_views 视图。user_views 视图可以提供视图名(view_name)、定义视图子查询的字符个数(text_length)以及定义视图子查询的正文(text)等信息。

例9.76 使用命令 DESCRIBE 显示视图 students_view 的结构。

```
SQL> DESCRIBE students_view;
 名称                                    是否为空? 类型
 --------------------------------------- -------- ----------------------------
 STUDENT_ID                              NOT NULL NUMBER(5)
 MONITOR_ID                                       NUMBER(5)
 NAME                                    NOT NULL VARCHAR2(10)
 SEX                                              VARCHAR2(6)
 DOB                                              DATE
 SPECIALTY                                        VARCHAR2(10)
```

9.4.4 修改视图

在建立视图语句中指定可选项[OR REPLACE]，可以达到修改视图的目的。

例 9.77 修改视图 student_view。

```
SQL> CREATE OR REPLACE VIEW Student_view AS
  2    SELECT student_id, name, specialty
  3      FROM Students WHERE sex='男';

视图已创建。
```

9.4.5 删除视图

删除视图的语句格式为：

```
DROP VIEW view_name;
```

其中，view_name 指定要删除的视图(给出名字)。

例 9.78 删除视图 departments_view。

```
SQL> DROP VIEW Departments_view;
视图已删除。
```

第三部分

PL/SQL 编程指南

第10章

PL/SQL 编程基础

本章是介绍 PL/SQL 程序设计的第一章，将讲述 PL/SQL 编程所必需的基础知识。在学习了本章之后，读者将：

(1) 了解 PL/SQL 语言中 PL/SQL 块、变量、数据类型等基本概念；

(2) 掌握 SQL 语句在 PL/SQL 程序中的使用方法；

(3) 会使用分支、循环等语句构成分支结构、循环结构的程序，实现程序的顺序控制；

(4) 掌握 PL/SQL 程序异常处理的方法；

(5) 了解游标的概念，掌握游标的使用方法。

10.1 PL/SQL 语言基础

本节主要介绍PL/SQL块结构、PL/SQL语言基础(包括基本语法要素、变量及其数据类型)等内容。

10.1.1 PL/SQL 块简介

构成PL/SQL程序的基本单元是语句块，所有的PL/SQL程序都是由语句块构成的，每个语句块完成特定的功能。语句块可以具有名字(命名块)，也可以不具有名字(匿名块)，语句块之间还可以相互嵌套。

1. 块结构

一个完整的PL/SQL语句块由以下三个部分组成。

```
DECLARE
    Declarations

BEGIN
    Executable code

EXCEPTION
    Exceptional handlers

    END;
```

1) 定义部分

定义部分以关键字DECLARE为标识，从DECLARE开始，到BEGIN结束。在此主要定义程序中所要使用的常量、变量、数据类型、游标、异常处理名称等。PL/SQL程序中所有需要定义的内容必须在该部分集中定义，而不能像某些高级语言那样可以在程序执行过程中定义。定义部分是可选的。

2) 执行部分

执行部分以关键字BEGIN为开始标识，以关键字END为结束标识(如果PL/SQL块中有异常处理部分，则到EXCEPTION结束)。它是PL/SQL块的功能实现部分，通过一系列语句和流程控制实现数据查询、数据操纵、事务控制、游标处理等数据库操作的功能。执行部分是必需的。

3) 异常处理部分

异常处理部分以关键字EXCEPTION为开始标识，以关键字END为结束标识。该部分用于处理该PL/SQL块执行过程中产生的错误。异常部分是可选的。

所有的PL/SQL块都是以END;结束的。可以在一个块的执行部分或异常处理部分嵌套其他的PL/SQL块。

2. 匿名块

PL/SQL匿名块是指动态生成只能执行一次的块，它没有名字，不能由其他应用程序调用。

例 10.1 编写一个 PL/SQL 块，输出字符串 This a minimum anonymous block。

```
SQL> SET SERVEROUTPUT ON
SQL>    BEGIN
  2       DBMS_OUTPUT.PUT_LINE('This a minimum anonymous block');
  3     END;
  4  /
This a minimum anonymous block

PL/SQL 过程已成功完成。
```

本例的 PL/SQL 块执行后显示输出字符串 This a minimum anonymous block。程序中使用了 Oracle 系统包 DBMS_OUTPUT 中提供的过程 PUT_LINE，用于输出字符串信息。

另外，当使用 DBMS_OUTPUT 包输出信息时，SQL*Plus 的环境变量 SERVEROUTPUT 需设置为 ON，否则，本例输出字符串 This a minimum anonymous block 将不会显示在屏幕上。

例 10.2 编写一个 PL/SQL 块，输出学号为 10318 的学生的姓名。

```
SQL> DECLARE
  2       v_sname VARCHAR2(10);
  3     BEGIN
  4       SELECT name INTO v_sname
  5         FROM Students WHERE student_id = 10318;
  6       DBMS_OUTPUT.PUT_LINE ('学生姓名：'||v_sname);
  7     END;
  8  /
学生姓名：张冬云

PL/SQL 过程已成功完成。
```

本例的 PL/SQL 块执行后显示输出学号为 10318 的学生的姓名。但该程序未考虑学号不存在的情况，若出现此情况，本例会提示“ORA-01403：未找到数据”的错误信息。要避免该错误，可以在 PL/SQL 块中加入异常处理部分。

例 10.3 编写一个 PL/SQL 块，根据输入的学号，输出该名学生的姓名，并且考虑输入不存在的学号的情况。

```
SQL>    DECLARE
  2       v_sname VARCHAR2(10);
  3     BEGIN
  4       SELECT name INTO v_sname
  5         FROM Students WHERE student_id = &student_id;
  6       DBMS_OUTPUT.PUT_LINE ('学生姓名：'||v_sname);
  7     EXCEPTION
  8       WHEN NO_DATA_FOUND THEN
  9         DBMS_OUTPUT.PUT_LINE ('输入的学号不存在！');
 10     END;
 11  /
输入 student_id 的值： 10228
原值    5:         FROM Students WHERE student_id = &student_id;
新值    5:         FROM Students WHERE student_id = 10228;
学生姓名：林紫寒
```

```
PL/SQL 过程已成功完成。
```

再运行一次该程序，考虑指定学生不存在的情况。

```
SQL>    DECLARE
  2       v_sname VARCHAR2(10);
  3     BEGIN
  4       SELECT name INTO v_sname
  5         FROM Students WHERE student_id = &student_id;
  6       DBMS_OUTPUT.PUT_LINE ('学生姓名：'||v_sname);
  7     EXCEPTION
  8       WHEN NO_DATA_FOUND THEN
  9         DBMS_OUTPUT.PUT_LINE ('输入的学号不存在！');
 10     END;
 11  /
输入 student_id 的值:  88888
原值    5:          FROM Students WHERE student_id = &student_id;
新值    5:          FROM Students WHERE student_id = 88888;
输入的学号不存在！

PL/SQL 过程已成功完成。
```

3. 命名块

PL/SQL 命名块是指一次编译可多次执行的 PL/SQL 程序，包括自定义函数、过程、包、触发器等。它们编译后放在服务器中，由应用程序或系统在特定条件下调用执行。这些内容将在第 12 章中介绍。

另外，在复杂的 PL/SQL 程序中，一个 PL/SQL 块内可以包含另外一个 PL/SQL 块，这种现象被称为块嵌套。

10.1.2 PL/SQL 基本语法要素

PL/SQL 程序是由基本语法要素构成的，包括字符集、标识符、文字、分隔符、注释等。

1. 字符集(Character Set)

PL/SQL 的字符集包括：

(1) 大小写英文字母，包括 A～Z 和 a～z。

(2) 数字，包括 0～9。

(3) 空白符，包括制表符、空格和回车符。

(4) 符号，包括~ ! @ # $ % * ( ) _ - + = | : ; " ' < > , . ? / ^等。

PL/SQL 字符集不区分大小写。

2. 标识符(Identifier)

标识符用于定义 PL/SQL 变量、常量、异常、游标名称、游标变量、参数、子程序名称和其他的程序单元名称等。

在 PL/SQL 程序中，标识符以字母开头，后边可以跟字母、数字、下画线(_)、美元符号($)或井号(#)等，其最大长度为 30 个字符，并且所有字符都是有效的。如果标识符区分大小写、使用预留关键字或包含空格等特殊符号时，需要用英文双引号(" ")括起来，称为引证标识符。

合法标识符：X、v_mpno、v_$。

非法标识符：X+y、_temp。

引证标识符："my firstname"、"exception"。

3．文字(Literal)

所谓文字是指不能作为标识符的数字型、字符型、日期型和布尔型数值等。

1) 数字型文字

数字型文字分为整数与实数两类。数字型文字可以直接在 SQL 语句的算术表达式中引用。在 PL/SQL 程序中，用户还可以使用科学计数法和幂操作符(**)。

SQL 语句和 PL/SQL 程序中均可引用：2020、3.1415。

只有 PL/SQL 程序中可以引用：-10E4、5.123e-6、7*10**2。

2) 字符型文字

字符型文字是用单引号引起来的一个或多个字符。字符型文字区分大小写，如果字符型文字中本身包含单引号，则用两个连续的单引号进行转义，或者使用其他分隔符(如[]、()、<>等)赋值。注意，如果要使用分隔符[]、()、<>为字符串赋值，那么不仅需要在分隔符前后加单引号，而且需要加前缀 q。例如：

使用单引号：'7'　'K'　'='　'I am a student.'　'我是一名学生。'。

使用其他分隔符([]、()、<>等)：'I''m a student.'　q'[I'm a student.]'。

3) 日期型文字

日期型文字表示日期时间值，其形式与字符串类似。日期型数值也必须放在单引号之中，同时日期型数值格式随日期类型格式和日期语言不同而不同。例如：

```
'03-06月-2020'   '31-JAN-2020'   '2020-06-03 08:00:01'
```

4) 布尔型文字

布尔型文字表示布尔型数值，包括 TRUE(真)、FALSE(假)、NULL(空)三个值。

4．分隔符(Delimiter)

分隔符由具有特定含义的单个字符或组合字符构成。用户可以使用分隔符完成诸如算术运算、数值比较、给变量赋值等操作。分隔符见表 10.1。

表 10.1　分隔符

符　号	说　明
算术运算符	
+	加法运算操作符或表示数据为正
-	减法运算操作符或表示数据为负
*	乘法运算操作符
/	除法运算操作符
**	幂运算操作符

续表

符　号	说　明
比较操作符	
=	相等比较操作符
<>	不相等比较操作符
~=	不相等比较操作符
!=	不相等比较操作符
^=	不相等比较操作符
<	小于比较操作符
<=	小于等于比较操作符
>	大于比较操作符
其他分隔符	
(	括号运算符开始
)	括号运算符结束
:=	赋值运算操作符
'	字符串分隔符
"	引用标识分隔符
,	列表项分隔符
@	数据库连接分隔符
;	语句结束符
||	字符串连接运算操作符
=>	联合操作符，调用子程序，给其传递参数时使用
<<	标号开始分隔符
>>	标号结束分隔符
--	单行注释分隔符
/*	开始多行注释分隔符
*/	结束多行注释分隔符
%	属性指示器，一般与 TYPE、ROWTYPE 等一起使用

5. 注释(Comment)

注释用于说明 PL/SQL 代码功能。注释提高了 PL/SQL 程序的可读性，当编译并执行 PL/SQL 代码时，PL/SQL 编译器会忽略注释。注释包括单行注释和多行注释。

1)　单行注释

单行注释是指放置在一行上的注释文本。在 PL/SQL 中使用符号“--”开始单行注释，直到该行结尾。单行注释一般用于解释某行代码的作用。例如：

```
DECLARE
  v_id Teachers.teacher_id%TYPE;
  v_job_title Teachers.job_title%TYPE;
BEGIN
```

```
  v_id := &teacher_id;
  SELECT job_title INTO v_job_title FROM Teachers
WHERE teacher_id = v_id; --将教师编号为v_id的教师的职称赋给变量v_job_title。
  CASE
    WHEN v_job_title = '教授' THEN
       UPDATE Teachers SET wage = 1.1*wage WHERE teacher_id=v_id;
    WHEN v_job_title = '高级工程师' OR v_job_title = '副教授' THEN
       UPDATE Teachers SET wage = 1.05*wage WHERE teacher_id=v_id;
    ELSE
       UPDATE Teachers SET wage = wage+100 WHERE teacher_id=v_id;
  END CASE;
END;
```

2) 多行注释

多行注释以符号/*开始，以符号*/结束，分布在多行上，一般用来说明多行代码构成的一段 PL/SQL 程序的作用。例如：

```
DECLARE
   v_id Teachers.teacher_id%TYPE;
   v_job_title Teachers.job_title%TYPE;
BEGIN
  v_id := &teacher_id;
  SELECT job_title INTO v_job_title FROM Teachers
WHERE teacher_id = v_id;
  CASE
/* CASE语句将按照教师职称的不同，分别提高教师的工资，其中：
教授工资提高10%，高级工程师和副教授工资提高5%，其他教师在
原工资的基础上增加100元。*/
    WHEN v_job_title = '教授' THEN
       UPDATE Teachers SET wage = 1.1*wage WHERE teacher_id=v_id;
    WHEN v_job_title = '高级工程师' OR v_job_title= '副教授' THEN
       UPDATE Teachers SET wage = 1.05*wage WHERE teacher_id=v_id;
    ELSE
       UPDATE Teachers SET wage = wage+100 WHERE teacher_id=v_id;
  END CASE;
END;
```

10.1.3 变量及其数据类型

PL/SQL 变量的数据类型包括标量(Scalar)、复合(Composite)、引用(Reference)和 LOB(Large Object)4 种类型。

(1) 标量类型。标量类型包括数值型、字符型、日期时间型、布尔型(BOOLEAN)等。

(2) 复合类型。复合类型包括记录型、集合类型(索引表、嵌套表、数组 VARRAY)等。

(3) 引用类型。引用类型包括游标类型(REF CURSOR)、对象类型(REF)等。

(4) LOB 类型。LOB 类型包括 CLOB、BLOB、NCLOB、BFILE 等。

数据在 Oracle 数据库与 PL/SQL 程序之间是通过变量实现传递的，在 PL/SQL 程序中使用变量，首先必须在声明部分进行定义，指定变量的名字及其数据类型两个属性。变量名用于标识变量，数据类型确定了变量存放数据的格式及允许进行的运算。

1. 标量变量

标量变量具有数字型、字符型、日期时间型、布尔型等多种数据类型，其中每种类型又包含有相应的子类型。在PL/SQL代码中，最常用的变量就是标量。标量是指只能存放单个数值的变量。

1) 数字类型

数字类型主要包括 NUMBER、PLS_INTEGER、BINARY_INTEGER、BINARY_DOUBLE、BINARY_FLOAT 等一些常见的数字子类型。其中，BINARY_DOUBLE 和 BINARY _FLOAT 是 Oracle 11g 新增加的类型。表 10.2 给出了这些常用的数字子类型的说明。

表 10.2 Oracle 常用数字类型

数字类型	说 明
NUMBER	PL/SQL 的 NUMBER 类型与数据库的 NUMBER 类型含义相同。这种类型可以存储浮点值或整数值，最大长度是 38 位，默认长度也是 38 位，除非专门定义了长度值。由于 NUMBER 类型也可以存储浮点值，所以定义 NUMBER 类型的变量时，可以定义一个精度值，也就是小数部分的位数。其取值范围为−84～127 位
PLS_INTEGER	PLS_INTEGER 能存储数值的范围为−2147483647～+2147483647。其子类型包括 NATURAL、NATURALN、POSITIVE、POSITIVEN 和 SIGNTYPE 等。对于新开发的应用系统来说，Oracle 推荐使用 PLS_INTEGER，而不要使用 BINARY_INTEGER。像 BINARY_INTEGER 类型一样，当不需要在数据库中存储，而只是参与算术运算的时候，才使用 PLS_INTEGER 类型
BINARY_INTEGER	这种类型能存储的数字范围是−2147483647～+2147483647。由于该数字类型是以 2 的补码二进制格式存储的，因此类型名称中有“二进制(binary)”这个词。当不需要在数据库中存储整个数字，但是却要参与算术运算的时候，就要使用 BINARY_INTEGER
BINARY_DOUBLE	BINARY_DOUBLE 是 Oracle 11g 新引入的一种数字类型，它是 IEEE-754 标准的双精度浮点类型。这种类型通常用于科学计算，也只有在科学计算中才可以显示这种类型的性能优势
BINARY_FLOAT	BINARY_FLOAT 也是 Oracle 11g 新引入的一种数字类型，它是一种单精度类型，像 BINARY_DOUBLE一样，它也主要用来进行科学计算，也只有在科学计算中，才可以显示这种类型的性能优势

2) 字符类型

字符类型主要包括 CHAR、NCHAR、VARCHAR、VARCHAR2、NVARCHAR2、LONG、RAW、LONG RAW、ROWID、UROWID 等一些常见的子类型。表 10.3 给出了这些常用的字符子类型的说明。

表 10.3　Oracle 常用字符类型

字符类型	说　明
CHAR	定长的字符串数据类型，必须使用整数定义其长度。默认情况下，定义的长度指的是字节而不是字符，使用字符语义可以更改这种默认设置
NCHAR	NCHAR 存储定长国家字符数据。它与数据类型 CHAR 类似，只是前者使用的是国家字符集
VARCHAR	VARCHAR 是 ANSI 标准的 SQL 类型，与 VARCHAR2 类型的含义相同，但是 Oracle 推荐使用 VARCHAR2，以避免将来修改 VARCHAR 而影响到代码
VARCHAR2	在 Oracle 11g 中，PL/SQL 的数据类型 VARCHAR2 最多可以存储 32K(32767)字节的数据，而数据库的 VARCHAR2 类型最多只能存储 4K 数据。如果一个 VARCHAR2 类型的变量存储数据的长度超过了 4K，那么当将这个数据存储到数据库的类型为 VARCHAR2 的列时，就必然会产生一些问题
NVARCHAR2	NVARCHAR2 存储变长字符数据。它与数据类型 VARCHAR2 类似，只是前者使用的是国家字符集
LONG	PL/SQL 的数据类型 LONG 与数据库的数据类型 LONG 是有区别的，它是一个变长的字符串，最大长度可达 32K(32767)字节。数据类型为 LONG 的列可能并不能存储在数据类型为 LONG 的某个变量中。由于 PL/SQL 数据类型和数据库数据类型之间存在差异，所以对 PL/SQL 的 LONG 数据类型的使用会有一些限制
RAW	RAW 存储定长的二进制数据，最大长度达 32K(32760)字节。数据库的 RAW 类型最多只能存储 2K 字节的二进制数据，因此对那些已经习惯使用 LONG 和 LONG RAW 类型的用户说，就会经常遇到一些问题。如果一个 RAW 类型的变量存储的数据长度超过 2K，那么无法将这个数据插入 RAW 类型的数据库列中
LONG RAW	LONG RAW 最多可以存储 32K(32760)字节的二进制数据。与 LONG 一样，LONG RAW 的大小受 PL/SQL 数据类型和数据库数据类型之间差异的限制。数据类型为 LONG RAW 的列，可能并不能存储在数据类型为 LONG RAW 的某个变量中，因此对 PL/SQL 的数据类型 LONG RAW 的使用也会有一些限制
ROWID	Oracle 数据库表中的每一条记录都包含一个称为 ROWID(行标识)的唯一二进制值。行标识是表中记录行的标识符。PL/SQL 的 ROWID 与数据库的 ROWID 类型相同，它也是标识存储数据库记录行的，并且没有对字符集进行转换。ROWID 类型支持物理行标识，而不支持逻辑行标识
UROWID	UROWID 既支持物理记录行标识，也支持逻辑记录行标识。Oracle 推荐尽可能使用 UROWID PL/SQL 类型

3)　日期时间类型

日期时间类型包括 DATE、TIMESTAMP 和 INTERVAL 三个子类型。表 10.4 给出了日期时间子类型的说明。

表 10.4　Oracle 日期时间类型

日期时间类型	说　明
DATE	PL/SQL 的 DATE 类型可以存储世纪、年、月、日、时、分和秒，其中秒不能带小数。可以使用内置函数 TO_DATE 和 TO_CHAR，在字符串和 DATE 类型之间进行相互转换。使用这些内置函数时，通过调整日期格式，可以让其包含或不包含日期(或时间)值，也可以让其使用 12 小时制或 24 小时制显示时间
TIMESTAMP	PL/SQL 包含 3 种以 TIMESTAMP 开头的数据类型：TIMESTAMP、TIMESTAMP WITH TIME ZONE、TIMESTAMP WITH LOCAL TIME ZONE。 TIMESTAMP 类型与 DATE 类型非常相似，唯一的不同就是 TIMESTAMP 提供了秒以下的时间度量精度，最大的精度为 9 位，即纳秒(默认为 6 位，即微秒)。 TIMESTAMP WITH TIME ZONE 类型返回日期时间的格式与 TIMESTAMP 相同，只是它包含相对于 UTC(Uniusal Time Coordinate，通用时间标准)的本地时间戳，可以使用它来确定本地时间与 UTC 时间的相对关系。 TIMESTAMP WITH LOCAL TIME ZONE 返回日期时间的格式与 TIMEZONE 类型相同，不过，它返回的时间是访问数据库服务器的客户机的本地时间
INTERVAL	PL/SQL 中有 2 种形式的 INTERVAL: INTERVAL YEAR TO MONTH 和 INTERVAL DAY TO SECOND。 INTERVAL YEAR TO MONTH 用于处理年和月之间的时间间隔。 INTERVAL DAY TO SECOND 用于处理天数、小时、分和秒之间的时间间隔

4)　布尔类型

布尔(BOOLEN)类型是一种逻辑数据，它的值有 TRUE(真)、FALSE(假)和 NULL(空)等三种。布尔类型在 PL/SQL 的控制结构中使用，将在 10.3 节中作详细介绍。

2. 复合变量

复合类型的变量包含一个或多个标量变量，这些变量被称为复合类型的属性。复合类型包括记录、嵌套表、index-by 表和 VARRAY 等。复合类型将在第 11 章中详细介绍。

3. 引用变量(参照变量)

PL/SQL 中包含两种引用类型，即 REF CURSOR 类型和 REF 类型。PL/SQL 中的引用变量与 C/C++语言中指针类似，可以指向不同的存储位置。

4. LOB 变量

Oracle 提供的 LOB(大对象)数据类型，包括 CLOB、BLOB、NCLOB、BFILE 等子类型。LOB 类型用于处理无结构的大数据块，如文本资料、图片、图像、音频、视频等。

另外，为了使 PL/SQL 代码中定义的变量能与数据库中的某一列或某一行的数据类型相联系，Oracle 提供了%TYPE 和%ROWTYPE 的变量定义方式。例如：

```
DECLARE
    v_name students.name%TYPE;
```

其中，students 为表名，name 是 students 表的一个列名。通过上述的定义，PL/SQL 变量 v_name 与 students 表的 name 列建立了联系，即变量 v_name 的数据类型与 students 表的 name 列的数据类型一致。如果 students 表的 name 列的数据类型发生改变，那么变量 v_name 的数据类型也随之改变。

```
DECLARE
   v_student students %ROWTYPE;
```

其中，students 为表名。通过上述的定义，PL/SQL 变量 v_ student 与 students 表的记录行建立了联系，即变量 v_student 的数据类型与 students 表定义的数据类型一致。如果 students 表定义的数据类型发生改变，那么变量 v_student 的数据类型也随之改变。

变量 v_student 的数据类型定义为：

```
student_id NUMBER(5)
monitor_id NUMBER(5)
name VARCHAR2(10)
sex VARCHAR2(6)
dob DATE
specialty VARCHAR2(10)
```

与 students 表所定义的数据类型一致。

10.2 在 PL/SQL 中执行 SQL 语句

在 PL/SQL 程序中可以执行 SQL 语句，如 SELECT 语句、DML 语句及事务处理语句等，本节将介绍这三方面的内容。

10.2.1 执行 SELECT 语句

在 PL/SQL 程序中，使用 SELECT INTO 语句查询一条记录的信息，其语句格式为：

```
SELECT expression _list INTO variable_list | record_variable
FROM table_name WHERE condition;
```

其中，expression _list 指定选择的列或表达式；variable_list 指定接收查询结果的标量变量名，record_variable 用于指定接收查询结果的记录变量名，接收查询结果可以使用标量变量，也可以使用记录变量，当使用标量变量时，变量的个数、顺序应该与查询的目标数据相匹配；table_name 指定表或视图名；condition 指定查询结果满足的条件。

在 PL/SQL 块中直接使用 SELECT INTO 语句时，该语句只能返回一行数据，如果 SELECT 语句返回了多行数据，会产生 TOO_MANY_ROW 异常；如果没有返回数据，则会产生 NO_DATA_FOUND 异常。

下面举例说明，在 PL/SQL 块中直接使用 SELECT INTO 语句的方法。

例 10.4 在 departments 表中查询部门编号为 101 的记录，并把系部名称和系部所在地显示出来。使用标量变量。

```
SQL>    DECLARE
  2       v_id Departments.department_id%type;
  3       v_name Departments.department_name%type;
  4       v_address Departments.address%type;
```

```
 5    BEGIN
 6        SELECT * INTO v_id,v_name,v_address
 7          FROM Departments WHERE department_id = 101;
 8        DBMS_OUTPUT.PUT_LINE ('系部名称: '||v_name);
 9        DBMS_OUTPUT.PUT_LINE ('系部地址: '||v_address);
10     END;
11  /
系部名称: 信息工程
系部地址: 1 号教学楼

PL/SQL 过程已成功完成。
```

例 10.5　在 students 表中查询学号为 10212 的记录，并显示该学生的姓名、性别、出生日期。使用记录变量。

```
SQL>   DECLARE
  2      v_student Students%ROWTYPE;
  3     BEGIN
  4        SELECT * INTO v_student
  5          FROM Students WHERE student_id = 10212;
  6        DBMS_OUTPUT.PUT_LINE ('姓名  性别  出生日期');
  7        DBMS_OUTPUT.PUT_LINE (v_student.name
  8          ||v_student.sex||v_student.dob);
  9       END;
 10  /
姓名  性别  出生日期
欧阳春岚女 12-3 月 -89

PL/SQL 过程已成功完成。
```

例 10.6　在 students 表中查询王姓同学的记录，并显示该学生的姓名、性别、出生日期。

```
SQL>    DECLARE
  2       v_student students%ROWTYPE;
  3     BEGIN
  4       SELECT * INTO v_student FROM students WHERE name LIKE '王%';
  5       DBMS_OUTPUT.PUT_LINE ('姓名  性别  出生日期');
  6       DBMS_OUTPUT.PUT_LINE (v_student.name
  7         ||v_student.sex||v_student.dob);
  8     END;
  9  /
   DECLARE
*
第 1 行出现错误:
ORA-01422: 实际返回的行数超出请求的行数
ORA-06512: 在 line 4
```

在 PL/SQL 块中直接使用 SELECT INTO 语句时，该语句只能返回一行数据，如果 SELECT 语句返回了多行数据，会产生 TOO_MANY_ROW 异常。

例 10.7　在 students 表中查询出生日期为 1989 年 12 月 31 日的学生记录，并显示该学生的姓名、性别、出生日期。

```
SQL>    DECLARE
  2       v_student students%ROWTYPE;
  3     BEGIN
```

```
  4        SELECT * INTO v_student
  5          FROM students WHERE dob = '31-12月-1989';
  6        DBMS_OUTPUT.PUT_LINE ('姓名  性别  出生日期');
  7        DBMS_OUTPUT.PUT_LINE (v_student.name
  8          ||v_student.sex||v_student.dob);
  9     END;
 10  /
  DECLARE
*
第 1 行出现错误:
ORA-01403: 未找到数据
ORA-06512: 在 line 4
```

在 PL/SQL 块中直接使用 SELECT INTO 语句时，该语句只能返回一行数据，如果 SELECT 语句没有返回数据，则会产生 NO_DATA_FOUND 异常。

10.2.2 执行 DML 语句

1. 执行 INSERT 语句

在 PL/SQL 程序中，使用 INSERT INTO 语句插入一条记录，其语句格式为:

```
INSERT INTO table_name [(col1, col2, ..., coln)]
   VALUES (val1, val2, ..., valn);
```

其中，table_name 指定表名，col1、col2、…、coln 指定列名，val1、val2、…、valn 指定将插入对应列的值。

在 PL/SQL 程序中，使用 INSERT INTO 语句插入多条记录，其语句格式为:

```
INSERT INTO table_name [(col1, col2, ..., coln)]
   AS SubQuery;
```

其中，table_name 指定表名；col1、col2、…、coln 指定列名；SubQuery 指定一个子查询，用以形成插入的多条记录。

下面通过使用常量、变量、子查询为指定表提供记录值。

例 10.8 在 students 表中插入一条记录。使用常量为插入的记录提供数据。

```
SQL>     BEGIN
  2        INSERT INTO students
  3          VALUES(10188,NULL,'王一', '女', '07-5月-1988','计算机');
  4     END;
  5  /

PL/SQL 过程已成功完成。
```

可以使用 SELECT 语句查询学生表 students 的变化。

```
SQL>  select * from Students;

STUDENT_ID MONITOR_ID   NAME      SEX    DOB              SPECIALTY
---------- ---------- -------- ------ -------------- ----------
     10188                王一     女     07-5月 -88          计算机
```

```
    10101              王晓芳    女    07-5 月 -88       计算机
    10205              李秋枫    男    25-11 月-90       自动化
    10102      10101   刘春苹    女    12-8 月 -91       计算机
    10301              高山      男    08-10 月-90       机电工程
    10207      10205   王刚      男    03-4 月 -87       自动化
    10112      10101   张纯玉    男    21-7 月 -89       计算机
    10318      10301   张冬云    女    26-12 月-89       机电工程
    10103      10101   王天仪    男    26-12 月-89       计算机
    10201      10205   赵风雨    男    25-10 月-90       自动化
    10105      10101   韩刘      男    03-8 月 -91       计算机

STUDENT_ID MONITOR_ID  NAME      SEX   DOB              SPECIALTY
---------- ---------- --------- ----- -------------- ----------
    10311      10301   张杨      男    08-5 月 -90       机电工程
    10213      10205   高淼      男    11-3 月 -87       自动化
    10212      10205   欧阳春岚  女    12-3 月 -89       自动化
    10314      10301   赵迪帆    男    22-9 月 -89       机电工程
    10312      10301   白菲菲    女    07-5 月 -88       机电工程
    10328      10301   曾程程    男                      机电工程
    10128      10101   白昕      男                      计算机
    10228      10205   林紫寒    女                      自动化

已选择 19 行。
```

例 10.9 在 students 表中插入一条记录。使用变量为插入的记录提供数据。

```
SQL> DECLARE
  2     v_id students.student_id%TYPE := 10199;
  3     v_monitorid students.monitor_id%TYPE := NULL;
  4     v_name students.name%TYPE:='张三';
  5     v_sex students.sex%TYPE:='女';
  6     v_dob students.dob%TYPE:='07-5月-1988';
  7     v_specialty students.specialty%TYPE:='计算机';
  8     BEGIN
  9       INSERT INTO students
 10         VALUES(v_id,v_monitorid,v_name,v_sex,v_dob,v_specialty);
 11     END;
 12  /

PL/SQL 过程已成功完成。
```

可以使用 SELECT 语句查询学生表 students 的变化。

例 10.10 在 students_computer 表中插入多条记录。使用子查询提供插入的多条记录。

```
SQL>    BEGIN
  2       INSERT INTO students_computer
  3         (SELECT * FROM students WHERE specialty='计算机');
  4     END;
  5  /

PL/SQL 过程已成功完成。
```

可以使用 SELECT 语句查询学生表 students_computer 的变化。

2．执行 UPDATE 语句

在 PL/SQL 程序中，使用 UPDATE 语句修改记录值，其语句格式为：

```
UPDATE table_name SET col1 = val1 [, col2 = val2, ... coln = valn]
  [WHERE condition(s)];
```

其中，table_name 指定表名；col1、col2、…、coln 指定列名；val1、val2、…、valn 指定对应列修改后的值；WHERE 子句为可选项，如果没有使用 WHERE 子句，那么，UPDATE 语句会修改表中所有行的数据，如果使用 WHERE 子句的 condition(s)指定条件，那么，UPDATE 语句会修改表中满足条件的记录行数据。

下面通过使用常量、变量、子查询为指定表对应列提供修改后的值，分别给出对应的例子。

例 10.11 修改 students 表中的记录。使用常量为对应列提供修改后的值。

```
SQL>    BEGIN
  2       UPDATE students
  3          SET student_id = 10288,
  4             dob = '07-5 月-1988',
  5             specialty ='自动化'
  6       WHERE student_id = 10188;
  7     END;
  8  /

PL/SQL 过程已成功完成。
```

可以使用 SELECT 语句查询学生表 students 的变化。

```
SQL> SELECT * FROM students;

STUDENT_ID MONITOR_ID   NAME     SEX   DOB          SPECIALTY
---------- ----------- --------- ------ ------------ ----------
    10288               王一      女    07-5 月 -88   自动化
    10199               张三      女    07-5 月 -88   计算机
    10101               王晓芳    女    07-5 月 -88   计算机
    10205               李秋枫    男    25-11 月-90   自动化
    10102      10101    刘春苹    女    12-8 月 -91   计算机
    10301               高山      男    08-10 月-90   机电工程
    10207      10205    王刚      男    03-4 月 -87   自动化
    10112      10101    张纯玉    男    21-7 月 -89   计算机
    10318      10301    张冬云    女    26-12 月-89   机电工程
    10103      10101    王天仪    男    26-12 月-89   计算机
    10201      10205    赵风雨    男    25-10 月-90   自动化

STUDENT_ID MONITOR_ID   NAME     SEX   DOB          SPECIALTY
---------- ---------- ---------- ------ ------------ ----------
    10105      10101    韩刘      男    03-8 月 -91   计算机
    10311      10301    张杨      男    08-5 月 -90   机电工程
    10213      10205    高淼      男    11-3 月 -87   自动化
    10212      10205    欧阳春岚  女    12-3 月 -89   自动化
    10314      10301    赵迪帆    男    22-9 月 -89   机电工程
    10312      10301    白菲菲    女    07-5 月 -88   机电工程
    10328      10301    曾程程    男                 机电工程
```

```
    10128      10101          白昕      男              计算机
    10228      10205          林紫寒    女              自动化
```

已选择 20 行。

例 10.12 修改 students 表中的记录。使用变量为对应列提供修改后的值。

```
SQL> DECLARE
  2    v_id students.student_id%TYPE := 10188;
  3    v_monitorid students.monitor_id%TYPE := NULL;
  4    v_dob students.dob%TYPE := '17-5月-1988';
  5    v_specialty students.specialty%TYPE := '计算机';
  6    BEGIN
  7      UPDATE students
  8          SET student_id = v_id,
  9              dob = v_dob,
 10              specialty = v_specialty
 11        WHERE student_id = 10288;
 12    END;
 13  /

PL/SQL 过程已成功完成。
```

可以使用 SELECT 语句查询学生表 students 的变化。

例 10.13 修改 teachers 表中的记录。使用子查询将奖金未定的教师的奖金更新为教师的平均奖金。

对教师奖金修改之前，首先查询教师的奖金信息。

```
SQL> select * from teachers;

TEACHER_ID NAME   TITLE  HIRE_DATE           BONUS      WAGE DEPARTMENT_ID
---------- ----- ------ -------------- ---------- ------ -------------
     10101 王彤   教授   01-9月 -90          1000      3000           101
     10104 孔世杰 副教授 06-7月 -94           800      2700           101
     10103 邹人文 讲师   21-1月 -96           600      2400           101
     10106 韩冬梅 助教   01-8月 -02           500      1800           101
     10210 杨文化 教授   03-10月-89          1000      3100           102
     10206 崔天   助教   05-9月 -00           500      1900           102
     10209 孙晴碧 讲师   11-5月 -98           600      2500           102
     10207 张珂   讲师   16-8月 -97           700      2700           102
     10308 齐沈阳 高工   03-10月-89          1000      3100           103
     10306 车东日 助教   05-9月 -01           500      1900           103
     10309 臧海涛 工程师 29-6月 -99           600      2400           103

TEACHER_ID NAME  TITLE   HIRE_DATE            BONUS       WAGE   DEPARTMENT_ID
---------- ----- ------ ------------ ---------- ---------- -------------
     10307 赵昆   讲师   18-2月 -96           800       2700             103
     10128 王晓          05-9月 -07                     1000             101
     10328 张笑          29-9月 -07                     1000             103
     10228 赵天宇        18-9月 -07                     1000             102
     10168 孔夫之        15-7月 -08          1000       3000

已选择 16 行。
```

教师中王晓、张笑、赵天宇的奖金未定，下面使用子查询将奖金未定的教师的奖金更新为教师的平均奖金。

```
SQL> BEGIN
  2    UPDATE teachers
  3     SET bonus =
  4         (SELECT AVG(bonus)
  5    FROM teachers)
  6    WHERE bonus IS NULL;
  7  END;
  8  /

PL/SQL 过程已成功完成。
```

可以使用 SELECT 语句查询教师王晓、张笑、赵天宇的奖金变化。

```
SQL> select * from teachers;

TEACHER_ID NAME   TITLE  HIRE_DATE           BONUS      WAGE  DEPARTMENT_ID
---------- ------ ------ -------------- ---------- ---------- -------------
     10101 王彤   教授   01-9月 -90           1000       3000           101
     10104 孔世杰 副教授 06-7月 -94            800       2700           101
     10103 邹人文 讲师   21-1月 -96            600       2400           101
     10106 韩冬梅 助教   01-8月 -02            500       1800           101
     10210 杨文化 教授   03-10月-89           1000       3100           102
     10206 崔天   助教   05-9月 -00            500       1900           102
     10209 孙晴碧 讲师   11-5月 -98            600       2500           102
     10207 张珂   讲师   16-8月 -97            700       2700           102
     10308 齐沈阳 高工   03-10月-89           1000       3100           103
     10306 车东日 助教   05-9月 -01            500       1900           103
     10309 臧海涛 工程师 29-6月 -99            600       2400           103

TEACHER_ID NAME   TITLE  HIRE_DATE           BONUS      WAGE  DEPARTMENT_ID
---------- ------ ------ -------------- ---------- ---------- -------------
     10307 赵昆   讲师   18-2月 -96            800       2700           103
     10128 王晓          05-9月 -07         738.46       1000           101
     10328 张笑          29-9月 -07         738.46       1000           103
     10228 赵天宇        18-9月 -07         738.46       1000           102
     10168 孔夫之        15-7月 -08           1000       3000

已选择 16 行。
```

3. 执行 DELETE 语句

在 PL/SQL 程序中，使用 DELETE 语句删除记录，其语句格式为：

```
DELETE FROM table_name [WHERE condition(s)];
```

其中，table_name 用于指定表名或视图名；WHERE 子句为可选项，如果没有使用 WHERE 子句，那么，DELETE 语句会删除表中所有行的数据，如果使用 WHERE 子句的 condition(s)指定条件，那么，DELETE 语句会删除表中满足条件的记录行。

下面通过使用常量、变量、子查询为 DELETE 语句的 WHERE 子句的 condition(s)指定条件。

例 10.14 删除 students 表中的记录，使用常量作为删除条件。

```
SQL> BEGIN
  2     DELETE FROM students
  3       WHERE student_id = 10188;
  4  END;
  5  /

PL/SQL 过程已成功完成。
```

例 10.15 删除 students 表中的记录，使用变量作为删除条件。

```
SQL> DECLARE
  2     v_specialty students.specialty%TYPE := '计算机';
  3     BEGIN
  4       DELETE FROM students
  5         WHERE specialty = v_specialty;
  6     END;
  7  /
PL/SQL 过程已成功完成。
```

例 10.16 删除 teachers 表中的记录，使用子查询结果作为删除条件。

删除 teachers 表中的记录之前，首先查询 teachers 表中原内容。参见例 10.13。

使用子查询结果作为删除条件，删除 teachers 表中的记录。

```
SQL> BEGIN
  2    DELETE FROM teachers
  3      WHERE wage >
  4        (SELECT 1.1*AVG(wage)
  5          FROM teachers);
  6  END;
  7  /
PL/SQL 过程已成功完成。
```

删除 teachers 表中的记录之后，再查询 teachers 表中的内容。

```
SQL>  select * from teachers;

TEACHER_ID NAME   TITLE  HIRE_DATE            BONUS       WAGE   DEPARTMENT_ID
---------- ------ ------ --------------- ---------- ---------- -------------
     10103 邹人文  讲师   21-1月 -96            600       2400            101
     10106 韩冬梅  助教   01-8月 -02            500       1800            101
     10206 崔天    助教   05-9月 -00            500       1900            102
     10306 车东日  助教   05-9月 -01            500       1900            103
     10309 臧海涛  工程师 29-6月 -99            600       2400            103
     10128 王晓           05-9月 -07         738.46       1000            101
     10328 张笑           29-9月 -07         738.46       1000            103
     10228 赵天宇         18-9月 -07         738.46       1000            102
已选择 8 行。
```

10.2.3 执行事务处理语句

在 PL/SQL 程序中，可以使用 DML 语句，这些 DML 语句构成了 Oracle 数据库事务。

与 SQL 操作中使用 COMMIT、ROLLBACK、SAVEPOINT 等语句处理事务一样，在 PL/SQL 程序中，同样可以使用上述事务处理语句处理 Oracle 数据库事务。并且在 PL/SQL 程序中使用事务处理语句的语法，与在 SQL 操作中使用事务处理语句的语法完全一致。

下面通过一个例子，说明 COMMIT、ROLLBACK、SAVEPOINT 等处理事务语句在 PL/SQL 程序中的使用方法。

例 10.17 利用 PL/SQL 程序对 students 表执行 DML 操作。在 PL/SQL 程序中使用了 COMMIT、ROLLBACK、SAVEPOINT 等事务处理语句。

```
SQL> BEGIN
  2     INSERT INTO students
  3       VALUES(10101,NULL,'王晓芳', '女', '07-5月-1988','计算机');
  4     COMMIT;
  5     DELETE FROM students
  6       WHERE specialty = '计算机';
  7     ROLLBACK;
  8    UPDATE students
  9       SET student_id = 10288,
 10           dob = '07-5月-1988',
 11           specialty ='自动化'
 12     WHERE student_id = 10101;
 13     SAVEPOINT sp1;
 14     DELETE FROM students
 15       WHERE student_id = 10101;
 16     SAVEPOINT sp2;
 17     ROLLBACK TO sp1;
 18   COMMIT;
 19  END;
 20  /

PL/SQL 过程已成功完成。
```

在执行完上述 PL/SQL 程序后，可以再执行 SELECT * FROM students 语句，通过 students 表的查询结果，理解 COMMIT、ROLLBACK、SAVEPOINT 等处理事务语句的功能。

10.3 PL/SQL 程序控制结构

PL/SQL 语言是 Oracle 对关系数据库语言 SQL 的过程化扩充。它引入了过程化语言程序控制结构，包括顺序结构、分支结构、循环结构等。本节将详细介绍如何在 PL/SQL 代码中编写各种控制结构。

10.3.1 顺序结构

顺序结构的 PL/SQL 程序按照代码中语句的排列顺序从前到后依次执行。由于程序控制逻辑简单，因此，顺序结构的 PL/SQL 程序一般只能完成比较简单的功能。

例 10.18 显示学号为 10213 学生的详细信息。

```
SQL>    DECLARE
  2       v_student students%ROWTYPE;
```

```
 3      BEGIN
 4         SELECT * INTO v_student
 5           FROM students WHERE student_id = 10213;
 6         DBMS_OUTPUT.PUT_LINE ('姓名：'||v_student.name);
 7         DBMS_OUTPUT.PUT_LINE ('性别：'||v_student.sex);
 8         DBMS_OUTPUT.PUT_LINE ('出生日期：'||v_student.dob);
 9         DBMS_OUTPUT.PUT_LINE ('专业：'||v_student.specialty);
10      END;
11   /
姓名：高淼
性别：男
出生日期：11-3月 -87
专业：自动化

PL/SQL 过程已成功完成。
```

从程序运行的结果(显示信息的顺序)可以看出，顺序结构的 PL/SQL 程序是按照代码中语句的排列顺序从前到后依次执行的。

10.3.2 分支结构

在 PL/SQL 中，可以通过 IF 语句或者 CASE 语句来实现分支结构。

1. IF 语句

IF 语句的语句格式为：

```
IF condition_1 THEN
statements_1;
   …
   [ELSIF condition_n THEN
     statements_n;]
   [ELSE
     else_statements;]
END IF;
```

其中，condition_1 为条件表达式，statements_1～statements_n 与 else_statements 为要执行的 PL/SQL 语句序列；放在中括号[ ]里的内容为可选项，不选可选项，构成简单的分支结构，选择可选项，构成复杂的分支结构，下面分别予以介绍。

1) IF-THEN-END IF

IF-THEN-END IF 构成最简单的分支结构，其语句格式为：

```
IF condition THEN
statements;
END IF;
```

该语句的功能为：如果条件 condition 为真(TRUE)，那么执行语句序列 statements，然后执行 END IF 语句后面的语句(序列)；如果条件 condition 为假(FALSE)，那么直接执行 END IF 后面的语句(序列)。

例 10.19 在 teachers 表中，将讲师职称的教师的工资提高 10%(其他职称的教师的工资不变)。

```
SQL> DECLARE
  2    v_id teachers.teacher_id%TYPE;
  3    v_title teachers.title%TYPE;
  4  BEGIN
  5    v_id := &teacher_id;
  6    SELECT title INTO v_title
  7      FROM Teachers
  8      WHERE teacher_id = v_id;
  9    IF v_title = '讲师' THEN
 10      UPDATE Teachers
 11        SET wage = 1.1*wage
 12        WHERE teacher_id = v_id;
 13    END IF;
 14  END;
 15  /
输入 teacher_id 的值: 10103
原值    5:    v_id := &teacher_id;
新值    5:    v_id := 10103;

PL/SQL 过程已成功完成。
```

2) IF-THEN-ELSE-END IF

IF-THEN-ELSE-END IF 语句格式为:

```
IF condition THEN
statements_1;
   ELSE
      statements_2;
END IF;
```

该语句的功能为：如果条件 condition 为真(TRUE)，那么执行语句序列 statements_1，然后执行 END IF 语句后面的语句(序列)；如果条件 condition 为假(FALSE)，那么执行语句序列 statements_2，然后执行 END IF 后面的语句(序列)。

例 10.20 在 teachers 表中，将教授职称的教师的工资提高 10%，若教师的职称不是教授，则工资提高 100 元。

```
SQL> DECLARE
  2    v_id Teachers.teacher_id%TYPE;
  3    v_title Teachers.title%TYPE;
  4  BEGIN
  5    v_id := &teacher_id;
  6    SELECT title INTO v_title
  7      FROM Teachers WHERE teacher_id = v_id;
  8    IF v_title = '教授' THEN
  9      UPDATE Teachers
 10        SET wage = 1.1*wage WHERE teacher_id = v_id;
 11    ELSE
 12      UPDATE Teachers
 13        SET wage = wage+100 WHERE teacher_id = v_id;
 14    END IF;
 15  END;
 16  /
输入 teacher_id 的值: 10103
原值    5:  v_id := &teacher_id;
```

```
新值    5:   v_id := 10103;

PL/SQL 过程已成功完成。
```

3) IF-THEN-ELSIF-THEN-ELSE-END IF

IF-THEN-ELSIF-THEN-ELSE-END IF 语句格式为：

```
IF condition_1 THEN
statements_1;
   ELSIF condition_2 THEN
      statements_2;
   ELSE
      else_statements;
END IF;
```

该语句的功能为：如果条件 condition_1 为真(TRUE)，那么执行语句序列 statements_1，然后执行 END IF 后面的语句(序列)；如果条件 condition_2 为真(TRUE)，那么执行语句序列 statements_2，然后执行 END IF 后面的语句(序列)；如果条件 condition_2 为假(FALSE)，那么执行语句序列 else_statements，然后执行 END IF 后面的语句(序列)。

例 10.21 在 teachers 表中，将教授职称的教师的工资提高 10%，若教师的职称不是教授，而是高工或副教授则工资提高 5%，否则(既不是教授，也不是高工或副教授)，工资提高 100 元。

```
SQL> DECLARE
  2     v_id Teachers.teacher_id%TYPE;
  3     v_title Teachers.title%TYPE;
  4  BEGIN
  5    v_id := &teacher_id;
  6    SELECT title INTO v_title
  7      FROM Teachers WHERE teacher_id = v_id;
  8    IF v_title = '教授' THEN
  9      UPDATE Teachers
 10        SET wage = 1.1*wage WHERE teacher_id=v_id;
 11    ELSIF v_title = '高工' OR v_title= '副教授' THEN
 12      UPDATE Teachers
 13        SET wage = 1.05*wage WHERE teacher_id = v_id;
 14    ELSE
 15      UPDATE Teachers
 16        SET wage = wage+100 WHERE teacher_id = v_id;
 17    END IF;
 18  END;
 19  /
输入 teacher_id 的值:  10103
原值    5:   v_id := &teacher_id;
新值    5:   v_id := 10103;

PL/SQL 过程已成功完成。
```

2. CASE 语句

使用 IF 语句处理复杂的分支(多分支)操作，程序结构不够清晰，往往会给编制程序、调试程序、阅读程序带来一定的困难，因此，从 Oracle 9i 开始，PL/SQL 引入 CASE 语句处理多重条件分支。使用 CASE 语句可以使程序结构比较清晰，执行效率更高，处理多重条件分支时，应尽量使用 CASE 语句。

PL/SQL 提供的 CASE 语句有两种基本格式：①使用单一选择符进行等值比较；②使用多种条件进行比较。下面分别介绍这两种 CASE 语句的基本语句格式及使用方法。

1) 等值比较的 CASE 语句

等值比较的 CASE 语句的基本格式为：

```
CASE expression
   WHEN result_1 THEN
      statements_1;
   WHEN result_2 THEN
      statements_2;
   …
   [ELSE
      else_statements;]
END CASE;
```

其中，expression 指定条件表达式，statements_1、statements_2 等与 else_statements 为要执行的 PL/SQL 语句序列，result_1、result_2 等是与表达式 expression 相对应的值，ELSE 子句为可选项。

等值比较的 CASE 语句的功能为，首先判断 expression 是否与 result_1、result_2…值相等，如果相等，则执行其后的 statements_1、statements_2 等语句；如果 expression 与任何一个 result 值都不等，则执行 ELSE 后的语句 else_statements。

当使用 CASE 语句执行多重条件分支时，如果条件表达式完全相同，并且条件表达式为相等条件选择，那么可以选择使用等值比较的 CASE 语句。

例 10.22 在 teachers 表中，将教授职称的教师的工资提高 15%，若教师的职称是高工则工资提高 5%，若教师的职称是副教授则工资提高 10%，否则(既不是教授，也不是高工或副教授)，工资提高 100 元。

```
SQL> DECLARE
  2     v_id Teachers.teacher_id%TYPE;
  3     v_title Teachers.title%TYPE;
  4  BEGIN
  5    v_id := &teacher_id;
  6    SELECT title INTO v_title
  7      FROM Teachers WHERE teacher_id = v_id;
  8    CASE v_title
  9      WHEN '教授' THEN
 10        UPDATE Teachers
 11          SET wage = 1.15*wage WHERE teacher_id = v_id;
 12      WHEN '高工' THEN
 13        UPDATE Teachers
 14          SET wage = 1.05*wage WHERE teacher_id = v_id;
 15      WHEN '副教授' THEN
 16        UPDATE Teachers
 17          SET wage = 1.1*wage WHERE teacher_id = v_id;
 18      ELSE
 19        UPDATE Teachers
 20          SET wage = wage+100 WHERE teacher_id = v_id;
```

```
 21    END CASE;
 22  END;
 23  /
输入 teacher_id 的值:  10103
原值    5:   v_id := &teacher_id;
新值    5:   v_id := 10103;

PL/SQL 过程已成功完成。
```

2)　多种条件比较的 CASE 语句

多种条件比较的 CASE 语句的基本格式为:

```
CASE
   WHEN expression_1 THEN
     statements_1;
   WHEN expression_2 THEN
     statements_2;
   …
   [ELSE
     else_statements;]
   END CASE;
```

其中，expression_1、expression_2…为指定的多个条件表达式，statements_1、statements_2…与 else_statements 为要执行的 PL/SQL 语句序列，ELSE 子句为可选项。

多种条件比较的CASE语句的功能为，首先对expression_1进行判断，当条件为真(TRUE)时，执行其后的 statements_1 语句；当条件为假(FALSE)时，再对 expression_2 进行判断，当条件为真(TRUE)时，执行其后的 statements_2 语句；当条件为假(FALSE)时，如果所有条件都为假(FALSE)，则执行 ELSE 后的 else_statements 语句。

当使用 CASE 语句执行多重条件分支时，如果条件表达式不相同，或条件表达式不完全为相等条件选择，那么需要选择使用多种条件比较的 CASE 语句。

例 10.23　在 teachers 表中，将教授职称的教师的工资提高 10%，若教师的职称不是教授，而是高工或副教授则工资提高 5%，否则(既不是教授，也不是高工或副教授)，工资提高 100 元。

```
SQL> DECLARE
  2     v_id Teachers.teacher_id%TYPE;
  3     v_title Teachers.title%TYPE;
  4   BEGIN
  5     v_id := &teacher_id;
  6     SELECT title INTO v_title
  7       FROM Teachers WHERE teacher_id = v_id;
  8     CASE
  9       WHEN v_title = '教授' THEN
 10          UPDATE Teachers
 11            SET wage = 1.1*wage WHERE teacher_id = v_id;
 12       WHEN v_title = '高工' OR v_title= '副教授' THEN
 13          UPDATE Teachers
 14            SET wage = 1.05*wage WHERE teacher_id = v_id;
 15       ELSE
 16          UPDATE Teachers
 17            SET wage = wage+100 WHERE teacher_id = v_id;
```

```
 18    END CASE;
 19  END;
 20  /
输入 teacher_id 的值:  10103
原值    5:    v_id := &teacher_id;
新值    5:    v_id := 10103;

PL/SQL 过程已成功完成。
```

例 10.24 在 teachers 表中，根据教师的收入计算个人所得税。收入低于或等于 1000 元，无个人所得税；收入在 1000 元以上，3000 元以下的个人所得税率为 3%，收入在 3000 元以上的个人所得税率为 5%。

```
SQL> DECLARE
  2     v_id teachers.teacher_id%TYPE;
  3     v_bonus teachers.bonus%TYPE;
  4     v_wage teachers.wage%TYPE;
  5     v_income NUMBER(7,2);
  6  BEGIN
  7    v_id := &teacher_id;
  8    SELECT bonus, wage INTO v_bonus, v_wage
  9       FROM teachers WHERE teacher_id = v_id;
 10    v_income := v_bonus + v_wage;
 11    CASE
 12      WHEN v_income <= 1000 THEN
 13         DBMS_OUTPUT.PUT_LINE ('个人所得税: 0');
 14      WHEN v_income >1000 AND v_income < 3000 THEN
 15         DBMS_OUTPUT.PUT_LINE ('个人所得税: '||v_income*0.03);
 16      WHEN v_income >= 3000 THEN
 17         DBMS_OUTPUT.PUT_LINE ('个人所得税: '||v_income*0.05);
 18    END CASE;
 19  END;
 20  /
输入 teacher_id 的值:  10103
原值    7:    v_id := &teacher_id;
新值    7:    v_id := 10103;

PL/SQL 过程已成功完成。
```

10.3.3 循环结构

在编写 PL/SQL 代码时，若需要某一程序段重复执行，则可以使用循环结构。循环结构控制重复执行某一程序段，直到满足指定的条件后退出循环。使用循环结构编写 PL/SQL 程序时，注意一定要确保相应的退出条件得到满足，以免形成死循环。

在 PL/SQL 语言中，循环结构有三种形式，分别为 LOOP 循环、WHILE 循环和 FOR 循环。下面分别介绍使用这三种循环语句的方法。

1. LOOP 循环

LOOP 循环将循环条件包含在循环体内，其基本格式为：

```
LOOP
```

```
        statement(s);
        EXIT [WHEN condition];
    END LOOP;
```

其中，LOOP 指定循环语句开始，END LOOP 指定循环语句结束，放在二者之间的 PL/SQL 语句为循环体，EXIT 为退出循环语句，可选项 WHEN 子句由 condition 给出退出循环的条件。

使用 LOOP 循环时，循环体至少会被执行一次。当 condition 为真(TRUE)时，会退出循环，并执行 END LOOP 后面的 PL/SQL 语句；当 condition 为假(FALSE)时，重复执行循环体。为了避免 PL/SQL 程序陷入死循环，编写 LOOP 循环时，一定要包含 EXIT 语句。下面举例说明使用 LOOP 循环的方法。

首先，执行 CREATE TABLE 建立 total 表。

```
SQL> CREATE TABLE total(n INT,result INT);

表已创建。
```

例 10.25 使用 LOOP 循环，分别计算 1～10 的累加和，并将结果存入 total 表中。

```
SQL> DECLARE
  2     v_i INT:=1;
  3     v_sum INT:=0;
  4  BEGIN
  5     LOOP
  6       v_sum := v_sum + v_i;
  7       INSERT INTO TOTAL VALUES(v_i, v_sum);
  8       EXIT WHEN v_i = 10;
  9       v_i := v_i+1;
 10     END LOOP;
 11  END;
 12  /

PL/SQL 过程已成功完成。
```

可以使用 SQL 语句 SELECT * FROM total 查看表 total 中程序的计算结果，以便加深理解 LOOP 循环语句的功能和使用方法。

```
SQL> SELECT * FROM total;

         N     RESULT
---------- ----------
         1          1
         2          3
         3          6
         4         10
         5         15
         6         21
         7         28
         8         36
         9         45
        10         55

已选择 10 行。
```

2. WHILE 循环

WHILE 循环先判断循环条件，只有满足循环条件才能进入循环体进行循环操作，其基本语句的格式为：

```
WHILE condition LOOP
  statement(s);
END LOOP;
```

其中，WHILE-LOOP 指定循环语句开始，END LOOP 指定循环语句结束，放在二者之间的 PL/SQL 语句 statement(s)为循环体。

使用 WHILE 循环时，循环体可能一次也不被执行(第一次执行 WHILE-LOOP 语句时，condition 即为 FALSE)。当 condition 为真(TRUE)时，首先执行循环体 statement(s)，再执行 END LOOP，然后返回执行 WHILE 语句，重新判断循环条件；当 condition 为假(FALSE)时，退出循环，并执行 END LOOP 后面的 PL/SQL 语句。下面举例说明使用 WHILE 循环的方法。

例 10.26 使用 WHILE 循环，分别计算 1^2 到 10^2 的累加和，并将结果存入 total 表中。

```
SQL> DECLARE
  2    v_i INT:=1;
  3    v_sum INT:=0;
  4  BEGIN
  5   WHILE v_i <= 10  LOOP
  6      v_sum := v_sum + v_i*v_i;
  7      INSERT INTO TOTAL VALUES(v_i,v_sum);
  8      v_i := v_i+1;
  9   END LOOP;
 10  END;
 11  /

PL/SQL 过程已成功完成。
```

可以使用 SQL 语句 SELECT * FROM total 查看 total 表中程序的计算结果，以便加深理解 WHILE 循环语句的功能和使用方法。

3. FOR 循环

上面讲述的 LOOP 循环和 WHILE 循环，需要定义循环控制变量来控制循环次数；然而 FOR 循环不需要定义循环控制变量，系统默认定义一个循环控制变量，以控制循环的次数。FOR 循环语句的格式为：

```
FOR loop_index IN [REVERSE] lowest_number ..highest_number LOOP
   statement(s);
END LOOP;
```

其中，FOR-IN-LOOP 指定循环语句开始，END LOOP 指定循环语句结束，放在二者之间的 PL/SQL 语句 statement(s)为循环体；loop_index 为循环控制变量，系统将其默认定义为 BINARY_INTEGER 数据类型；lowest_number 为循环控制变量的下限，highest_number 为循环控制变量的上限，系统默认循环控制变量从下限往上限递增(加 1)计数，如果选用 REVERSE 关键字，则表示循环控制变量从上限向下限递减(减 1)计数。

使用FOR循环时，循环体可能一次也不被执行(第一次执行FOR-IN-LOOP语句时，控制变量loop_index即小于下限lowest_number或大于上限lowest_number的值)。当循环控制变量loop_index的值在下限lowest_number和上限highest_number之间时，首先执行循环体statement(s)，再执行 END LOOP，然后返回执行 FOR-IN-LOOP 语句，循环控制变量loop_index 递增或递减后，重新判断循环条件；当循环控制变量 loop_index 的值不在下限lowest_number和上限highest_number之间(小于下限或大于上限)时，退出循环，并执行END LOOP后面的PL/SQL语句。下面举例说明使用FOR循环的方法。

例 10.27 使用FOR循环，分别计算1～10的阶乘，并将结果存入total表中。

```
SQL> DECLARE
  2    v_i INT:=1;
  3    v_factorial INT:=1;
  4  BEGIN
  5    FOR v_i IN 1..10 LOOP
  6       v_factorial := v_factorial*v_i;
  7       INSERT INTO TOTAL VALUES(v_i,v_factorial);
  8    END LOOP;
  9  END;
 10  /

PL/SQL 过程已成功完成。
```

可以使用SQL语句SELECT * FROM total查看表total中程序的计算结果，以便加深理解FOR循环语句的功能和使用方法。

10.3.4 GOTO语句与NULL语句

PL/SQL 语言除了提供上述分支结构和循环结构的语句外，还提供了顺序控制语句GOTO和空操作语句NULL。与分支结构和循环结构的语句相比，顺序控制语句GOTO和空操作语句NULL较少使用。下面简单介绍在PL/SQL程序中使用GOTO语句和NULL语句的方法。

1. GOTO语句

GOTO语句用于改变PL/SQL程序的执行顺序。GOTO语句的语法格式为：

```
GOTO label_name;
```

其中，label_name给出已经定义的标号名。GOTO语句的功能为，PL/SQL程序无条件地跳转到标号label_name处执行。

使用GOTO语句应注意：

(1) 标号后至少要有一条可执行语句；

(2) PL/SQL块内部可以跳转，内层块可以跳到外层块，但外层块不能跳到内层块；

(3) 不能从某一IF语句外部跳到其内部；

(4) 不能从某一循环体外跳到其体内；

(5) 不能从某一子程序外部跳到其内部。

由于GOTO语句破坏了程序的结构化，增强了程序的复杂性，并且使得应用程序可读性和可维护性变差，因此建议尽量少用甚至不用 GOTO 语句。

例 10.28 分别计算 1～10 的累加和，并将结果存入 total 表中；使用 GOTO 语句结束循环，并显示最后的累加和。

```
SQL> SET SERVEROUTPUT ON
SQL> DECLARE
  2     v_i INT:=1;
  3     v_sum INT:=0;
  4  BEGIN
  5     LOOP
  6       v_sum := v_sum + v_i;
  7       INSERT INTO TOTAL VALUES(v_i,v_sum);
  8       IF v_i = 10 THEN
  9          GOTO output;
 10       END IF;
 11       v_i := v_i+1;
 12     END LOOP;
 13  <<output>>
 14  DBMS_OUTPUT.PUT_LINE ('v_sum = '||v_sum);
 15  END;
 16  /
v_sum = 55

PL/SQL 过程已成功完成。
```

可以使用 SQL 语句 SELECT * FROM total 查看表 total 中程序的计算结果，以便加深理解 GOTO 语句的功能和使用方法。

2. NULL 语句

NULL 语句被称为空语句，它不执行任何操作便将程序控制交给下一条语句。NULL 语句的语法格式为：

```
NULL;
```

使用 NULL 语句可以提高程序的可读性，一般在标号之后或在异常处理程序段中使用。

例 10.29 分别计算 1～10 的累加和，并将结果存入 total 表中；利用 GOTO 语句与 NULL 语句配合结束循环。

```
SQL> DECLARE
  2     v_i INT:=1;
  3     v_sum INT:=0;
  4  BEGIN
  5     LOOP
  6       v_sum := v_sum + v_i;
  7       INSERT INTO TOTAL VALUES(v_i,v_sum);
  8       IF v_i = 10 THEN
  9          GOTO output;
 10       END IF;
 11       v_i := v_i+1;
 12     END LOOP;
 13  <<output>>
 14     NULL;
 15  END;
```

```
 16  /
PL/SQL 过程已成功完成。
```

由于 GOTO 语句跳转到标号<<output>>之后，至少要有一条可执行语句，因此，例 10.29 使用了 NULL 语句以满足这一要求。

10.4 异常处理

PL/SQL 程序执行过程中出现的错误，称为异常。根据其严重程度，需要做不同的异常处理。本节主要介绍异常的基本概念和异常的处理。

10.4.1 异常的基本概念

没有错误处理的 PL/SQL 应用程序，不是一个完善的应用程序，这样的程序代码在执行过程中，经常会出现程序不能正常执行，执行中的程序突然终止，甚至造成系统崩溃等。为了能够设计出对可能出现的各种错误进行相应处理的程序，PL/SQL 语言提供了异常处理机制，程序员可以利用异常处理机制处理 PL/SQL 运行时可能产生的错误。

1. 异常处理机制

PL/SQL 程序的错误可以分为两类，①PL/SQL 语法错误，它由 PL/SQL 编译器发现并给出错误信息；②运行时错误，由 PL/SQL 运行时引擎发现并给出错误信息。编译器发现的错误，由于不修改程序就无法执行，因此编译错误由程序员来修改；而运行时错误是随着运行环境的变化而随时出现的，难以预防，因此需要在程序中尽可能地考虑各种可能的错误。

Oracle 提供的异常处理机制中，一个错误对应一个异常，当错误产生时就抛出相应的异常，并被异常处理器(异常处理代码)捕获，程序控制权传递给异常处理器，由异常处理器来处理运行时的错误。

2. 异常分类

PL/SQL 语言的异常分为两大类： Oracle 系统异常、自定义异常。Oracle 系统异常又分为两种，预定义异常和非预定义异常。为了处理 PL/SQL 应用程序可能出现的各种错误，开发人员可以使用下面三种类型的异常处理。

1)　预定义异常

预定义异常是 Oracle 系统异常的一种，用于处理常见的 Oracle 错误，其特点是，Oracle 系统定义了它们的错误编号与异常名字。预定义异常与 Oracle 错误编号之间的对应关系见表 10.5。

表 10.5　预定义异常与 Oracle 错误编号之间的对应关系

预定义异常名字	错误编号	说　明
ACCESS_INTO_NULL	ORA-06530	试图给未初始化对象的属性赋值
CASE_NOT_FOUND	ORA-06592	CASE 语句中未找到匹配的 WHEN 子句，也没有默认的 ELSE 子句

续表

预定义异常名字	错误编号	说 明
COLLECTION_IS_NULL	ORA-06531	当试图将除 EXISTS 之外的集合方法应用到一个未初始化的嵌套表或变长数组上，或企图向未经初始化的嵌套表或变长数组赋值时，引发该异常
CURSOR_ALREADY_OPEN	ORA-06511	试图打开一个已经打开的游标时产生的异常。游标再次打开之前必须先关闭
DUP_VAL_ON_INDEX	ORA-00001	试图向有唯一性索引约束的列中插入重复值
INVALID_CURSOR	ORA-01001	程序试图进行非法游标操作，如关闭一个尚未打开的游标等
INVALID_NUMBER	ORA-01722	试图将字符串转换成数字时失败，因为该字符串并不代表有效的数字。注意：在过程化语句中引发的异常不是 INVALID NUMBER，而是 VALUE ERROR
LOGIN_DENIED	ORA-01017	试图用非法的用户名或密码连接数据库
NO_DATA_FOUNC	ORA-01403	SELECT INTO 语句没有返回任何记录，或企图访问嵌套表中已经删除的元素，或企图在表索引中访问未初始化的元素
NOT_LOGGED_ON	ORA-01012	试图在连接数据库之前访问数据库中的数据
PROGRAM_ERROR	ORA-06501	PL/SQL 内部错误
ROWTYPE_MISMATCH	ORA-06504	赋值中的宿主游标变量和 PL/SQL 游标变量返回类型不兼容。例如，如果将一个打开的宿主游标变量传递给某个存储过程或函数，实参的返回类型和形参就必须兼容
SELF_IS_NULL	ORA-30625	试图在空实例中调用 MEMBER 方法。也就是说，内置参数 SELF(总是传递给 MEMBER 方法的第一个参数)为空值
STORAGE_ERROR	ORA-06500	PL/SQL 内存用尽，或内存出现问题
SUBSCRIPT_BEYOND_COUNT	ORA-06533	试图通过大于集合中元素个数的索引值引用嵌套表或变长数组元素
SUBSCRIP_OUTSIDE_LIMIT	ORA-06532	试图通过合法范围之外的索引值，例如引用嵌套表或变长数组元素
SYS_INVALID_ROWID	ORA-01410	将字符串转换成通用记录号 ROWID 的操作失败，原因是该字符串并非合法的 ROWID
TIMEOUT_ON_RESOURCE	ORA-00051	当数据库等待某项资源时发生超时
TOO_MANAY_ROWS	ORA-01422	SELECT INTO 语句返回的记录数多于一条

续表

预定义异常名字	错误编号	说明
VALUE_ERROR	ORA-06502	发生算术、转换、截断或大小约束错误。例如，当将某个列的值赋予字符变量时，如果这个值比变量的声明长度长，PL/SQL 会终止赋值操作，然后发出 VALUE_ ERROR 异常。在过程化语句中，如果将字符串转换为数字的操作失败，则发出 VALUE_ERROR 异常。注意：在 SQL 语句中引发的异常是 INVALID_NUMBER，而不是 VALUE ERROR
ZERO_DIVIDE	ORA-01476	试图用 0 除某个数字

当运行 PL/SQL 代码产生预定义错误时，与错误对应的预定义异常被自动抛出，通过预定义异常名字捕获该异常，并对错误进行处理。

2) 非预定义异常

非预定义异常也是 Oracle 系统异常的一种，用于处理预定义以外的 Oracle 系统错误。其特点是，Oracle 系统定义了它们的错误编号，但没有定义异常名字，没有预定义异常(异常名字)与其关联，需要在 PL/SQL 块的声明部分定义一个异常名字，然后通过伪过程 PRAGMA EXCEPTION_INIT 将该异常名字与一个 Oracle 错误编号相关联。这样，当运行 PL/SQL 代码产生非预定义错误时，与错误代码对应的非预定义异常就被自动抛出，则定义的异常名字捕获该异常，并对错误进行处理。

3) 自定义异常

自定义异常用于处理用户定义的错误，即处理与 Oracle 系统错误无关的其他错误。自定义异常是指有些操作并不会产生 Oracle 系统错误，但是程序员从业务规则角度考虑，认为是一种错误。例如，执行 UPDATE 操作没有更新任何记录行时，不会引发 Oracle 系统错误，也不会产生异常，但是，有时需要开发人员为此操作产生一个异常，以便进行处理，这就是用户定义异常。

3．异常处理过程

编写复杂的 PL/SQL 应用程序时，开发人员应该考虑对可能出现的各种异常作适当处理。如果捕获到异常，可以在 PL/SQL 块内处理，也可以不在 PL/SQL 块内处理。如果不在 PL/SQL 块内处理异常，那么，Oracle 会把异常传递到调用它的 PL/SQL 块或 PL/SQL 程序运行环境。

为了提高 PL/SQL 应用程序的错误处理能力，开发人员应该认真考虑应用程序可能出现的各种错误，并使用异常处理器(异常处理代码)有效地加以解决，从而为用户提供更加有效的帮助信息。

在 PL/SQL 程序中，异常处理按以下三个步骤进行。

(1) 定义异常。在声明部分为错误定义异常。

(2) 抛出异常。PL/SQL 语句执行过程中产生错误时，抛出与错误对应的异常。

(3) 捕获及处理异常。异常处理部分可以捕获异常，并进行异常处理。

1) 定义异常

如前所述，Oracle 中的异常分为预定义异常、非预定义异常和自定义异常，其中预定义异常由系统隐式定义，而后两种异常则需要用户定义。定义异常的方法是在 PL/SQL 程序的声明部分定义一个 EXCEPTION 类型的变量(称为异常名)，其语句格式为：

```
exception_name EXCEPTION;
```

其中，exception_name 为异常名。如果是非预定义异常，还需要使用伪过程，在编译阶段将异常名与一个 Oracle 错误代码相关联，其语句格式为：

```
PRAGMA EXCEPTION_INIT(exception_name, error_number);
```

其中，exception_name 为异常名；error_number 为 Oracle 系统内部错误号，用一个负位数表示，-20999～-20000 是用户定义错误的保留号。

2) 抛出异常

系统异常由 Oracle 自动识别，此类错误产生时，Oracle 异常处理机制会自动抛出相应的预定义异常或非预定义异常。由于系统不能自动识别用户定义的错误，因此当产生自定义错误时，需要程序员使用特定的 PL/SQL 代码抛出相应的自定义异常。自定义异常的抛出语句格式为：

```
RAISE exception_name;
```

其中，exception_name 为已经自定义的异常的名字。

3) 捕获及处理异常

错误产生并抛出相应的异常后，可以被 PL/SQL 块的异常处理部分捕获及处理。异常处理部分由异常捕获语句和异常处理语句序列组成，异常捕获语句对各类异常加以识别，对不同的异常分别进行各自的处理。异常处理部分的基本格式为：

```
EXCEPTION
WHEN e_name1[OR e_name2…]THEN
   sequence of statements1;
WHEN e_name3[OR e_name4…]THEN
   sequence of statements2;
   …
[WHEN OTHERS THEN
   sequence of_statementsn;]
END;
```

其中，WHEN 子句用于捕获各种异常，捕捉异常通过识别异常名 e_name 来实现；THEN 子句用于处理各种异常，具体如何处理，由不同的 sequence of statements 来完成；可选项 OR e_name 可将捕获的多个异常按同一种方法进行处理；可选项 WHEN OTHERS THEN 子句用于捕获并处理其他未预计到的异常，该子句必须位于所有 WHEN 子句的后面。

10.4.2 系统异常处理

系统异常有预定义异常和非预定义异常两种，二者的处理过程有所不同，下面通过实例介绍系统异常的处理。

1. 预定义异常

如前所述，Oracle 系统预定义异常有二十多种，由系统隐式定义和抛出，因此只需编写异常捕获及处理部分的代码。

例 10.30 使用 Oracle 系统预定义异常 ZERO_DIVIDE，避免运行时出现除零错误。

```
SQL> DECLARE
  2    v_dividend NUMBER:=50;
  3    v_divisor NUMBER:=0;
  4    v_quotient NUMBER;
  5  BEGIN
  6  v_quotient := v_dividend/v_divisor;
  7  EXCEPTION
  8  WHEN ZERO_DIVIDE THEN
  9  DBMS_OUTPUT.PUT_LINE ('除数为零! ');
 10  END;
 11  /
除数为零!

PL/SQL 过程已成功完成。
```

例 10.31 使用 Oracle 系统预定义异常 NO_DATA_FOUND，避免运行时出现未找到数据的错误。

```
SQL> SET SERVEROUTPUT ON
SQL>     DECLARE
  2        v_id Students.student_id%TYPE;
  3        v_sname Students.name%TYPE;
  4      BEGIN
  5        v_id := &student_id;
  6        SELECT name INTO v_sname FROM Students WHERE student_id=v_id;
  7        DBMS_OUTPUT.PUT_LINE ('学生姓名: '||v_sname);
  8      EXCEPTION
  9        WHEN NO_DATA_FOUND THEN
 10          DBMS_OUTPUT.PUT_LINE ('输入的学号不存在! ');
 11      END;
 12  /
输入 student_id 的值:  99999
原值    5:        v_id := &student_id;
新值    5:        v_id := 99999;
输入的学号不存在!

PL/SQL 过程已成功完成。
```

例 10.32 使用 Oracle 系统预定义异常 TOO_MANY_ROWS，避免在执行 SELECT INTO 语句时出现返回多行数据的错误。

```
SQL> DECLARE
  2        v_specialty Students.specialty%TYPE;
  3        v_sname Students.name%TYPE;
  4      BEGIN
  5        v_specialty := '&specialty';
  6        SELECT name INTO v_sname
  7          FROM Students WHERE specialty=v_specialty;
```

```
  8        DBMS_OUTPUT.PUT_LINE ('学生姓名：'||v_sname);
  9     EXCEPTION
 10       WHEN TOO_MANY_ROWS THEN
 11          DBMS_OUTPUT.PUT_LINE ('返回的学生记录多于一行！');
 12     END;
 13 /
输入 specialty 的值： 自动化
原值    5:         v_specialty := '&specialty';
新值    5:         v_specialty := '自动化';
返回的学生记录多于一行！

PL/SQL 过程已成功完成。
```

例 10.33 同时考虑两种 Oracle 系统预定义异常 NO_DATA_FOUND 和 TOO_MANY_ROWS 的处理。

```
SQL> SET SERVEROUTPUT ON
SQL> DECLARE
  2        v_specialty Students.specialty%TYPE;
  3        v_sname Students.name%TYPE;
  4     BEGIN
  5        v_specialty := '&specialty';
  6        SELECT name INTO v_sname
  7          FROM Students WHERE specialty=v_specialty;
  8        DBMS_OUTPUT.PUT_LINE ('学生姓名：'||v_sname);
  9     EXCEPTION
 10       WHEN TOO_MANY_ROWS THEN
 11          DBMS_OUTPUT.PUT_LINE ('返回的学生记录多于一行！');
 12       WHEN NO_DATA_FOUND THEN
 13          DBMS_OUTPUT.PUT_LINE ('输入的专业不存在！');
 14     END;
 15  /
输入 specialty 的值： 机械工程
原值    5:         v_specialty := '&specialty';
新值    5:         v_specialty := '机械工程';
输入的专业不存在！

PL/SQL 过程已成功完成。
```

2. 非预定义异常

非预定义异常需要用户定义异常名，而且还需要使用伪过程，在编译阶段将异常名与一个 Oracle 错误代码相关联。下面的实例介绍了常见的非预定义异常的处理。

例 10.34 在 departments 表中删除部门号，考虑 teachers 表可能引起违反参照完整性的错误。

```
SQL> SET SERVEROUTPUT ON
SQL> DECLARE
  2        e_deptid  EXCEPTION;
  3        PRAGMA  EXCEPTION_INIT(e_deptid, -2292);
  4     BEGIN
  5        DELETE FROM Departments
  6          WHERE department_id = 101;
```

```
  7      EXCEPTION
  8        WHEN e_deptid THEN
  9          DBMS_OUTPUT.PUT_LINE ('在教师表中存在子记录！');
 10      END;
 11  /
在教师表中存在子记录！

PL/SQL 过程已成功完成。
```

例 10.35 在 teachers 表插入教师记录，考虑 teachers 表可能引起违反参照完整性的错误。由于 departments 表中不存在部门号 999，因此，发生异常后异常处理给出了“插入记录的部门号在父表中不存在！”的提示信息。

```
SQL> SET SERVEROUTPUT ON
SQL> DECLARE
  2        e_deptid  EXCEPTION;
  3        PRAGMA  EXCEPTION_INIT(e_deptid, -2291);
  4      BEGIN
  5        INSERT INTO Teachers
  6          VALUES(11101,'王彤', '教授', '01-9月-1990',1000,3000,999);
  7      EXCEPTION
  8        WHEN e_deptid THEN
  9          DBMS_OUTPUT.PUT_LINE ('插入记录的部门号在父表中不存在！');
 10      END;
 11  /
插入记录的部门号在父表中不存在！

PL/SQL 过程已成功完成。
```

例 10.36 向表 Students 中插入一学生记录，但学生的学号重复，因此发生异常，异常处理给出了“插入学生记录的学号在表中已存在！”的提示信息。

```
SQL> SET SERVEROUTPUT ON
SQL> DECLARE
  2        e_studentid EXCEPTION;
  3        PRAGMA EXCEPTION_INIT(e_studentid, -0001);
  4      BEGIN
  5        INSERT INTO Students
  6          VALUES(10205,NULL,'王三', '男', '26-12月-1989','自动化');
  7      EXCEPTION
  8        WHEN e_studentid THEN
  9          DBMS_OUTPUT.PUT_LINE ('插入学生记录的学号在表中已存在！');
 10      END;
 11  /
插入学生记录的学号在表中已存在！

PL/SQL 过程已成功完成。
```

10.4.3 自定义异常处理

自定义异常处理不仅需要用户定义异常名字，而且需要程序员安排何时抛出异常。下面的实例介绍了自定义异常的处理过程。

例 10.37 向表 Teachers 中插入一教师记录，如果教师工资为负值，则抛出并处理异常。

```
SQL> SET SERVEROUTPUT ON
SQL> DECLARE
  2        e_wage EXCEPTION;
  3        v_wage Teachers.wage%TYPE;
  4     BEGIN
  5        v_wage := &wage;
  6        INSERT INTO Teachers
  7          VALUES(10111,'王彤', '教授', '01-9月-1990',1000,v_wage,101);
  8        IF v_wage < 0 THEN
  9           RAISE e_wage;
 10        END IF;
 11     EXCEPTION
 12        WHEN e_wage THEN
 13           DBMS_OUTPUT.PUT_LINE ('教师工资不能为负值！');
 14           ROLLBACK;
 15     END;
 16  /
输入 wage 的值:  -3000
原值    5:        v_wage := &wage;
新值    5:        v_wage := -3000;
教师工资不能为负值！

PL/SQL 过程已成功完成。
```

例 10.38 带可选项 WHEN OTHERS THEN 的异常处理。

```
SQL> SET SERVEROUTPUT ON
SQL> DECLARE
  2        e_wage EXCEPTION;
  3        v_wage Teachers.wage%TYPE;
  4        v_deptid Teachers.department_id%TYPE;
  5        v_bonus Teachers.bonus%TYPE;
  6     BEGIN
  7        v_wage := &wage;
  8        v_deptid := &department_id;
  9        INSERT INTO Teachers
 10          VALUES(10111,'王彤', '教授', '01-9月-1990',1000,v_wage,101);
 11        SELECT bonus INTO v_bonus
 12          FROM Teachers WHERE department_id = v_deptid;
 13        IF v_wage < 0 THEN
 14           RAISE e_wage;
 15        END IF;
 16     EXCEPTION
 17        WHEN e_wage THEN
 18           DBMS_OUTPUT.PUT_LINE ('教师工资不能为负值！');
 19           ROLLBACK;
 20        WHEN OTHERS THEN
 21           DBMS_OUTPUT.PUT_LINE ('查询教师奖金时出错！');
 22     END;
 23  /
输入 wage 的值:  -3000
原值    7:        v_wage := &wage;
新值    7:        v_wage := -3000;
```

```
输入 department_id 的值:  101
原值    8:         v_deptid := &department_id;
新值    8:         v_deptid := 101;
查询教师奖金时出错!

PL/SQL 过程已成功完成。
```

10.4.4 使用异常函数

当PL/SQL代码运行出现错误时,通过使用异常函数可以获得错误代码以及相关的错误描述,其中函数SQLCODE用于获得Oracle错误代码,而SQLERRM则用于获得与之相应的错误描述。

例 10.39 使用SQLCODE和SQLERRM异常函数。运行程序时,适当选择赋给变量v_deptid的值(部门编号)可能产生不同的错误,用户可以通过异常函数SQLCODE和SQLERRM获得错误代码与错误描述。

```
SQL>    SET SERVEROUTPUT ON
SQL>    DECLARE
  2       e_wage EXCEPTION;
  3       v_wage Teachers.wage%TYPE;
  4       v_deptid Teachers.department_id%TYPE;
  5       v_bonus Teachers.bonus%TYPE;
  6     BEGIN
  7       v_wage := &wage;
  8       v_deptid := &department_id;
  9       INSERT INTO Teachers
 10         VALUES(10111,'王彤', '教授', '01-9月-1990',1000,v_wage,101);
 11       SELECT bonus INTO v_bonus
 12         FROM Teachers WHERE department_id = v_deptid;
 13       IF v_wage < 0 THEN
 14          RAISE e_wage;
 15       END IF;
 16     EXCEPTION
 17       WHEN e_wage THEN
 18          DBMS_OUTPUT.PUT_LINE ('教师工资不能为负值! ');
 19          ROLLBACK;
 20       WHEN OTHERS THEN
 21          DBMS_OUTPUT.PUT_LINE ('错误代码: '||SQLCODE);
 22          DBMS_OUTPUT.PUT_LINE ('错误描述: '||SQLERRM);
 23     END;
 24  /
输入 wage 的值:  -3000
原值    7:         v_wage := &wage;
新值    7:         v_wage := -3000;
输入 department_id 的值:  101
原值    8:         v_deptid := &department_id;
新值    8:         v_deptid := 101;
错误代码: -1
错误描述: ORA-00001: 违反唯一约束条件 (SYSTEM.TEACHER_PK)

PL/SQL 过程已成功完成。
```

10.5 游标

在 PL/SQL 程序中执行查询语句(SELECT)或数据操纵语句(DML)时，一般都可能产生或处理一组记录，游标是为处理这些记录而分配的一段内存区。SQL 语句对表进行操作时，每次可以同时对多条记录进行操作，但是许多用主语言(如 C++、Delphi、JAVA 等开发工具)编制的应用程序，通常不能把整个结果集作为一个单元来处理，这些应用程序需要有一种机制来保证每次只处理结果集中的一行，PL/SQL 语言的游标提供了这种机制。

本节主要介绍游标应用基础、游标应用、游标 FOR 循环、游标的复杂应用等内容。

10.5.1 游标应用基础

在 PL/SQL 程序中执行查询语句(SELECT)或数据操纵语句(DML)时，会产生一记录集，根据记录集中记录数量的不同，将游标分为两类，其中记录集中只有单行数据时，系统自动进行游标定义，称为隐式游标(Implicit Cursor)；记录集中具有多行数据时，需要由用户定义游标，称为显式游标(Explicit Cursor)。

1. 游标使用步骤

使用显式游标，需要经过声明(Declare)游标、打开(Open)游标、读取(Fetch)游标数据、关闭(Close)游标 4 个步骤。使用隐式游标，不需要像显式游标一样需要声明，也不需要打开和关闭，这些都是由系统自动完成的。下面讲述使用显式游标的步骤。

1) 声明游标

使用显式游标，必须首先在 PL/SQL 程序的声明段进行定义，定义显式游标的语句格式如下：

```
CURSOR cursor_name IS select_statement;
```

其中，cursor_name 是所定义的游标名，它是与某个查询结果集联系的符号名，要遵循 Oracle 变量定义的规则。select_statement 是 SELECT 语句，用于指定游标所对应的查询结果集。

例如：

```
DECLARE
       CURSOR students_cur
       IS
          SELECT name, dob
            FROM students
            WHERE specialty = '计算机';
```

2) 打开游标

定义游标后，要使用游标中的数据，必须先打开游标。在 PL/SQL 语言中，使用 OPEN 语句打开游标，其语句格式为：

```
OPEN cursor_name;
```

其中，cursor_name 是要打开的游标名。该游标名必须是在定义部分已经被定义的游标。

在打开游标后，系统首先检查游标定义中变量的值，然后分配缓冲区，执行游标定义时的 SELECT 语句，将查询结果在缓冲区中缓存。同时，游标指针指向缓冲区结果集的第一个记录。

注意：只有在打开游标时，才真正创建缓冲区，并从数据库检索数据；游标一旦打开，就无法再次打开，除非先关闭；如果游标定义中的变量值发生变化，则只能在下次打开游标时才起作用。

例如：

```
OPEN students_cur;
```

3) 读取数据

游标打开后，查询结果放入内存缓冲区，这时可以通过游标将缓冲区的数据以记录为单位读取出来，之后可以在 PL/SQL 程序中对其实现过程化的处理。读取游标数据需要使用 FETCH 语句，其语句格式为：

```
FETCH cursor_name INTO variable_name1, … variable_namen];
```

其中，cursor_name 为提供数据的游标名，variable_name 用于指定接收游标数据的变量。INTO 子句中变量个数、顺序、数据类型必须与游标指定的记录的字段数量、顺序以及数据类型相匹配。

首次执行 FETCH 语句时，游标指针指向第一条记录，对其操作完成后，游标指针指向下一条记录。由于游标指定的内存缓冲区中可能有多条记录，因此读取游标的过程是一个循环的过程。

例如：

```
FETCH students_cur INTO v_sname, v_dob;
```

4) 关闭游标

利用游标对其缓冲区中的数据处理完毕后，需要及时关闭游标，以释放游标所占用的系统资源。关闭游标使用 CLOSE 语句，其语句格式为：

```
CLOSE cursor_name;
```

其中，cursor_name 指定要关闭的游标名。

例如：

```
CLOSE students_cur;
```

2. 游标属性

游标具有%ISOPEN、%FOUND、%NOTFOUND 和%ROWCOUNT 4 个属性，利用游标属性可以判断当前游标状态。

(1) %ISOPEN。布尔型，用于检测游标是否已经打开。如果游标已经打开，返回 TRUE，否则返回 FALSE。如果试图打开一个已经打开的游标或关闭一个已经关闭的游标，将会出现错误。因此用户在打开或关闭游标前，若不清楚其是否已打开，应该使用%ISOPEN 属性进行检测，根据其返回值是 TRUE 还是 FALSE，执行相应的动作。

(2) %FOUND。布尔型，判断最近一次执行 FETCH 语句后，是否从缓冲区中提取到数据。如果提取到数据，返回 TRUE，否则返回 FALSE。

(3) %NOTFOUND。布尔型，判断最近一次执行 FETCH 语句后，是否从缓冲区中提取到数据。与%FOUND 属性相反，如果没有提取到数据，返回 TURE，否则返回 FALSE。

(4) %ROWCOUNT。数值型，返回到目前为止已经从游标缓冲区提取数据的行数。在 FETCH 语句执行之前，该属性值为 0。

使用隐式游标属性，需要在%前加 SQL 作为前缀；使用显式游标，需要在%前加游标名作为前缀。例如：

使用隐式游标%FOUND 属性，SQL%FOUND；

使用显式游标%ROWCOUNT 属性，Students_cur%ROWCOUNT。

10.5.2 游标应用

通过使用游标既可以逐行检索结果集中的记录，又可以更新或删除当前游标行的数据。如果要通过游标更新或删除数据，定义游标时必须带有 FOR UPDATE 子句，其语句格式如下：

```
CURSOR cursor_name IS select_statement
   FOR UPDATE [OF column_reference] [NOWAIT];
```

其中，FOR UPDATE 子句用于在游标结果集数据上加行共享锁，以防止其他用户在相应行上执行 DML 操作；OF 子句为可选项，当 select_statement 引用了多个表时，选用 OF 子句可以确定哪些表要加锁，若没有选用 OF 子句，则会在 select_statement 所引用的全部表上加锁；NOWAIT 子句为可选项，用于是否指定不等待锁。

1. 浏览数据

例 10.40 定义游标 students_cur，通过使用游标 students_cur，完成显示某系学生姓名、出生日期的功能。

```
SQL> SET SERVEROUTPUT ON
SQL>     DECLARE
  2        v_specialty Students.specialty%TYPE;
  3        v_sname Students.name%TYPE;
  4        v_dob Students.dob%TYPE;
  5        CURSOR Students_cur
  6        IS
  7           SELECT name,dob
  8            FROM Students
  9           WHERE specialty = v_specialty;
 10      BEGIN
 11         v_specialty := '&specialty';
 12         OPEN Students_cur;
 13         DBMS_OUTPUT.PUT_LINE ('学生姓名    出生日期');
 14         LOOP
 15            FETCH Students_cur INTO v_sname,v_dob;
 16            EXIT WHEN Students_cur%NOTFOUND;
 17            DBMS_OUTPUT.PUT_LINE (v_sname||'     '||v_dob);
 18         END LOOP;
 19         CLOSE Students_cur;
```

```
 20      END;
 21  /
输入 specialty 的值:  计算机
原值   11:        v_specialty := '&specialty';
新值   11:        v_specialty := '计算机';
学生姓名    出生日期
王晓芳      07-5 月 -88
刘春苹      12-8 月 -91
张纯玉      21-7 月 -89
王天仪      26-12 月-89
韩刘        03-8 月 -91
白昕

PL/SQL 过程已成功完成。
```

2. 修改数据

利用游标更新当前游标行数据，必须在 UPDATE 语句中使用 WHERE CURRENT OF 子句。语句格式如下：

```
UPDATE table_name SET … WHERE CURRENT OF cursor_name;
```

例 10.41 定义游标 teachers_cur，通过使用游标 teachers_cur，根据职称调整教师的工资。

```
SQL>    DECLARE
  2      v_title Teachers.title%TYPE;
  3      CURSOR Teachers_cur
  4      IS
  5        SELECT title
  6         FROM Teachers
  7         FOR UPDATE;
  8     BEGIN
  9       OPEN Teachers_cur;
 10       LOOP
 11         FETCH Teachers_cur INTO v_title;
 12         EXIT WHEN Teachers_cur%NOTFOUND;
 13         CASE
 14           WHEN v_title = '教授' THEN
 15             UPDATE Teachers
 16               SET wage = 1.1*wage WHERE CURRENT OF Teachers_cur;
 17           WHEN v_title = '高工' OR v_title= '副教授' THEN
 18             UPDATE Teachers
 19               SET wage = 1.05*wage WHERE CURRENT OF Teachers_cur;
 20           ELSE
 21             UPDATE Teachers
 22               SET wage = wage+100 WHERE CURRENT OF Teachers_cur;
 23         END CASE;
 24       END LOOP;
 25       CLOSE Teachers_cur;
 26     END;
 27  /

PL/SQL 过程已成功完成。
```

3．删除数据

利用游标删除当前游标行数据，必须在 DELETE 语句中使用 WHERE CURRENT OF 子句。语句格式如下：

```
DELETE table_name WHERE CURRENT OF cursor_name;
```

例 10.42 定义游标 students_cur，通过使用游标 students_cur，逐个删除计算机系学生的记录。

```
SQL> DECLARE
  2        v_specialty Students.specialty%TYPE;
  3        v_sname Students.name%TYPE;
  4        CURSOR Students_cur
  5        IS
  6           SELECT name,specialty
  7            FROM Students
  8            FOR UPDATE;
  9     BEGIN
 10        OPEN Students_cur;
 11        FETCH Students_cur INTO v_sname,v_specialty;
 12        WHILE Students_cur%FOUND LOOP
 13           IF v_specialty = '计算机' THEN
 14              DELETE FROM Students WHERE CURRENT OF Students_cur;
 15           END IF;
 16           FETCH Students_cur INTO v_sname,v_specialty;
 17        END LOOP;
 18        CLOSE Students_cur;
 19     END;
 20  /

PL/SQL 过程已成功完成。
```

删除 students 表中的记录之后，再查询 students 表中的内容。

```
SQL> SELECT * FROM students;

STUDENT_ID MONITOR_ID  NAME      SEX   DOB            SPECIALTY
---------- ----------  --------- ----- -------------  ----------
    10205              李秋枫    男    25-11 月-90    自动化
    10301              高山      男    08-10 月-90    机电工程
    10207      10205   王刚      男    03-4 月 -87    自动化
    10318      10301   张冬云    女    26-12 月-89    机电工程
    10201      10205   赵风雨    男    25-10 月-90    自动化
    10311      10301   张杨      男    08-5 月 -90    机电工程
    10213      10205   高淼      男    11-3 月 -87    自动化
    10212      10205   欧阳春岚  女    12-3 月 -89    自动化
    10314      10301   赵迪帆    男    22-9 月 -89    机电工程
    10312      10301   白菲菲    女    07-5 月 -88    机电工程
    10328      10301   曾程程    男                   机电工程

STUDENT_ID MONITOR_ID NAME     SEX     DOB              SPECIALTY
---------- ---------- -------- ------ ---------------- ----------
    10228      10205  林紫寒    女                        自动化
```

```
已选择 12 行。
```

查询结果表明，计算机专业学生信息已全部删除。

10.5.3 游标 FOR 循环

游标 FOR 循环是为简化游标使用过程而专门设计的。使用游标 FOR 循环检索游标时，游标的打开、数据的提取、数据是否检索到的判断与游标的关闭都是 Oracle 系统自动进行的。在 PL/SQL 程序中使用游标 FOR 循环，过程清晰，简化了对游标的处理，建议大家使用游标 FOR 循环。

游标 FOR 循环有两种语句格式：①先在定义部分定义游标，然后在游标 FOR 循环中引用该游标；②在 FOR 循环中直接使用子查询，隐式定义游标。

1. FOR 循环语句格式一

FOR 循环语句格式一是先在定义部分定义游标，然后在游标 FOR 循环中引用该游标，语法格式如下：

```
FOR record_ name IN cursor_name LOOP
   statement1;
   statement2;
   …
END LOOP;
```

其中，cursor_name 是已经定义的游标名；record_name 是 Oracle 系统隐含定义的记录变量名。当使用游标 FOR 循环时，在执行循环体内语句之前，Oracle 系统会自动打开游标，随着循环的进行，每次提取一行数据，Oracle 系统会自动判断数据是否提取完毕，并自动退出循环且关闭游标。

例 10.43 定义游标 students_cur，通过使用游标 FOR 循环，逐个显示某专业学生姓名和出生日期，并在每名学生姓名前加上序号。

```
SQL>      DECLARE
  2      v_specialty Students.specialty%TYPE;
  3        CURSOR Students_cur
  4        IS
  5           SELECT name,dob
  6             FROM Students
  7            WHERE specialty = v_specialty;
  8      BEGIN
  9         v_specialty := '&specialty';
 10         DBMS_OUTPUT.PUT_LINE ('序号  学生姓名    出生日期');
 11         FOR Students_record IN Students_cur LOOP
 12            DBMS_OUTPUT.PUT_LINE (Students_cur%ROWCOUNT||'
'||Students_record.name||'
|Students_record.dob);
 13         END LOOP;
 14      END;
 15  /
输入 specialty 的值:  机电工程
原值    9:         v_specialty := '&specialty';
新值    9:         v_specialty := '机电工程';
```

```
序号  学生姓名    出生日期
1     高山        08-10 月-90
2     张冬云      26-12 月-89
3     张杨        08-5 月 -90
4     赵迪帆      22-9 月 -89
5     白菲菲      07-5 月 -88
6     曾程程

PL/SQL 过程已成功完成。
```

2. FOR 循环语句格式二

FOR 循环语句格式二是在 FOR 循环中直接使用子查询，隐式定义游标，语法格式如下：

```
FOR record_ name IN subquery LOOP
    statement1;
    statement2;
    …
END LOOP;
```

其中，subquery 是形成隐式定义游标的子查询；record_name 是 Oracle 系统隐式定义的记录变量名。由于该格式是隐式定义游标(游标未指定名字)，因此在 PL/SQL 程序代码中不能显式使用游标属性。

例 10.44 定义游标 students_cur，通过使用游标 FOR 循环，逐个显示某专业学生姓名和出生日期。

采用 FOR 循环语句格式二隐式定义游标(游标未指定名字)，不能显式使用游标属性%ROWCOUNT，因此不能在每名学生姓名前加上序号。

```
SQL>      DECLARE
  2      v_specialty Students.specialty%TYPE;
  3        CURSOR Students_cur
  4        IS
  5           SELECT name,dob
  6            FROM Students
  7           WHERE specialty = v_specialty;
  8      BEGIN
  9         v_specialty := '&specialty';
 10         DBMS_OUTPUT.PUT_LINE ('学生姓名    出生日期');
 11         FOR Students_record IN
 12           (SELECT name,dob FROM Students WHERE specialty = v_specialty)
LOOP
 13           DBMS_OUTPUT.PUT_LINE (Students_record.name||'
'||Students_record.dob);
 14         END LOOP;
 15      END;
 16  /
输入 specialty 的值:  机电工程
原值    9:         v_specialty := '&specialty';
新值    9:         v_specialty := '机电工程';
学生姓名   出生日期
高山       08-10 月-90
张冬云     26-12 月-89
张杨       08-5 月 -90
```

```
赵迪帆      22-9月 -89
白菲菲      07-5月 -88
曾程程

PL/SQL 过程已成功完成。
```

10.5.4 游标的复杂应用

游标的复杂应用包括在游标中使用参数、定义并使用游标变量以及游标表达式等。下面分别介绍游标的这些复杂应用情况。

1. 参数游标

在定义与使用游标时，可以带有参数，以便将参数传递给游标并在 PL/SQL 代码中使用。当使用不同参数值打开游标时，可以产生不同的结果集。定义参数游标的语句格式如下：

```
CURSOR cursor_name(para_name1 datatype[,para_name2 datatype]…)
        IS select_statement;
```

其中，para_name 指定游标参数名，datatype 指定游标参数的数据类型。定义游标参数时，只能指定参数的类型，而不能指定参数的长度、精度、刻度，因此将 para_name 称为形参。形参个数可以是一个，也可以是多个。

打开参数游标时，需要给参数赋值，语句格式如下：

```
OPEN cursor_name[value1 [,value2]....];
```

其中，参数值 value 可以是常量或已经赋值的变量。value 被称为实参。打开带参数的游标时，实参的个数和数据类型等必须与游标定义时形参的个数和数据类型等相匹配。

下面通过实例说明定义和使用参数游标的方法。

例 10.45 定义游标 students_cur，其中使用专业作为一个参数。

```
SQL> SET SERVEROUTPUT ON
SQL>     DECLARE
  2        v_dob Students.dob%TYPE;
  3        v_sname Students.name%TYPE;
  4        CURSOR Students_cur(v_specialty Students.specialty%TYPE)
  5        IS
  6          SELECT name, dob
  7            FROM Students WHERE specialty = v_specialty;
  8      BEGIN
  9        OPEN Students_cur('机电工程');
 10        FETCH Students_cur INTO v_sname,v_dob;
 11        WHILE Students_cur%FOUND LOOP
 12          DBMS_OUTPUT.PUT_LINE (v_sname||'     '||v_dob);
 13          FETCH Students_cur INTO v_sname,v_dob;
 14        END LOOP;
 15        CLOSE Students_cur;
 16      END;
 17  /
高山        08-10月-90
张冬云      26-12月-89
张杨        08-5月 -90
```

```
赵迪帆      22-9月 -89
白菲菲      07-5月 -88
曾程程

PL/SQL 过程已成功完成。
```

本例实参把“机电工程”传递给了形参，程序将显示机电工程专业的学生姓名和出生日期。该程序通过实参传递不同的专业给形参，将显示不同专业的学生姓名和出生日期。

例 10.46 定义游标 teachers_cur，其中使用职称和工资两个参数。

```
SQL> SET SERVEROUTPUT ON
SQL>     DECLARE
  2        v_tname Teachers.name%TYPE;
  3        v_wage Teachers.wage%TYPE;
  4        CURSOR Teachers_cur(t_title VARCHAR2,t_wage NUMBER)
  5        IS
  6          SELECT name, wage
  7            FROM Teachers WHERE title = t_title AND wage > t_wage;
  8      BEGIN
  9        OPEN Teachers_cur('副教授',2000);
 10        FETCH Teachers_cur INTO v_tname,v_wage;
 11        WHILE Teachers_cur%FOUND LOOP
 12          DBMS_OUTPUT.PUT_LINE (v_tname||'     '||v_wage);
 13          FETCH Teachers_cur INTO v_tname,v_wage;
 14        END LOOP;
 15        CLOSE Teachers_cur;
 16      END;
 17 /
孔世杰     2700

PL/SQL 过程已成功完成。
```

本例实参把“'副教授'、2000”传递给了形参，程序将显示具有副教授职称并且工资超过 2000 元的教师的姓名及工资。该程序通过实参传递不同的职称和工资下限给形参，将显示对应职称，并且工资超过给定下限的教师的姓名及工资。

2. 游标变量

游标是指定的某个查询的结果集所在内存位置的指针，是静态的。在某一时刻，游标变量是指向某个查询结果集所在内存位置的指针；而在另一时刻，游标变量又可能是指向另一个查询结果集所在内存位置的指针。因此，游标变量是动态的，它与游标的关系就像一般的常量和变量一样。游标变量在打开时，可以取得不同的游标值，从而提高了 PL/SQL 程序的灵活性。

使用游标变量，需要经过定义游标变量、打开游标变量、读取游标变量对应的数据、关闭游标变量 4 个步骤。

1) 定义游标变量

定义游标变量需要两个步骤：首先定义游标类型，然后定义具有游标类型的变量。定义游标类型的语句格式如下：

```
TYPE ref_type_name IS REF CURSOR [RETURN return_type];
```

其中，ref_type_name 指定游标变量使用的数据类型；可选子句 RETURN 由 return_type 指定返回结果的数据类型，并且该数据类型必须是记录类型。

定义游标变量的语句格式如下：

```
cursor_variable ref_type_name;
```

其中，cursor_variable 用于指定游标变量名；ref_type_name 用于指定游标变量使用的数据类型。

2) 打开游标变量

为了使用游标变量，需要通过打开游标变量语句，为其指定某个查询结果集所在内存位置的指针，即为游标变量赋值。打开游标变量的语句格式如下：

```
OPEN cursor_variable FOR select_statement;
```

其中，cursor_variable 指定游标变量名，select_statement 指定游标变量所对应的 SELECT 语句。该语句的功能是，把 select_statement 形成的结果集所在内存位置的指针(游标)，赋给游标变量 cursor_variable。

3) 读取游标变量对应的数据

读取游标变量对应的数据的语句格式如下：

```
FETCH cursor_variable INTO variable1, variable2, …;
```

其中，cursor_variable 给出游标变量名，variable1，variable2 …用于指定接收游标数据的变量。

游标变量同样具有%ISOPEN，%FOUND，%NOTFOUND 和%ROWCOUNT 等属性。利用游标属性可以判断当前游标变量的状态。

4) 关闭游标变量

当游标变量所对应的数据处理完毕之后，便可以关闭游标变量了。关闭游标变量语句格式如下：

```
CLOSE cursor_variable;
```

其中，cursor_variable 指定关闭游标变量的名称。游标变量关闭后，自动释放其对应的结果集所在的内存空间。

下面通过实例说明定义和使用游标变量的方法。

例 10.47 定义游标变量 StuCursor，通过使用游标变量 StuCursor 显示学生姓名和出生日期，不使用 RETURN 子句。

```
SQL> SET SERVEROUTPUT ON
SQL>     DECLARE
  2        TYPE Students_cur IS REF CURSOR;
  3        StuCursor Students_cur;
  4        Students_record Students%ROWTYPE;
  5      BEGIN
  6      IF NOT StuCursor%ISOPEN THEN
  7        OPEN StuCursor FOR SELECT * FROM Students;
  8      END IF;
  9      DBMS_OUTPUT.PUT_LINE ('学生姓名    出生日期');
 10      LOOP
```

```
 11         FETCH StuCursor INTO Students_record;
 12         EXIT WHEN StuCursor%NOTFOUND;
 13         DBMS_OUTPUT.PUT_LINE (Students_record.name||'
'||Students_record.dob);
 14       END LOOP;
 15       CLOSE StuCursor;
 16       END;
 17  /
学生姓名   出生日期
李秋枫     25-11月-90
高山       08-10月-90
王刚       03-4月 -87
张冬云     26-12月-89
赵风雨     25-10月-90
张杨       08-5月 -90
高淼       11-3月 -87
欧阳春岚   12-3月 -89
赵迪帆     22-9月 -89
白菲菲     07-5月 -88
曾程程
林紫寒

PL/SQL 过程已成功完成。
```

本例定义 REF CURSOR 类型时，没有指定 RETURN 子句，因此，打开游标变量 StuCursor 时，可以与任何 SELECT 语句相关联。

例 10.48 定义游标变量 StuCursor，通过使用游标变量 StuCursor 显示学生姓名和出生日期。使用 RETURN 子句。

```
SQL> SET SERVEROUTPUT ON
SQL> DECLARE
  2         TYPE Students_record IS RECORD(
  3           StuName VARCHAR2(10),
  4           StuDOB DATE
  5         );
  6         StuRecord Students_record;
  7         TYPE Students_cur IS REF CURSOR RETURN Students_record;
  8         StuCursor Students_cur;
  9       BEGIN
 10         IF NOT StuCursor%ISOPEN THEN
 11           OPEN StuCursor FOR SELECT name,dob FROM Students;
 12         END IF;
 13         DBMS_OUTPUT.PUT_LINE ('学生姓名    出生日期');
 14         LOOP
 15           FETCH StuCursor INTO StuRecord;
 16           EXIT WHEN StuCursor%NOTFOUND;
 17           DBMS_OUTPUT.PUT_LINE (StuRecord.StuName||'
'||StuRecord.StuDOB);
 18         END LOOP;
 19       CLOSE StuCursor;
 20       END;
 21  /
学生姓名   出生日期
李秋枫     25-11月-90
```

```
高山        08-10 月-90
王刚        03-4 月 -87
张冬云      26-12 月-89
赵风雨      25-10 月-90
张杨        08-5 月 -90
高淼        11-3 月 -87
欧阳春岚    12-3 月 -89
赵迪帆      22-9 月 -89
白菲菲      07-5 月 -88
曾程程
林紫寒

PL/SQL 过程已成功完成。
```

本例定义 REF CURSOR 类型时，指定了 RETURN 子句，因此，打开游标变量 StuCursor 时，SELECT 语句的返回结果必须与 RETURN 子句中 students_record 指定的记录类型的变量相匹配。

3. 游标表达式

游标表达式在游标的 SELECT 语句内部使用，构成嵌套游标，其返回类型为 REF CURSOR。游标表达式的语法格式如下：

```
CURSOR(subquery)
```

在 PL/SQL 代码中使用游标表达式，可以处理多表间的关联数据。游标表达式只能用于显式游标，而不能用于隐式游标。

下面通过实例介绍游标表达式的使用方法。

例 10.49 定义游标 Departments_cur，在游标 Departments_cur 中使用游标表达式 CURSOR(SELECT name, title FROM Teachers WHERE department_id = d.department_id)。

```
SQL> SET SERVEROUTPUT ON
SQL>     DECLARE
  2        v_tname Teachers.name%TYPE;
  3        v_title Teachers.title%TYPE;
  4        v_dname Departments.department_name%TYPE;
  5        TYPE cursor_type IS REF CURSOR;
  6        CURSOR Departments_cur(dept_id NUMBER) IS
  7        SELECT d.department_name, CURSOR(SELECT name, title
  8        FROM Teachers WHERE department_id = d.department_id)
  9        FROM Departments d WHERE d.department_id = dept_id;
 10        Teachers_cur cursor_type;
 11      BEGIN
 12        OPEN Departments_cur('101');
 13        LOOP
 14          FETCH Departments_cur INTO v_dname, Teachers_cur;
 15          EXIT WHEN Departments_cur%NOTFOUND;
 16          DBMS_OUTPUT.PUT_LINE ('系部名称：'||v_dname);
 17          DBMS_OUTPUT.PUT_LINE ('教师姓名    职称');
 18          LOOP
 19            FETCH Teachers_cur INTO v_tname, v_title;
 20            EXIT WHEN Teachers_cur%NOTFOUND;
 21            DBMS_OUTPUT.PUT_LINE (v_tname||'    '||v_title);
```

```
 22          END LOOP;
 23        END LOOP;
 24     END;
 25  /
系部名称：信息工程
教师姓名    职称
王彤        教授
孔世杰      副教授
邹人文      讲师
韩冬梅      助教
王晓

PL/SQL 过程已成功完成。
```

第11章

复合数据类型

PL/SQL 有两种复合数据类型，记录和集合。记录由多个域组成，可以方便处理单行多列或多行多列数据。集合由一个域组成，可以方便处理多行单列数据。记录又分为记录类型和记录表类型；集合又分为联合数组(Oracle 11g 以前称索引表)、嵌套表、变长数组等类型。复合数据类型属于用户自定义类型，需要先定义，然后才能在 PL/SQL 程序中使用。本章将详细介绍这些复合数据类型。在学习了本章之后，读者将：

(1) 掌握记录类型的使用方法；

(2) 掌握记录表类型的使用方法；

(3) 掌握联合数组类型的使用方法；

(4) 掌握嵌套表类型的使用方法；

(5) 掌握变长数组类型的使用方法；

(6) 掌握集合方法和集合操作符的使用方法。

11.1 记录类型

记录类型类似于 C++语言中的结构体，在 Oracle 数据库中，它用于处理表中的单行多列数据。记录由多个域组成，每个域可以由标量数据类型或其他记录类型构成。在使用记录类型变量与数据库交换数据时，记录相当于表中的数据行，域则相当于表中的列。

11.1.1 定义记录

定义记录有三种方法：①基于表(或视图)的记录定义记录变量；②基于游标的记录定义记录变量；③在 PL/SQL 程序中，首先定义记录类型再定义记录变量。其中前两种定义记录的方法也统称为隐式定义，第三种方法也称为显式定义。下面分别介绍这三种定义记录的方法。

1. 基于表的记录定义记录变量

基于表的记录定义记录变量，不用描述记录的每一个域，Oracle 提供了使用%ROWTYPE 属性的记录变量定义方式，即把记录变量定义为与指定表的记录行的数据类型相一致。例如：

```
DECLARE
   s1 students %ROWTYPE;
```

其中，students 为表名。通过上述定义，PL/SQL 记录变量 s1 与 students 表的记录行建立了联系，即记录变量 s1 每个域的数据类型与 students 表每个列的数据类型对应一致。如果 students 表定义的数据类型发生改变，那么记录变量 s1 对应域的数据类型也随之改变。

因此，记录变量 s1 各个域(成员)的数据类型定义为：

```
student_id NUMBER(5)
monitor_id NUMBER(5)
name VARCHAR2(10)
sex VARCHAR2(6)
dob DATE
specialty VARCHAR2(10)
```

2. 基于游标定义记录变量

基于游标定义记录变量，可以使用%ROWTYPE 属性，将记录变量定义为与显式游标或游标变量结构相一致。例如：

```
DECLARE
   CURSOR students_cur
     IS
        SELECT name, dob
          FROM students
         WHERE specialty = '计算机' ;
   s2 students_cur%ROWTYPE;
```

则记录变量 s2 各个域(成员)的数据类型定义为：

```
name VARCHAR2(10)
dob DATE
```

记录变量 s2 的成员个数、名称、数据类型与游标 students_cur 列的个数、对应列的名称及所定义的数据类型一致。

3．显式定义记录

显式定义记录是在 PL/SQL 程序的定义部分，先定义一个记录类型，然后定义记录类型的变量。显式定义记录的语句格式如下：

```
TYPE record_type_name IS RECORD(
        field1_name datatype1,
        field2_name datatype2,
        …
        fieldn_name datatypen
        );
variable_name record_type_name;
```

其中，record_type_name 指定记录类型的名字；field1_name datatype1、field2_name datatype2、…、fieldn_name datatypen 指定记录成员(域)；variable_name 指定记录变量的名字。

显式定义记录类型 teacher_record_type、记录类型变量 teacher 的示例如下：

```
DECLARE
TYPE teacher_record_type IS RECORD(
        name teachers.name%TYPE,
        wage teachers.wage%TYPE,
        bonus teachers.bonus%TYPE
        );
teacher teacher_record_type;
```

其中，记录类型 teacher_record_type 包含三个记录成员 name、wage 和 bonus，与 teachers 表中的 name、wage 和 bonus 列的数据类型一致；变量 teacher 是基于记录类型 teacher_record_type 所定义的记录变量。

11.1.2 在 SELECT 语句中使用记录

1．使用%ROWTYPE 属性定义记录

使用%ROWTYPE 属性可以基于表、视图或游标定义记录。

例 11.1 使用%ROWTYPE 属性基于表 students 定义记录，在 students 表中查询学号为 10201 的记录，并显示该学生的姓名、性别、专业等信息。

```
SQL> SET SERVEROUTPUT ON
SQL>    DECLARE
  2      v_student Students%ROWTYPE;
  3     BEGIN
  4        SELECT * INTO v_student
  5          FROM Students WHERE student_id = 10201;
  6        DBMS_OUTPUT.PUT_LINE ('姓名  性别  专业');
  7        DBMS_OUTPUT.PUT_LINE
```

```
  8          (v_student.name||'  '||v_student.sex||'
'||v_student.specialty);
  9       END;
 10  /
姓名  性别  专业
赵风雨  男  自动化

PL/SQL 过程已成功完成。
```

例 11.2 使用%ROWTYPE 属性基于视图 students_view 定义记录，在 students 表中查询学号为 10201 的记录，并显示该学生的姓名、性别、专业等信息。

```
SQL> SET SERVEROUTPUT ON
SQL>    DECLARE
  2      v_student Students_view%ROWTYPE;
  3     BEGIN
  4        SELECT * INTO v_student
  5         FROM Students_view WHERE student_id = 10201;
  6        DBMS_OUTPUT.PUT_LINE ('姓名  性别  专业');
  7        DBMS_OUTPUT.PUT_LINE
  8         (v_student.name||'  '||v_student.sex||'
'||v_student.specialty);
  9      END;
 10  /
姓名  性别  专业
赵风雨  男  自动化

PL/SQL 过程已成功完成。
```

注：如果视图 students_view 不存在，执行下面的语句创建。

```
CREATE VIEW Students_view AS
  SELECT * FROM Students
   WHERE sex='男';
```

例 11.3 使用%ROWTYPE 属性基于游标 students_cur 定义记录，显示计算机专业学生的姓名、出生日期等信息。

```
SQL> SET SERVEROUTPUT ON
SQL>     DECLARE
  2       CURSOR students_cur
  3       IS
  4          SELECT name,dob
  5           FROM Students
  6          WHERE specialty = '计算机';
  7       v_student students_cur%ROWTYPE;
  8     BEGIN
  9        DBMS_OUTPUT.PUT_LINE ('序号  学生姓名   出生日期');
 10        FOR Students_record IN Students_cur LOOP
 11          v_student.name := Students_record.name;
 12          v_student.dob := Students_record.dob;
 13          DBMS_OUTPUT.PUT_LINE (Students_cur%ROWCOUNT||'
'||v_student.name||'
dent.dob);
 14        END LOOP;
```

```
 15       END;
 16  /
序号  学生姓名    出生日期
1      王晓芳      07-5 月 -88
2      刘春苹      12-8 月 -91
3      张纯玉      21-7 月 -89
4      王天仪      26-12 月-89
5      韩刘        03-8 月 -91
6      白昕

PL/SQL 过程已成功完成。
```

2. 使用显式方法定义记录

例 11.4 先定义记录类型 s_record，然后定义基于 s_record 的类型变量 students_record，通过使用 students_record 显示指定学号的学生信息。

```
SQL> SET SERVEROUT ON
SQL>       DECLARE
  2       TYPE s_record IS RECORD
  3           (name Students.name%TYPE,
  4            sex Students.sex%TYPE,
  5            dob Students.dob%TYPE);
  6       students_record s_record;
  7       v_id Students.student_id%TYPE;
  8       BEGIN
  9          v_id := &student_id;
 10          DBMS_OUTPUT.PUT_LINE ('学生姓名  性别   出生日期');
 11          SELECT name,sex,dob INTO students_record
 12            FROM Students WHERE student_id = v_id;
 13          DBMS_OUTPUT.PUT_LINE (students_record.name||'
'||Students_record.sex||'
ts_record.dob);
 14       EXCEPTION
 15          WHEN OTHERS THEN
 16            DBMS_OUTPUT.PUT_LINE (sqlcode||sqlerrm);
 17       END;
 18  /
输入 student_id 的值:  10314
原值    9:          v_id := &student_id;
新值    9:          v_id := 10314;
学生姓名  性别   出生日期
赵迪帆    男    22-9 月 -89

PL/SQL 过程已成功完成。
```

3. 使用记录成员

记录变量可以作为一个整体使用，也可以分别使用其中的成员。一般情况下，使用记录成员与使用标量变量一样。

例 11.5 定义 students_record 和 students_row 两个记录变量，使用两者的成员进行数据传递，显示指定专业的学生信息。

```
SQL> SET SERVEROUT ON
SQL>       DECLARE
  2       TYPE s_record IS RECORD
  3          (name Students.name%TYPE,
  4           sex Students.sex%TYPE,
  5           dob Students.dob%TYPE);
  6       students_record s_record;
  7       v_specialty Students.specialty%TYPE;
  8       i INT := 0;
  9       BEGIN
 10          v_specialty := '&specialty';
 11          DBMS_OUTPUT.PUT_LINE ('序号  学生姓名  性别   出生日期');
 12          FOR students_row
 13             IN (SELECT * FROM Students WHERE specialty=v_specialty) LOOP
 14             i:=i+1;
 15             students_record.name := students_row.name;
 16             students_record.sex := students_row.sex;
 17             students_record.dob := students_row.dob;
 18             DBMS_OUTPUT.PUT_LINE (i||'    '||students_record.name||'
'||Students_record.sex
||'   '||Students_record.dob);
 19          END LOOP;
 20       EXCEPTION
 21          WHEN OTHERS THEN
 22           DBMS_OUTPUT.PUT_LINE (sqlcode||sqlerrm);
 23       END;
 24  /
输入 specialty 的值:  计算机
原值   10:          v_specialty := '&specialty';
新值   10:          v_specialty := '计算机';
序号  学生姓名  性别   出生日期
1     王晓芳    女    07-5月 -88
2     刘春苹    女    12-8月 -91
3     张纯玉    男    21-7月 -89
4     王天仪    男    26-12月-89
5     韩刘      男    03-8月 -91
6     白昕      男

PL/SQL 过程已成功完成。
```

11.1.3 在 DML 中使用记录

DML 有 UPDATE、INSERT 和 DELETE 三条语句，其中在 UPDATE 和 INSERT 语句既可以使用记录变量，也可以使用记录成员，而在 DELETE 语句中只能使用记录成员。

1. 在 UPDATE 语句中使用记录

例 11.6 先定义记录类型 s_record，然后定义基于 s_record 的记录变量 students_ record。通过在 UPDATE 语句中使用 students_record 记录变量修改指定学号的学生信息。

修改指定学号的学生信息之前，首先查询学生表 students 中原学生的信息。

```
SQL> SELECT * FROM students;
```

```
STUDENT_ID MONITOR_ID  NAME     SEX   DOB          SPECIALTY
---------- ---------- -------- ----- ------------ ----------
   10101               王晓芳    女    07-5月 -88     计算机
   10205               李秋枫    男    25-11月-90     自动化
   10102    10101      刘春苹    女    12-8月 -91     计算机
   10301               高山      男    08-10月-90     机电工程
   10207    10205      王刚      男    03-4月 -87     自动化
   10112    10101      张纯玉    男    21-7月 -89     计算机
   10318    10301      张冬云    女    26-12月-89     机电工程
   10103    10101      王天仪    男    26-12月-89     计算机
   10201    10205      赵风雨    男    25-10月-90     自动化
   10105    10101      韩刘      男    03-8月 -91     计算机
   10311    10301      张杨      男    08-5月 -90     机电工程

STUDENT_ID MONITOR_ID  NAME     SEX   DOB          SPECIALTY
---------- ---------- -------- ------ ------------ ----------
   10213    10205      高淼      男    11-3月 -87     自动化
   10212    10205      欧阳春岚  女    12-3月 -89     自动化
   10314    10301      赵迪帆    男    22-9月 -89     机电工程
   10312    10301      白菲菲    女    07-5月 -88     机电工程
   10328    10301      曾程程    男                   机电工程
   10128    10101      白昕      男                   计算机
   10228    10205      林紫寒    女                   自动化

已选择 18 行。
```

通过在 UPDATE 语句中使用 students_record 记录变量修改指定学号的学生信息。

```
SQL>    DECLARE
  2       TYPE s_record IS RECORD
  3          (id Students.student_id%TYPE,
  4           dob Students.dob%TYPE);
  5       students_record s_record;
  6     BEGIN
  7       students_record.id := 10101;
  8       students_record.dob := '25-11月-1990';
  9       UPDATE Students SET dob = students_record.dob
 10              WHERE student_id = students_record.id;
 11     END;
 12  /

PL/SQL 过程已成功完成。
```

修改指定学号的学生信息之后，再查询学生表 students 中的学生信息。学生表 students 中的内容变化，反映了例 11.6 程序的功能。

```
SQL>  SELECT * FROM students;

STUDENT_ID MONITOR_ID  NAME     SEX   DOB          SPECIALTY
---------- ---------- -------- ----- ------------ ----------
   10101               王晓芳    女    25-11月-90     计算机
   10205               李秋枫    男    25-11月-90     自动化
   10102    10101      刘春苹    女    12-8月 -91     计算机
   10301               高山      男    08-10月-90     机电工程
```

```
     10207     10205     王刚       男     03-4 月 -87     自动化
     10112     10101     张纯玉     男     21-7 月 -89     计算机
     10318     10301     张冬云     女     26-12 月-89     机电工程
     10103     10101     王天仪     男     26-12 月-89     计算机
     10201     10205     赵风雨     男     25-10 月-90     自动化
     10105     10101     韩刘       男     03-8 月 -91     计算机
     10311     10301     张杨       男     08-5 月 -90     机电工程

STUDENT_ID MONITOR_ID  NAME     SEX    DOB             SPECIALTY
---------- ---------- -------- ----- -------------- ----------
     10213     10205     高淼       男     11-3 月 -87     自动化
     10212     10205     欧阳春岚   女     12-3 月 -89     自动化
     10314     10301     赵迪帆     男     22-9 月 -89     机电工程
     10312     10301     白菲菲     女     07-5 月 -88     机电工程
     10328     10301     曾程程     男                     机电工程
     10128     10101     白昕       男                     计算机
     10228     10205     林紫寒     女                     自动化

已选择 18 行。
```

例 11.7 先定义记录类型 s_record，然后定义基于 s_record 的记录变量 students_record，通过在 UPDATE 语句中使用 students_record 记录变量修改指定学号的学生信息。

```
SQL>  DECLARE
  2       TYPE s_record IS RECORD
  3          (id Students.student_id%TYPE,
  4           monitor_id Students.monitor_id%TYPE,
  5           name Students.name%TYPE,
  6           sex Students.sex%TYPE,
  7           dob Students.dob%TYPE,
  8           specialty Students.specialty%TYPE);
  9       students_record s_record;
 10     BEGIN
 11       students_record.id := 10288;
 12       students_record.monitor_id := 10205;
 13       students_record.name := '王天仪';
 14       students_record.sex := '男';
 15       students_record.dob := '25-11 月-1990';
 16       students_record.specialty := '自动化';
 17       UPDATE Students SET ROW = students_record
 18             WHERE student_id = 10103;
 19     END;
 20  /

PL/SQL 过程已成功完成。
```

可以使用 SELECT 语句，查询学生表 students 中的内容变化。

2. 在 INSERT 语句中使用记录变量

例 11.8 在 INSERT 语句中使用记录变量，插入一名学生记录。

```
SQL>    DECLARE
  2       TYPE s_record IS RECORD
  3          (id Students.student_id%TYPE,
```

```
  4          dob Students.dob%TYPE);
  5       students_record s_record;
  6    BEGIN
  7       students_record.id := 10101;
  8       students_record.dob := '25-11月-1990';
  9       INSERT INTO Students(student_id,dob)
 10          VALUES (students_record.id, students_record.dob);
 11    END;
 12  /

PL/SQL 过程已成功完成。
```

可以使用 SELECT 语句，查询学生表 students 中的内容变化。

例 11.9 在 INSERT 语句中使用记录成员变量，在 departments 表中插入一行记录，其中记录成员变量，分别指定部门编号与部门名称。

在 departments 表中插入一行记录之前，首先查询系部表 departments 中的原有信息。

```
SQL> SELECT * FROM Departments;

DEPARTMENT_ID  DEPARTMENT_NAME    ADDRESS
-------------  -----------------  --------------
         101    信息工程           1 号教学楼
         102    电气工程           2 号教学楼
         103    机电工程           3 号教学楼
         104    工商管理           4 号教学楼
```

在 INSERT 语句中使用记录成员变量，在 departments 表中插入一行记录。

```
SQL> DECLARE
  2       TYPE s_record IS RECORD
  3          (id Departments.department_id%TYPE,
  4           name Departments.department_name%TYPE);
  5       departments_record s_record;
  6     BEGIN
  7       departments_record.id := 111;
  8       departments_record.name := '地球物理';
  9       INSERT INTO Departments(department_id,department_name)
 10          VALUES (departments_record.id,departments_record.name);
 11     END;
 12  /

PL/SQL 过程已成功完成。
```

查询系部表 departments 中的信息，其内容的变化反映了例 11.9 的功能。

```
SQL> SELECT * FROM Departments;

DEPARTMENT_ID  DEPARTMENT_NAME    ADDRESS
-------------  -----------------  --------------
         101    信息工程           1 号教学楼
         102    电气工程           2 号教学楼
         103    机电工程           3 号教学楼
         104    工商管理           4 号教学楼
         111    地球物理
```

3. 在 DELETE 语句中使用记录变量

例 11.10 先定义记录类型 d_record，然后定义基于 d_record 的记录变量 departments_record，在 DELETE 语句中使用 departments_record 记录变量作为删除记录的条件。

```
SQL> DECLARE
  2      TYPE d_record IS RECORD
  3          (id Departments.department_id%TYPE);
  4      departments_record d_record;
  5    BEGIN
  6      departments_record.id := 111;
  7      DELETE FROM Departments WHERE department_id = departments_record.id;
  8    END;
  9  /

PL/SQL 过程已成功完成。
```

可以使用 SELECT 语句，查询系部表 departments 中的内容变化。

11.2 记录表类型

记录表类型类似 C++语言中的结构体数组，在 Oracle 数据库中，它用于处理表中的多行多列数据。记录表元素由多个域组成，每个域可以由标量数据类型或其他记录类型构成。在使用记录表元素与数据库交换数据时，记录表元素相当于表中的数据行，域则相当于表中的列。

11.2.1 定义记录表

定义记录表是在 PL/SQL 程序的定义部分，先定义一个记录表类型，然后定义记录表类型的变量。定义记录表的语句格式如下：

```
TYPE recordtable_type_name IS TABLE OF
    table_name%ROWTYPE | column_name %TYPE INDEX BY BINAY_INTEGER;
variable_name recordtable_type_name;
```

其中，recordtable_type_name 指定记录表类型的名字；table_name 指定记录表元素 (域) 的定义所依据的表，或者由 column_name 指定记录表元素 (域)的定义所依据的列；BINAY_INTEGER 指定记录表元素下标所使用的数据类型，取值范围为-2147483647～+2147483647；variable_name 指定记录表变量名字。

定义记录表类型 teacher_recordtable_type、记录表类型变量 teacher 的示例如下：

```
DECLARE
TYPE teacher_recordtable _type IS TABLE OF teachers%ROWTYPE
    INDEX BY BINAY_INTEGER;
teacher teacher_ recordtable _type;
```

其中，记录表类型 teacher_recordtable_type 结构与 teachers 表的结构一致。teacher 是基于记录表类型 teacher_recordtable_type 所定义的记录表类型变量。每个记录表元素与 teachers 表中对应列的数据类型一致。

11.2.2 使用记录表

下面通过例子介绍使用记录表的方法。

例 11.11 定义记录表类型 student_tab_type 和基于 student_tab_type 的记录表类型变量 student_tab，然后使用 student_tab 元素获取 students 表中指定学号的学生信息，并显示出来。

```
SQL>     SET SERVEROUT ON
SQL>     DECLARE
  2        TYPE student_tab_type IS TABLE OF
  3          Students%ROWTYPE INDEX BY BINARY_INTEGER;
  4        student_tab student_tab_type;
  5        v_id Students.student_id%TYPE;
  6      BEGIN
  7        v_id := &student_id;
  8        SELECT * INTO student_tab(999)
  9          FROM Students WHERE student_id = v_id;
 10        DBMS_OUTPUT.PUT_LINE ('学生姓名: '||student_tab(999).name);
 11        DBMS_OUTPUT.PUT_LINE ('学生性别: '||student_tab(999).sex);
 12        DBMS_OUTPUT.PUT_LINE ('出生日期: '||student_tab(999).dob);
 13        DBMS_OUTPUT.PUT_LINE ('专    业: '||student_tab(999).specialty);
 14      END;
 15  /
输入 student_id 的值: 10101
原值    7:         v_id := &student_id;
新值    7:         v_id := 10101;
学生姓名:王晓芳
学生性别:女
出生日期:25-11月-90
专    业:计算机

PL/SQL 过程已成功完成。
```

例 11.12 定义记录表类型 student_tab_type 和基于 student_tab_type 的记录表类型变量 student_tab，然后使用 student_tab 元素获取游标中指定专业的学生信息，并循环显示出来。

```
SQL>     SET SERVEROUT ON
SQL>     DECLARE
  2        TYPE student_tab_type IS TABLE OF
  3          students%ROWTYPE INDEX BY BINARY_INTEGER;
  4        student_tab student_tab_type;
  5        v_specialty students.specialty%TYPE;
  6        CURSOR students_cur
  7        IS
  8           SELECT *
  9             FROM students
 10             WHERE specialty = v_specialty;
 11        i INT := 1;
 12      BEGIN
 13       v_specialty := '&specialty';
 14       OPEN students_cur;
 15       DBMS_OUTPUT.PUT_LINE ('学生姓名   出生日期');
 16       LOOP
```

```
 17            FETCH Students_cur INTO student_tab(i);
 18            EXIT WHEN Students_cur%NOTFOUND;
 19            DBMS_OUTPUT.PUT_LINE
 20              (student_tab(i).name||'    '||student_tab(i).dob);
 21            i := i+1;
 22          END LOOP;
 23          CLOSE Students_cur;
 24        END;
 25  /
输入 specialty 的值: 计算机
原值   13:        v_specialty := '&specialty';
新值   13:        v_specialty := '计算机';
学生姓名   出生日期
王晓芳     25-11 月-90
刘春苹     12-8 月 -91
张纯玉     21-7 月 -89
韩刘       03-8 月 -91
白昕

PL/SQL 过程已成功完成。
```

例 11.13 定义记录表类型 sname_tab_type 和 sdob_tab_type 以及基于两者的记录表类型变量 sname_tab 和 sdob_tab，然后使用 sname_tab 元素和 sdob_tab 元素获取游标中指定专业的学生信息，并循环显示出来。

```
SQL> SET SERVEROUT ON
SQL>      DECLARE
  2          TYPE sname_tab_type IS TABLE OF
  3            Students.name%TYPE INDEX BY BINARY_INTEGER;
  4          sname_tab sname_tab_type;
  5          TYPE sdob_tab_type IS TABLE OF
  6            Students.dob%TYPE INDEX BY BINARY_INTEGER;
  7          sdob_tab sdob_tab_type;
  8          v_specialty Students.specialty%TYPE;
  9          CURSOR Students_cur
 10           IS
 11             SELECT name,dob
 12               FROM Students
 13               WHERE specialty = v_specialty;
 14           i INT:=1;
 15        BEGIN
 16          v_specialty := '&specialty';
 17          OPEN Students_cur;
 18          DBMS_OUTPUT.PUT_LINE ('学生姓名    出生日期');
 19          LOOP
 20            FETCH Students_cur INTO sname_tab(i),sdob_tab(i);
 21            EXIT WHEN Students_cur%NOTFOUND;
 22            DBMS_OUTPUT.PUT_LINE (sname_tab(i)||'    '||sdob_tab(i));
 23            i := i+1;
 24          END LOOP;
 25          CLOSE Students_cur;
 26        END;
 27  /
输入 specialty 的值: 机电工程
原值   16:        v_specialty := '&specialty';
```

```
新值  16:        v_specialty := '机电工程';
学生姓名  出生日期
高山      08-10月-90
张冬云    26-12月-89
张杨      08-5月 -90
赵迪帆    22-9月 -89
白菲菲    07-5月 -88
曾程程

PL/SQL 过程已成功完成。
```

11.3 联合数组类型

联合数组是 Oracle 较早引入的数据类型，首次在 Oracle 7 中引入时，它被称为 PL/SQL 表，在 Oracle 8 中将其更名为索引(Index_by)表，在 Oracle 12c 中又更名为联合数组。

联合数组是一维结构体，它只能作为程序设计的结构体，即只能在 PL/QL 程序中作为变量使用，而不能在数据库表的定义中使用。下面介绍联合数组的定义与使用方法。

11.3.1 定义联合数组

定义联合数组是在 PL/SQL 程序的定义部分，先定义一个联合数组类型，然后定义联合数组类型的变量。定义联合数组的语句格式如下：

```
TYPE associativearray_type_name AS TABLE OF
  element_ datatype [NOT NULL] INDEX BY index_datatype;
variable_name associativearray_type_name;
```

其中，associativearray_type_name 指定联合数组类型的名字；element_datatype 指定联合数组元素的数据类型；可选项[NOT NULL]指定联合数组元素不能为 NULL 值；index_datatype 指定联合数组元素下标所使用的数据类型；可以取 PLS_INTEGER、BINARY_INTEGER、VARCHAR2、STRING 或 LONG 等类型，因此联合数组元素的下标，既可以是数字(−2147483647～+2147483647)，也可以是字符；variable_name 指定联合数组变量名字。

定义联合数组类型 sname_tab_type、联合数组类型变量 sname_tab 的示例如下：

```
DECLARE
TYPE sname_tab_type IS TABLE OF
  VARCHAR2(10) INDEX BY BINARY_INTEGER;
sname_tab sname_tab_type;
```

其中，联合数组类型 sname_tab_type 的数据类型为 VARCHAR2，sname_tab 是基于联合数组类型 sname_tab_type 所定义的联合数组类型变量，sname_tab 联合数组元素的数据类型均为 VARCHAR2 类型。

11.3.2 使用联合数组

前面介绍了联合数组的定义方法，下面将通过例子介绍联合数组的使用方法。

例 11.14 定义联合数组 sname_tab_type 和基于它的联合数组类型变量 sname_tab。通过 sname_tab 的元素获得指定学生的学生姓名，并将学生姓名显示出来。本例使用 BINARY_INTEGER 作为联合数组的下标。

```
SQL>      SET SERVEROUT ON
SQL>      DECLARE
  2         TYPE sname_tab_type IS TABLE OF
  3           VARCHAR2(10) INDEX BY BINARY_INTEGER;
  4         sname_tab sname_tab_type;
  5         v_id students.student_id%TYPE;
  6       BEGIN
  7         v_id := &student_id;
  8         SELECT name INTO sname_tab(-999)
  9           FROM students WHERE student_id = v_id;
 10         DBMS_OUTPUT.PUT_LINE ('学生姓名：'||sname_tab(-999));
 11       END;
 12  /
输入 student_id 的值：  10101
原值    7:          v_id := &student_id;
新值    7:          v_id := 10101;
学生姓名：王晓芳

PL/SQL 过程已成功完成。
```

例 11.15 定义联合数组类型 sname_tab_type 和 sdob_tab_type 以及分别基于它们的联合数组类型变量 sname_tab 和 sdob_tab。通过 sname_tab 的元素获得指定专业的某个学生的姓名，通过 sdob_tab 的元素获得指定专业的某个学生的出生日期，并利用循环将指定专业的学生姓名和出生日期显示出来。

```
SQL>      SET SERVEROUT ON
SQL>      DECLARE
  2         TYPE sname_tab_type IS TABLE OF
  3           students.name%TYPE INDEX BY BINARY_INTEGER;
  4         sname_tab sname_tab_type;
  5         TYPE sdob_tab_type IS TABLE OF
  6           Students.dob%TYPE INDEX BY BINARY_INTEGER;
  7         sdob_tab sdob_tab_type;
  8         v_specialty students.specialty%TYPE;
  9         CURSOR students_cur
 10         IS
 11            SELECT name,dob
 12              FROM students
 13              WHERE specialty = v_specialty;
 14         i INT:=1;
 15       BEGIN
 16        v_specialty := '&specialty';
 17        OPEN students_cur;
 18        DBMS_OUTPUT.PUT_LINE ('学生姓名    出生日期');
 19        LOOP
 20          FETCH students_cur INTO sname_tab(i),sdob_tab(i);
 21          EXIT WHEN students_cur%NOTFOUND;
 22          DBMS_OUTPUT.PUT_LINE
 23            (sname_tab(i)||'        '||sdob_tab(i));
```

```
 24          i := i+1;
 25        END LOOP;
 26        CLOSE students_cur;
 27      END;
 28  /
输入 specialty 的值:  自动化
原值   16:         v_specialty := '&specialty';
新值   16:         v_specialty := '自动化';
学生姓名    出生日期
李秋枫      25-11月-90
王刚        03-4月 -87
王天仪      25-11月-90
赵风雨      25-10月-90
高淼        11-3月 -87
欧阳春岚    12-3月 -89
林紫寒

PL/SQL 过程已成功完成。
```

例 11.16 定义联合数组类型 sname_tab_type 和基于它的联合数组类型变量 sname_tab。通过 sname_tab 的元素获得指定学生的学生姓名，并将学生姓名显示出来。本例使用 VARCHAR2 作为联合数组的下标。

```
SQL>      SET SERVEROUT ON
SQL>      DECLARE
  2         TYPE sname_tab_type IS TABLE OF
  3           Students.name%TYPE INDEX BY VARCHAR2(10);
  4         sname_tab sname_tab_type;
  5         v_id Students.student_id%TYPE;
  6       BEGIN
  7         v_id := &student_id;
  8         SELECT name INTO sname_tab('学生姓名')
  9           FROM Students WHERE student_id = v_id;
 10         DBMS_OUTPUT.PUT_LINE
 11            ('学生姓名: '||sname_tab('学生姓名'));
 12       END;
 13  /
输入 student_id 的值:  10101
原值    7:         v_id := &student_id;
新值    7:         v_id := 10101;
学生姓名: 王晓芳

PL/SQL 过程已成功完成。
```

11.4 嵌套表类型

嵌套表是在 Oracle 8 中首次引入的数据类型，一直沿用至今。嵌套表是一维结构体，它不仅能作为程序设计的结构体，即在 PL/SQL 程序中作为变量使用，而且可以在数据库表的定义中作为列的数据类型。下面介绍嵌套表的定义与使用方法。

11.4.1 定义嵌套表

定义嵌套表是在PL/SQL程序的定义部分，先定义一个嵌套表类型，然后定义嵌套表类型的变量。定义嵌套表的语句格式如下：

```
TYPE nestedtable_type_name AS TABLE OF element_ datatype [NOT NULL];
variable_name nestedtable_type_name(value [,value]… );
```

其中，nestedtable_type_name 指定嵌套表类型的名字；element_datatype 指定嵌套表元素的数据类型；可选项[NOT NULL]指定嵌套表元素不能为NULL 值；variable_name 指定嵌套表变量名字；value 指定嵌套表变量初始化的值。

嵌套表的定义中没有明确给出嵌套表元素下标的数据类型，但 Oracle 规定嵌套表元素下标从 1 开始，并且下标上限没有限制。定义嵌套表变量时，必须对其进行初始化，初始化通过使用嵌套表类型构造方法实现。由于嵌套表不限制其元素的个数，因此，在初始化嵌套表类型变量时，必须设置嵌套表中所含元素的个数。

定义嵌套表类型 sname_tab_type、嵌套表类型变量 sname_tab 的示例如下：

```
DECLARE
TYPE sname_tab_type IS TABLE OF VARCHAR2(10);
sname_tab sname_tab_type(NULL, NULL);
```

其中，嵌套表类型 sname_tab_type 是数据类型为 VARCHAR2 的一维结构体。sname_tab 是基于嵌套表类型 sname_tab_type 所定义的嵌套表类型变量，每个嵌套表元素的数据类型均为 VARCHAR2 类型。由于定义嵌套表类型 sname_tab_type 时，没有指定[NOT NULL] 可选项，因此嵌套表类型变量 sname_tab 可以取 NULL 值。在定义嵌套表类型变量 sname_tab 时，使用两个NULL值进行了初始化，既初始化了变量sname_tab的值，又设置变量sname_tab 的元素个数为 2。

11.4.2 使用嵌套表

嵌套表不仅能作为程序设计的结构体，即在 PL/SQL 程序中作为变量使用，而且可以在数据库表的定义中把嵌套表作为表列的数据类型。下面将介绍嵌套表在这两种情况下的使用方法。

1. 嵌套表在 PL/SQL 块中作为数据变量

在 PL/SQL 块中使用嵌套表作为数据变量，需要先定义嵌套表数据类型，然后定义并初始化嵌套表类型变量。下面将通过例子介绍嵌套表在 PL/SQL 块中作为数据变量的使用方法。

例 11.17 定义嵌套表类型 sname_type 和基于它的嵌套表类型变量 sname_table，并将变量 sname_table 用 NULL、NULL、NULL、'王一' 4 个值初始化。显示变量 sname_table 的初始值后，通过赋值语句给变量 sname_table 的元素重新指定值，并将其显示出来。

```
SQL> SET SERVEROUT ON
SQL>      DECLARE
  2         TYPE sname_type IS TABLE OF VARCHAR2(10);
```

```
  3        sname_table sname_type :=
  4          sname_type(NULL,NULL,NULL,'王一');
  5      BEGIN
  6        DBMS_OUTPUT.PUT_LINE ('初始化学生姓名：');
  7        FOR i IN 1..4 LOOP
  8          DBMS_OUTPUT.PUT_LINE (sname_table(i));
  9        END LOOP;
 10        sname_table(1) := '赵一';
 11        sname_table(2) := '钱二';
 12        sname_table(3) := '孙三';
 13        sname_table(4) := '李四';
 14        DBMS_OUTPUT.PUT_LINE ('重新指定的学生姓名：');
 15        FOR i IN 1..4 LOOP
 16          DBMS_OUTPUT.PUT_LINE (sname_table(i));
 17        END LOOP;
 18    END;
 19  /
初始化学生姓名：
王一
重新指定的学生姓名：
赵一
钱二
孙三
李四

PL/SQL 过程已成功完成。
```

如果定义变量 sname_table 时未初始化，或在使用变量 sname_table 时下标超限(大于 4)，程序运行时将会出现错误。

例 11.18 定义嵌套表类型 sname_type 和基于它的嵌套表类型变量 sname_table，并将变量 sname_table 用 '张三'、'张三' 等两个值初始化。通过 sname_table 的元素获得指定学生的姓名，并显示出来。

```
SQL>      SET SERVEROUT ON
SQL>      DECLARE
  2         TYPE sname_type IS TABLE OF
  3           students.name%TYPE NOT NULL;
  4         sname_table sname_type := sname_type('张三','张三');
  5         v_id Students.student_id%TYPE;
  6       BEGIN
  7         v_id := &student_id;
  8         SELECT name
  9           INTO sname_table(1)
 10           FROM Students
 11           WHERE student_id = v_id;
 12         DBMS_OUTPUT.PUT_LINE ('学生 1 姓名：'||sname_table(1));
 13         DBMS_OUTPUT.PUT_LINE ('学生 2 姓名：'||sname_table(2));
 14       END;
 15  /
输入 student_id 的值： 10101
原值    7:         v_id := &student_id;
新值    7:         v_id := 10101;
学生 1 姓名：王晓芳
```

```
学生 2 姓名：张三

PL/SQL 过程已成功完成。
```

由于定义嵌套表类型 sname_type 时，指定了 NOT NULL 选项，因此变量 sname_table 不能取 NULL 值；如果在初始化或给变量 sname_table 赋值时使用 NULL 值，那么程序运行时将会出现错误。

2. 嵌套表作为表列的数据类型

将嵌套表作为表列的数据类型，需在定义数据库表时指定。在表列中使用嵌套表类型前，必须先创建嵌套表数据类型。可以使用下面的语句创建嵌套表数据类型 sname_type，然后在定义数据库表语句中使用这一嵌套表作为表列 student_name 的数据类型。

```
CREATE TYPE sname_type IS TABLE OF VARCHAR2(10);
    /
CREATE TABLE mentors (
       mentor_id NUMBER(5)
          CONSTRAINT mentor_pk PRIMARY KEY,
       mentor_name VARCHAR2(10) NOT NULL,
       student_name sname_type
)NESTED TABLE student_name STORE AS sname_table;
```

含有嵌套表数据类型列的表创建以后，需要解决的问题就是如何使用这个表，即如何实现表的插入、查询、修改、删除等操作。下面通过例子介绍含有嵌套表类型列的表的访问方法。

例 11.19 向表 mentors 中插入一行记录，其中含有嵌套表类型的列。为嵌套表类型列插入数据时，需要使用嵌套表的构造方法。

```
SQL> BEGIN
  2   INSERT INTO mentors
  3     VALUES(10101,'王彤',sname_type('王晓芳','张纯玉','刘春苹'));
  4  END;
  5  /

PL/SQL 过程已成功完成。
```

例 11.20 查询表 mentors 中 student_name 列的数据。

```
SQL> SET SERVEROUT ON
SQL>  DECLARE
  2     sname_table sname_type;
  3    BEGIN
  4     SELECT student_name INTO sname_table
  5       FROM Mentors WHERE mentor_name = '王彤';
  6     DBMS_OUTPUT.PUT_LINE ('王彤导师的研究生姓名: ');
  7     FOR i IN 1..sname_table.COUNT LOOP
  8       DBMS_OUTPUT.PUT_LINE (sname_table(i));
  9     END LOOP;
 10    END;
 11  /
王彤导师的研究生姓名:
王晓芳
```

```
张纯玉
刘春苹

PL/SQL 过程已成功完成。
```

该程序中使用了 sname_table 的 COUNT 属性，它可以获得 sname_table 中的元素个数。有关集合类型方法的详细介绍参见 11.6.1 节。

例 11.21 修改表 mentors 中 student_name 列的数据。

```
SQL>      DECLARE
  2         sname_table sname_type :=
  3           sname_type('王一','张三','刘四');
  4       BEGIN
  5         UPDATE Mentors
  6         SET student_name = sname_table
  7         WHERE mentor_name = '王彤';
  8       END;
  9  /

PL/SQL 过程已成功完成。
```

可以使用 SELECT 语句查询表 mentors 中的内容变化。

```
SQL> SELECT * FROM Mentors;

 MENTOR_ID MENTOR_NAME
---------- ------------
STUDENT_NAME
--------------------------------------------------------------------------------
     10101       王彤
SNAME_TYPE('王一', '张三', '刘四')
```

删除表中的数据是基于行进行的，与列是否采用嵌套表类型无关，因此，删除表 mentors 中数据的方法与以前介绍的方法相同，不再赘述。

11.5 变长数组类型

变长数组是在 Oracle 8 中首次引入的数据类型，一直沿用至今。变长数组也是一维结构体，它不仅能作为程序设计的结构体，即在 PL/SQL 程序中作为变量使用，而且可以在数据库表的定义中作为列的数据类型。下面介绍变长数组的定义与使用方法。

11.5.1 定义变长数组

定义变长数组是在 PL/SQL 程序的定义部分，先定义一个变长数组类型，然后定义变长数组类型的变量。定义变长数组的语句格式如下：

```
TYPE varry_type_name IS {VARRY | VARYING ARRAY}(size_limit)
   OF element_ datatype [NOT NULL];
variable_name varry_type_name (value [,value]… );
```

其中，varry_type_name 指定变长数组类型的名字；VARRY 或 VARYING ARRAY 指定

数据类型；size_limit 指定变长数组元素的最大个数；element_datatype 指定变长数组元素的数据类型；可选项[NOT NULL]指定变长数组元素不能为NULL 值；variable_name 指定变长数组变量名字；value 指定变长数组变量初始化的值。

变长数组的定义中明确给出了变长数组元素下标的最大值，这表明 Oracle 规定变长数组元素下标从 1 开始，下标上限大小由 size_limit 指定。定义变长数组变量时，也必须对其进行初始化，初始化通过变长数组类型构造方法实现。由于变长数组限制其元素的个数，因此，初始化元素的个数必须小于或等于 size_limit 指定的值。

定义变长数组类型 sname_varry_type、变长数组类型变量 sname_varry 的示例如下：

```
DECLARE
TYPE sname_varry_type IS VARRY (3) OF VARCHAR2(10);
sname_varry sname_varry_type (NULL, NULL, NULL);
```

其中，变长数组类型 sname_varry_type 数据类型为 VARCHAR2，元素的个数为 3。sname_varry 是基于变长数组类型 sname_varry_type 所定义的变长数组类型变量，每个变长数组元素的数据类型均为 VARCHAR2 类型。由于定义变长数组类型 sname_varry_type 时，没有指定[NOT NULL] 可选项，因此变长数组类型变量 sname_varry 可以取 NULL 值。

以上介绍了变长数组的定义方法，下面将介绍变长数组的使用方法。

11.5.2 使用变长数组类型

与嵌套表一样，变长数组不仅能作为程序设计的结构体，即在 PL/SQL 程序中作为变量使用，而且可以在数据库表的定义中把变长数组作为表列的数据类型。下面将介绍变长数组在这两种情况下的使用方法。

1. 变长数组在 PL/SQL 块中作为数据变量

在 PL/SQL 块中使用变长数组作为数据变量，需要先定义变长数组的数据类型，然后定义并初始化变长数组类型变量。下面将通过例子介绍变长数组在 PL/SQL 块中作为数据变量的使用方法。

例 11.22 定义变长数组类型 sname_varry_type 和基于它的变长数组类型变量 sname_varry，并将变量 sname_varry 用 NULL、NULL、'李四' 3 个值初始化，且显示出来，然后通过赋值语句给变量 sname_varry 的元素重新指定值，并将其显示出来。

```
SQL> SET SERVEROUT ON
SQL>      DECLARE
  2        TYPE sname_varry_type IS VARRAY(3) OF VARCHAR2(10);
  3        sname_varry sname_varry_type :=
  4         sname_varry_type(NULL,NULL,'李四');
  5       BEGIN
  6         DBMS_OUTPUT.PUT_LINE ('初始化学生姓名: ');
  7         FOR i IN 1..3 LOOP
  8           DBMS_OUTPUT.PUT_LINE (sname_varry(i));
  9         END LOOP;
 10         sname_varry(1) := '赵一';
 11         sname_varry(2) := '钱二';
 12         sname_varry(3) := '孙三';
```

```
13         DBMS_OUTPUT.PUT_LINE ('重新指定的学生姓名：');
14         FOR i IN 1..3 LOOP
15           DBMS_OUTPUT.PUT_LINE (sname_varry(i));
16         END LOOP;
17       END;
18  /
初始化学生姓名:
李四
重新指定的学生姓名:
赵一
钱二
孙三

PL/SQL 过程已成功完成。
```

例 11.23 定义变长数组类型 sname_type 和基于它的变长数组类型变量 sname_varry，并将变量 sname_varry 用 '李四'、'李四' 两个值初始化。通过 sname_varry 的元素获得指定学生的学生姓名，并将变量 sname_varry 的元素值显示出来。

```
SQL> SET SERVEROUT ON
SQL>     DECLARE
  2        TYPE sname_type IS VARRAY(3) OF VARCHAR2(10);
  3        sname_varry sname_type;
  4        v_id Students.student_id%TYPE;
  5      BEGIN
  6        v_id := &student_id;
  7        sname_varry := sname_type('李四','李四');
  8        SELECT name
  9        INTO sname_varry(2)
 10        FROM Students
 11        WHERE student_id = v_id;
 12        DBMS_OUTPUT.PUT_LINE ('学生1姓名: '||sname_varry(1));
 13        DBMS_OUTPUT.PUT_LINE ('学生2姓名: '||sname_varry(2));
 14      END;
 15  /
输入 student_id 的值:  10101
原值    6:         v_id := &student_id;
新值    6:         v_id := 10101;
学生1姓名: 李四
学生2姓名: 王晓芳

PL/SQL 过程已成功完成。
```

2. 变长数组作为表列的数据类型

将变长数组作为表列的数据类型，需在定义数据库表时指定。在表列中使用变长数组类型之前，必须先创建变长数组数据类型。可以使用下面的语句创建变长数组数据类型 studname_type，然后在定义数据库表语句中使用这一变长数组作为表列 student_name 的数据类型。

```
CREATE TYPE studname_type IS VARRAY(15) OF VARCHAR2(10);
/
CREATE TABLE hierophants(
```

```
  hierophant_id NUMBER(5)
    CONSTRAINT hierophant_pk PRIMARY KEY,
  hierophant_name VARCHAR2(10) NOT NULL,
  student_name studname_type
);
```

含有变长数组数据类型列的表创建以后，需要解决的问题就是如何使用这个表，即如何实现表的插入、查询、修改、删除等操作。下面通过例子介绍含有变长数组类型列的表的访问方法。

例 11.24 向表 hierophants 中插入一记录，其中含有变长数组类型列。为变长数组类型列插入数据时，需要使用变长数组的构造方法。

```
SQL> BEGIN
  2    INSERT INTO hierophants
  3    VALUES(10101,'王彤',studname_type('王晓芳','张纯玉','刘春苹'));
  4  END;
  5  /

PL/SQL 过程已成功完成。
```

例 11.25 查询表 hierophant 中 student_name 列的数据。

```
SQL>    SET SERVEROUT ON
SQL>     DECLARE
  2        studname_varry studname_type;
  3       BEGIN
  4         SELECT student_name INTO studname_varry
  5           FROM hierophants
  6             WHERE hierophant_name = '王彤';
  7         DBMS_OUTPUT.PUT_LINE ('王彤导师的研究生姓名：');
  8         FOR i IN 1..studname_varry.COUNT LOOP
  9           DBMS_OUTPUT.PUT_LINE (studname_varry(i));
 10         END LOOP;
 11       END;
 12  /
王彤导师的研究生姓名：
王晓芳
张纯玉
刘春苹

PL/SQL 过程已成功完成。
```

该程序中使用了 studname_ varry 的 COUNT 属性，它可以获得 studname_varry 中的元素个数。有关集合类型方法的介绍参见 11.6.1 节。

例 11.26 修改表 hierophants 中 student_name 列的数据。

```
SQL>     DECLARE
  2        studname_varry studname_type :=
  3          studname_type('王一','张三','刘四');
  4       BEGIN
  5         UPDATE hierophants
  6         SET student_name = studname_varry
  7         WHERE hierophant_name = '王彤';
  8       END;
```

```
  9  /

PL/SQL 过程已成功完成。
```

可以使用 SELECT 语句查询表 hierophants 中的内容变化。

```
SQL> SELECT * FROM hierophants;

HIEROPHANT_ID  HIEROPHANT_NAME
-------------  ---------------
STUDENT_NAME
------------------------------------------------------------------------
        10101          王彤
STUDNAME_TYPE('王一', '张三', '刘四')
```

删除表中的数据是基于行进行的，与列的数据类型是否采用变长数组无关，因此，与以前介绍的方法相同，不再赘述。

11.6 集合操作

Oracle 引入集合以后，随之引入了与集合有关的操作，包括使用集合属性与方法、集合操作符等。

11.6.1 集合属性与方法

集合属性与方法是在 PL/SQL 中使用集合和遍历集合元素时需要掌握的。集合属性是 Oracle 提供的用于操作集合变量的内置函数，具有返回值，包括 COUNT()、LIMIT()、EXIST()、FIRST()、 LAST()、NEXT()、PRIOR()等。集合方法是 Oracle 提供的用于操作集合变量的内置过程，无返回值，包括 DELETE()、EXTEND()、TRIM()等。

表 11.1 与表 11.2 介绍了集合属性与方法的格式、各自所支持集合的类型以及功能概要等。

表 11.1 Oracle 的集合属性

属性名称	支持何种集合类型	说 明
COUNT	所有集合类型	PLS_INTEGER COUNT 方法返回的是 varry 和嵌套表中已经分配了存储空间的元素的数目。在联合数组上使用这个方法时，返回联合数组中元素的数目。COUNT 方法的返回值可能会比变长数组的 LIMIT 小
LIMIT	变长数组	PLS_INTEGER LAMIT 方法返回变长数组中允许出现的最高下标值
EXISTS(n)	所有集合类型	TRUE 或 FALSE EXISTS 方法判断某个元素是否存在于集合中。它带有一个重载的形参，形参的数据类型为 PLS INTEGER、VARCHAR2 或 LONG 等，对应的是集合中元素的下标。即使是一个空元素集合，调用 EXISTS 方法也不会引发 COLLECTION IS NULL 异常

续表

属性名称	支持何种集合类型	说　明
FIRST	所有集合类型	PLS INTEGER、VARCHAR2 或 LONG 类型 FIRST 方法返回集合中元素的最低下标值
LAST	所有集合类型	PLS INTEGER、VARCHAR2 或 LONG 类型 LAST 方法返回集合中元素的最高下标值
NEXT(n)	所有集合类型	PLS INTEGER、VARCHAR2 或 LONG 类型 NEXT 方法带有一个重载的形参，可以接收的数据类型包括 PLS INTEGER、VARCHAR2 或 LONG 等，对应的实参必须是集合的有效下标。NEXT 方法使用下标查找集合中下一个更高的下标，如果没有更高的下标值，NEXT 方法就返回 NULL 值
PRIOR (n)	所有集合类型	PLS INTEGER、VARCHAR2 或 LONG 类型 PRIOR 方法带有一个重载的形参，可以接收的数据类型包括 PLS INTEGER、VARCHAR2 或 LONG 等，对应的实参必须是集合的有效下标。PRIOR 方法使用下标查找集合中下一个更低的下标，如果没有更低的下标值，就返回 NULL 值

表 11.2　Oracle 的集合方法

方法名称	支持何种集合类型	说　明
DELETE	所有集合类型	不带参数的 DELETE 方法，删除集合中所有的元素。它是一个过程，没有返回值
DELETE(n)	所有集合类型	DELETE 方法带有一个重载的形参，形参的数据类型为 PLS INTEGER、VARCHAR2 或 LONG 等，对应的是集合中元素的下标。它是一个过程，没有返回值
DELETE(m, n)	所有集合类型	DELETE 方法带有两个重载的形参，形参的数据类型为 PLS INTEGER、VARCHAR2 或 LONG 等，分别对应的是集合的最小和最大下标，设定了集合中元素的包含范围。它是一个过程，没有返回值
EXTEND	变长数组或嵌套表	EXTEND 方法为集合中的新元素分配存储空间。如果试图分配空间的元素超过了变长数组 LIMIT 的返回值，该方法就会失败
EXTEND(n)	变长数组或嵌套表	EXTEND 方法为集合中的多个新元素分配存储空间。它带有一个形参，形参的数据类型为 PLS INTEGER。如果试图分配空间的元素数量超过了变长数组的 LIMIT 值，该方法就会失败
EXTEND(n, i)	变长数组或嵌套表	EXTEND 方法为集合中的多个新元素分配存储空间。它带有两个形参，这两个形参的数据类型均为 PLS INTEGER。第 1 个参数表示要添加多少个新元素，第 2 个参数是引用集合中已有的元素，该元素会被复制到新元素上。如果试图分配空间的元素数量超过了变长数组的 LIMIT，该方法就会失败

续表

方法名称	支持何种集合类型	说　明
TRIM	所有集合类型	TRIM 方法删除集合中的最高下标值
TRIM(n)	所有集合类型	TRIM 方法带有一个形参，接受 PLSINTEGER 数据类型，对应的实参必须是比 COUNT 方法的返回值小的一个整数值，否则就会引发异常。它删除以实参形式传递给该方法的数字或元素

1. 使用集合属性

集合包括 COUNT、LIMIT、EXIST、FIRST、 LAST、NEXT、PRIOR 等属性，下面分别予以介绍。

1)　COUNT 属性

COUNT 属性不需要形参，返回集合变量的元素总个数，返回值的类型为 PLS_INTEGER。

例 11.27　定义联合数组类型 sname_tab_type 及其变量 sname_tab，通过游标使变量 sname_tab 的元素依次获得计算机专业的学生姓名，最后通过变量 sname_tab 的 COUNT 属性获得计算机专业学生总数。

```
SQL> SET SERVEROUTPUT ON
SQL>     DECLARE
  2        TYPE sname_tab_type IS TABLE OF
  3          students.name%TYPE INDEX BY BINARY_INTEGER;
  4        sname_tab sname_tab_type;
  5        i INT:=1;
  6      BEGIN
  7        FOR students_record IN
  8          (SELECT name FROM students WHERE specialty = '计算机') LOOP
  9            sname_tab(i) := students_record.name;
 10            i := i+1;
 11          END LOOP;
 12          DBMS_OUTPUT.PUT_LINE
 13            ('计算机专业共有学生总数：'||sname_tab.COUNT||' 名。');
 14      END;
 15  /
计算机专业共有学生总数：5 名。

PL/SQL 过程已成功完成。
```

2)　LIMIT 属性

LIMIT 属性不需要形参，返回变长数组中允许出现的最大下标值，返回值的类型为 PLS_INTEGER。

例 11.28　定义变长数组类型 sname_varry_type 及其变量 sname_varry，并用 '王一'、'李二'、'张三' 3 个值初始化变量 sname_varry。最后通过 LIMIT 属性获得变量 sname_varry 的最大下标值，通过 COUNT 属性获得变量 sname_varry 的元素个数。

```
SQL> SET SERVEROUT ON
SQL>     DECLARE
  2       TYPE sname_varry_type IS VARRAY(15) OF students.name%TYPE;
```

```
  3        sname_varry sname_varry_type :=
  4          sname_varry_type('王一','李二','张三');
  5      BEGIN
  6        DBMS_OUTPUT.PUT_LINE
  7          ('集合(VARRAY)变量的最大下标值: '||sname_varry.LIMIT);
  8        DBMS_OUTPUT.PUT_LINE
  9          ('集合(VARRAY)变量的元素个数: '||sname_varry.COUNT);
 10      END;
 11  /
集合(VARRAY)变量的最大下标值: 15
集合(VARRAY)变量的元素个数: 3

PL/SQL 过程已成功完成。
```

3) EXIST 属性

EXIST 属性需要一个形参，用来给出集合中元素的下标，EXIST 属性确定该下标对应的集合元素是否存在，如果存在，则返回 TRUE 值；如果不存在，则返回 FALSE 值。

例 11.29 定义嵌套表类型 sname_tab_type 及其变量 sname_tab，然后使用属性 EXIST 判断 sname_tab 的第一个元素是否存在，若存在，则说明变量 sname_tab 已初始化，执行空操作后再执行其他操作；若不存在，则说明变量 sname_tab 尚未初始化，执行初始化操作后再执行其他操作。

```
SQL> SET SERVEROUT ON
SQL>    DECLARE
  2       TYPE sname_tab_type IS TABLE OF VARCHAR2(10);
  3       sname_tab sname_tab_type;
  4       v_id students.student_id%TYPE;
  5     BEGIN
  6       v_id := &student_id;
  7       IF sname_tab.EXISTS(1) THEN
  8          NULL;
  9       ELSE
 10          sname_tab := sname_tab_type('王一','李二','张三');
 11       END IF;
 12       SELECT name INTO sname_tab(1)
 13         FROM students
 14           WHERE student_id = v_id;
 15       DBMS_OUTPUT.PUT_LINE ('学生姓名: '||sname_tab(1));
 16     END;
 17  /
输入 student_id 的值:  10101
原值    6:        v_id := &student_id;
新值    6:        v_id := 10101;
学生姓名: 王晓芳

PL/SQL 过程已成功完成。
```

4) FIRST 与 LAST 属性

FIRST 属性返回集合中第一个元素的下标值，LAST 属性返回集合中最后一个元素的下标值。返回的下标值可能是数字值，也可能是 VARCHAR2 或 LONG 类型的字符值(使用联合数组)；当下标值不是数字时，不能在 FOR-LOOP 循环中使用 FIRST 与 LAST 属性。

例 11.30 定义联合数组类型 sname_tab_type 及其变量 sname_tab，通过游标使变量 sname_tab 的元素依次获得计算机专业的学生姓名，最后通过变量 sname_tab 的 FIRST、COUNT、LAST 属性分别获得第一个元素下标、元素总数、最后一个元素下标。

```
SQL> SET SERVEROUTPUT ON
SQL>    DECLARE
  2      TYPE sname_tab_type IS TABLE OF
  3        students.name%TYPE INDEX BY BINARY_INTEGER;
  4      sname_tab sname_tab_type;
  5      i INT := -10;
  6    BEGIN
  7      FOR students_record IN
  8        (SELECT name FROM students WHERE specialty = '计算机') LOOP
  9          sname_tab(i) := students_record.name;
 10          i := i+10;
 11      END LOOP;
 12      DBMS_OUTPUT.PUT_LINE ('第一个元素下标为：'||sname_tab.FIRST);
 13      DBMS_OUTPUT.PUT_LINE ('sname_tab 中元素个数：'||sname_tab.COUNT);
 14      DBMS_OUTPUT.PUT_LINE ('最后一个元素下标为：'||sname_tab.LAST);
 15    END;
 16  /
第一个元素下标为：-10
sname_tab 中元素个数：5
最后一个元素下标为：30

PL/SQL 过程已成功完成。
```

5) NEXT 与 PRIOR 属性

NEXT 属性返回集合中当前元素的后一个元素的下标值，如果后一个元素不存在，就返回 NULL 值。PRIOR 属性返回集合中当前元素的前一个元素的下标值，如果前一个元素不存在，就返回 NULL 值。返回的下标值可能是数字，也可能是 VARCHAR2 或 LONG 类型的字符值(使用联合数组)。

例 11.31 定义联合数组类型 sname_tab_type 及其变量 sname_tab，通过游标使变量 sname_tab 的元素依次获得计算机专业的学生姓名，最后通过变量 sname_tab 的 FIRST、NEXT 属性循环显示计算机专业的学生姓名。

```
SQL> SET SERVEROUTPUT ON
SQL>    DECLARE
  2      TYPE sname_tab_type IS TABLE OF
  3        students.name%TYPE INDEX BY BINARY_INTEGER;
  4        sname_tab sname_tab_type;
  5        i INT := -10;
  6        counter INT;
  7    BEGIN
  8      FOR students_record IN
  9         (SELECT name FROM students WHERE specialty = '计算机') LOOP
 10           sname_tab(i) := students_record.name;
 11           i := i+10;
 12      END LOOP;
 13      counter := sname_tab.FIRST;
 14      WHILE counter <= sname_tab.LAST LOOP
 15        DBMS_OUTPUT.PUT_LINE
```

```
 16         ('sname_tab('||counter||') = '||sname_tab(counter));
 17        counter := sname_tab.NEXT(counter);
 18      END LOOP;
 19    END;
 20  /
sname_tab(-10) = 王晓芳
sname_tab(0) = 刘春苹
sname_tab(10) = 张纯玉
sname_tab(20) = 韩刘
sname_tab(30) = 白昕

PL/SQL 过程已成功完成。
```

本例使用属性 NEXT()，若使用属性 PRIOR()，如何修改程序？

2. 集合方法

集合方法包括 DELETE、EXTEND、TRIM 等，下面分别予以介绍。

1) DELETE 方法

DELETE 方法用于删除集合中的元素，它有 DELETE、DELETE(n)、DELETE(m, n)等三种调用格式。无参数的 DELETE 方法删除集合中的所有元素。带有一个形参的 DELETE(n)方法删除集合中下标值为 n 的元素。带有两个形参的 DELETE(m, n)方法删除集合中下标值 m～n 之间的所有元素。

例 11.32 定义变长数组类型 sname_type 和基于它的变长数组类型变量 sname_varry，并用'王一'、'李二'、'张三'、'赵四'、'周五'、'刘六' 6 个值将其初始化。然后使用 DELETE(n)方法、DELETE(m, n)方法和 DELETE 方法删除对应的数据。

```
SQL>  SET SERVEROUTPUT ON
SQL>   DECLARE
  2      TYPE sname_type IS TABLE OF VARCHAR2(10);
  3      sname_varry sname_type :=
  4        sname_type('王一','李二','张三','赵四','周五','刘六');
  5    BEGIN
  6      DBMS_OUTPUT.PUT_LINE
  7        ('sname_varry 初始元素个数：'||sname_varry.COUNT);
  8      sname_varry.DELETE(2);
  9      DBMS_OUTPUT.PUT_LINE
 10        ('DELETE(2)后 sname_varry 元素个数：'||sname_varry.COUNT);
 11      sname_varry.DELETE(3,5);
 12      DBMS_OUTPUT.PUT_LINE
 13        ('DELETE(3,5)后 sname_varry 元素个数：'||sname_varry.COUNT);
 14      sname_varry.DELETE;
 15      DBMS_OUTPUT.PUT_LINE
 16        ('DELETE 后 sname_tab 元素个数：'||sname_varry.COUNT);
 17    END;
 18  /
sname_varry 初始元素个数：6
DELETE(2)后 sname_varry 元素个数：5
DELETE(3,5)后 sname_varry 元素个数：2
DELETE 后 sname_tab 元素个数：0

PL/SQL 过程已成功完成。
```

2) EXTEND 方法

EXTEND 方法用于为集合增加元素的存储空间，它有 EXTEND、EXTEND (n)、EXTEND (n, i) 3 种调用格式。无参数的 EXTEND 方法增加一个元素的存储空间，并为此空间存入 NULLL 值。带有一个形参的 EXTEND (n)方法增加 n 个元素的存储空间，并为此空间存入 n 个 NULLL 值。带有两个形参的 EXTEND (n, i)方法增加 n 个元素的存储空间，并将第 i 个元素值存入这些空间。

例 11.33 定义变长数组类型 sname_type 和基于它的变长数组类型变量 sname_varry，并将变量 sname_varry 用'王一'、'李二'、'张三' 3 个值初始化，然后使用 EXTEND 方法、EXTEND(n)方法和 EXTEND(n, i)方法为新值分配空间。

```
SQL> SET SERVEROUTPUT ON
SQL>    DECLARE
  2       TYPE sname_type IS TABLE OF VARCHAR2(10);
  3       sname_varry sname_type :=
  4         sname_type('王一','李二','张三');
  5       i INT:=1;
  6     BEGIN
  7       DBMS_OUTPUT.PUT_LINE
  8         ('sname_varry 初始元素个数: '||sname_varry.COUNT);
  9       sname_varry.EXTEND;
 10       DBMS_OUTPUT.PUT_LINE
 11         ('EXTEND 后 sname_varry 元素: '||sname_varry.COUNT);
 12       sname_varry.EXTEND(2,3);
 13       DBMS_OUTPUT.PUT_LINE
 14         ('EXTEND(2,3)后 sname_varry 元素个数: '||sname_varry.COUNT);
 15       sname_varry.EXTEND(2);
 16       DBMS_OUTPUT.PUT_LINE
 17         ('EXTEND(2)后 sname_varry 元素个数: '||sname_varry.COUNT);
 18       WHILE i <= sname_varry.COUNT LOOP
 19         DBMS_OUTPUT.PUT_LINE ('学生姓名: '||sname_varry(i));
 20         i := i+1;
 21       END LOOP;
 22     END;
 23  /
sname_varry 初始元素个数: 3
EXTEND 后 sname_varry 元素: 4
EXTEND(2,3)后 sname_varry 元素个数: 6
EXTEND(2)后 sname_varry 元素个数: 8
学生姓名: 王一
学生姓名: 李二
学生姓名: 张三
学生姓名:
学生姓名: 张三
学生姓名: 张三
学生姓名:
学生姓名:

PL/SQL 过程已成功完成。
```

3) TRIM 方法

TRIM 方法用于释放集合末端元素所占用的空间，相当于在集合末端删除其中的元素。

TRIM 方法有 TRIM、TRIM (n)两种格式，无参数的 TRIM 方法在集合的末端释放一个元素所占用的空间，即删除集合末端的元素。带有一个形参的 TRIM (n)方法释放集合末端 n 个元素所占用的空间，即删除集合末端的 n 个元素。

例 11.34 定义变长数组类型 sname_type 和基于它的变长数组类型变量 sname_varry，并用'王一'、'李二'、'张三'、'赵四'、'周五'、'刘六' 6 个值初始化变量 sname_varry，然后使用 TRIM 方法和 TRIM(n)方法删除对应的元素。

```
SQL>  SET SERVEROUTPUT ON
SQL>    DECLARE
  2       TYPE sname_type IS TABLE OF VARCHAR2(10);
  3       sname_varry sname_type :=
  4         sname_type('王一','李二','张三','赵四','周五','刘六');
  5       i INT:=1;
  6     BEGIN
  7       DBMS_OUTPUT.PUT_LINE
  8         ('sname_varry 初始元素个数：'||sname_varry.COUNT);
  9       sname_varry.TRIM;
 10       DBMS_OUTPUT.PUT_LINE
 11         ('TRIM 后 sname_varry 元素个数：'||sname_varry.COUNT);
 12       sname_varry.TRIM(2);
 13       DBMS_OUTPUT.PUT_LINE
 14         ('TRIM(2)后 sname_varry 元素个数：'||sname_varry.COUNT);
 15       WHILE i <= sname_varry.COUNT LOOP
 16         DBMS_OUTPUT.PUT_LINE ('学生姓名：'||sname_varry(i));
 17         i := i+1;
 18       END LOOP;
 19     END;
 20  /
sname_varry 初始元素个数：6
TRIM 后 sname_varry 元素个数：5
TRIM(2)后 sname_varry 元素个数：3
学生姓名：王一
学生姓名：李二
学生姓名：张三

PL/SQL 过程已成功完成。
```

11.6.2 使用集合操作符

在 Oracle 12c 中，可以使用 SET、MULTISET UNION、MULTISET INTERSECT、MULTISET EXCEPT 等集合操作符对两个或两个以上的集合进行操作，生成一个新的集合。这些 PL/SQL 中的集合操作符的功能与 SQL 集合操作符的功能类似，具体见表 11.3。

表 11.3 集合操作符功能

集合操作符	说 明
SET	该操作符从集合中删除重复元素，类似于 SQL 语句中的 DISTINCT 操作符

续表

集合操作符	说　明
MULTISET UNION	该操作符的功能是合并两个集合的值，并返回一个集合。返回集合的元素是这两个集合元素的并集，保留重复元素，类似于 UNION ALL 操作符
MULTISET UNION DISTINCT	该操作符的功能是合并两个集合的值，清除集合中的重复元素，并返回一个集合。DISTINCT 操作符经常跟在 MULTISETUNION 的后面，类似于 SQL 的 UNION 操作符
MULTISET INTERSECT	该操作符的功能是比较判断两个集合的值，返回同时出现在两个集合中的元素，并返回一个集合，类似于 SQL 的 INTERSECT(交集)操作符
MULTISET EXCEPT	该操作符的功能是从一个集合中删除另一个集合，类似于 SQL 的 MINUS 操作符

在介绍集合操作符之前，首先执行下面的语句为集合操作准备数据。

```
SQL> DELETE FROM mentors;

已删除 1 行。

SQL> INSERT INTO mentors
  2    VALUES(10101,'王彤',sname_type('王晓芳','张纯玉','刘春苹','王晓芳'));

已创建 1 行。

SQL> INSERT INTO mentors
  2    VALUES(10104,'孔世杰',sname_type('王天仪','韩刘','刘春苹'));

已创建 1 行。
```

1. 集合操作符 SET

集合操作符 SET 从集合中删除重复元素，类似于 SQL 语句中的 DISTINCT 操作符。

例 11.35 把表 mentors 中王彤导师所带研究生姓名赋给集合变量 sname_table1，再通过使用集合操作符 SET 形成集合变量 sname_table 的值，最后分别输出集合变量 sname_table1 和 sname_table 的值。

```
SQL> SET SERVEROUT ON
SQL>      DECLARE
  2         sname_table1 sname_type;
  3         sname_table sname_type;
  4       BEGIN
  5          SELECT student_name
  6            INTO sname_table1
  7            FROM mentors
  8            WHERE mentor_name = '王彤';
  9          DBMS_OUTPUT.PUT_LINE ('集合 sname_table1 中的元素--');
 10          FOR i IN 1..sname_table1.COUNT LOOP
 11             DBMS_OUTPUT.PUT_LINE ('学生姓名: '||sname_table1(i));
```

```
 12          END LOOP;
 13          sname_table := SET(sname_table1);
 14          DBMS_OUTPUT.PUT_LINE ('集合 sname_table 中的元素--');
 15          FOR i IN 1..sname_table.COUNT LOOP
 16             DBMS_OUTPUT.PUT_LINE ('学生姓名：'||sname_table(i));
 17          END LOOP;
 18       END;
 19 /
集合 sname_table1 中的元素--
学生姓名：王晓芳
学生姓名：张纯玉
学生姓名：刘春苹
学生姓名：王晓芳
集合 sname_table 中的元素--
学生姓名：王晓芳
学生姓名：张纯玉
学生姓名：刘春苹

PL/SQL 过程已成功完成。
```

2. 集合操作符 MULTISET UNION

集合操作符 MULTISET UNION 获得两个集合元素的并集，并且保留集合元素的重复值。

例 11.36 把表 mentors 中王彤导师所带研究生姓名赋给集合变量 sname_table1，把表 mentors 中孔世杰导师所带研究生姓名赋给集合变量 sname_table2，集合变量 sname_table 取集合 sname_table1 与集合 sname_table2 的并集，并分别输出集合 sname_table1、sname_table2 和 sname_table 的值。

```
SQL> SET SERVEROUT ON
SQL>      DECLARE
  2         sname_table1 sname_type;
  3         sname_table2 sname_type;
  4         sname_table sname_type;
  5       BEGIN
  6          SELECT student_name
  7            INTO sname_table1
  8            FROM mentors
  9            WHERE mentor_name = '王彤';
 10          DBMS_OUTPUT.PUT_LINE ('集合 sname_table1 中的元素--');
 11          FOR i IN 1..sname_table1.COUNT LOOP
 12             DBMS_OUTPUT.PUT_LINE ('学生姓名：'||sname_table1(i));
 13          END LOOP;
 14          SELECT student_name
 15            INTO sname_table2
 16            FROM Mentors
 17            WHERE mentor_name = '孔世杰';
 18          DBMS_OUTPUT.PUT_LINE ('集合 sname_table2 中的元素--');
 19          FOR i IN 1..sname_table2.COUNT LOOP
 20             DBMS_OUTPUT.PUT_LINE ('学生姓名：'||sname_table2(i));
 21          END LOOP;
 22          sname_table := sname_table1 MULTISET UNION sname_table2;
```

```
 23          DBMS_OUTPUT.PUT_LINE ('集合 sname_table 中的元素--');
 24          FOR i IN 1..sname_table.COUNT LOOP
 25             DBMS_OUTPUT.PUT_LINE ('学生姓名: '||sname_table(i));
 26          END LOOP;
 27       END;
 28  /
集合 sname_table1 中的元素--
学生姓名：王晓芳
学生姓名：张纯玉
学生姓名：刘春苹
学生姓名：王晓芳
集合 sname_table2 中的元素--
学生姓名：王天仪
学生姓名：韩刘
学生姓名：刘春苹
集合 sname_table 中的元素--
学生姓名：王晓芳
学生姓名：张纯玉
学生姓名：刘春苹
学生姓名：王晓芳
学生姓名：王天仪
学生姓名：韩刘
学生姓名：刘春苹

PL/SQL 过程已成功完成。
```

3．集合操作符 MULTISET UNION DISTINCT

集合操作符 MULTISET UNION DISTINCT 获得两个集合元素的并集，并取消集合元素的重复值。

例 11.37 把表 mentors 中王彤导师所带研究生姓名赋给集合变量 sname_table1，把表 mentors 中孔世杰导师所带研究生姓名赋给集合变量 sname_table2，集合变量 sname_table 取集合 sname_table1 与集合 sname_table2 的并集(带 DISTINCT)，并分别输出集合 sname_table1、sname_table2 和 sname_table 的值。

```
SQL> SET SERVEROUT ON
SQL>       DECLARE
  2          sname_table1 sname_type;
  3          sname_table2 sname_type;
  4          sname_table sname_type;
  5        BEGIN
  6           SELECT student_name
  7             INTO sname_table1
  8             FROM mentors
  9             WHERE mentor_name = '王彤';
 10          DBMS_OUTPUT.PUT_LINE ('集合 sname_table1 中的元素--');
 11          FOR i IN 1..sname_table1.COUNT LOOP
 12             DBMS_OUTPUT.PUT_LINE ('学生姓名: '||sname_table1(i));
 13          END LOOP;
 14          SELECT student_name
 15            INTO sname_table2
 16            FROM mentors
```

```
 17            WHERE mentor_name = '孔世杰';
 18          DBMS_OUTPUT.PUT_LINE ('集合 sname_table2 中的元素--');
 19          FOR i IN 1..sname_table2.COUNT LOOP
 20            DBMS_OUTPUT.PUT_LINE ('学生姓名：'||sname_table2(i));
 21          END LOOP;
 22          sname_table := sname_table1 MULTISET UNION DISTINCT sname_table2;
 23          DBMS_OUTPUT.PUT_LINE ('集合 sname_table 中的元素--');
 24          FOR i IN 1..sname_table.COUNT LOOP
 25            DBMS_OUTPUT.PUT_LINE ('学生姓名：'||sname_table(i));
 26          END LOOP;
 27        END;
 28  /
集合 sname_table1 中的元素--
学生姓名：王晓芳
学生姓名：张纯玉
学生姓名：刘春苹
学生姓名：王晓芳
集合 sname_table2 中的元素--
学生姓名：王天仪
学生姓名：韩刘
学生姓名：刘春苹
集合 sname_table 中的元素--
学生姓名：王晓芳
学生姓名：张纯玉
学生姓名：刘春苹
学生姓名：王天仪
学生姓名：韩刘

PL/SQL 过程已成功完成。
```

4. 集合操作符 MULTISET INTERSECT

集合操作符 MULTISET INTERSECT 获得两个集合元素的交集。

例 11.38 把表 mentors 中王彤导师所带研究生姓名赋给集合变量 sname_table1，把表 mentors 中孔世杰导师所带研究生姓名赋给集合变量 sname_table2，集合变量 sname_table 取集合 sname_table1 与集合 sname_table2 的交集，并分别输出集合 sname_table1、sname_table2 和 sname_table 的值。

```
SQL> SET SERVEROUT ON
SQL>      DECLARE
  2         sname_table1 sname_type;
  3         sname_table2 sname_type;
  4         sname_table sname_type;
  5       BEGIN
  6          SELECT student_name
  7            INTO sname_table1
  8            FROM Mentors
  9            WHERE mentor_name = '王彤';
 10          DBMS_OUTPUT.PUT_LINE ('集合 sname_table1 中的元素--');
 11          FOR i IN 1..sname_table1.COUNT LOOP
 12            DBMS_OUTPUT.PUT_LINE ('学生姓名：'||sname_table1(i));
 13          END LOOP;
```

```
 14           SELECT student_name
 15             INTO sname_table2
 16             FROM Mentors
 17             WHERE mentor_name = '孔世杰';
 18           DBMS_OUTPUT.PUT_LINE ('集合 sname_table2 中的元素--');
 19           FOR i IN 1..sname_table2.COUNT LOOP
 20              DBMS_OUTPUT.PUT_LINE ('学生姓名：'||sname_table2(i));
 21           END LOOP;
 22           sname_table := sname_table1 MULTISET INTERSECT sname_table2;
 23           DBMS_OUTPUT.PUT_LINE ('集合 sname_table 中的元素--');
 24           FOR i IN 1..sname_table.COUNT LOOP
 25              DBMS_OUTPUT.PUT_LINE ('学生姓名：'||sname_table(i));
 26           END LOOP;
 27        END;
 28  /
集合 sname_table1 中的元素--
学生姓名：王晓芳
学生姓名：张纯玉
学生姓名：刘春苹
学生姓名：王晓芳
集合 sname_table2 中的元素--
学生姓名：王天仪
学生姓名：韩刘
学生姓名：刘春苹
集合 sname_table 中的元素--
学生姓名：刘春苹

PL/SQL 过程已成功完成。
```

5. 集合操作符 MULTISET EXCEPT

集合操作符 MULTISET EXCEPT 获得两个集合元素的差集。

例 11.39 把表 mentors 中王彤导师所带研究生姓名赋给集合变量 sname_table1，把表 mentors 中孔世杰导师所带研究生姓名赋给集合变量 sname_table2，集合变量 sname_table 取集合 sname_table1 与集合 sname_table2 的差集，并分别输出集合 sname_table1、sname_table2 和 sname_table 的值。

```
SQL> SET SERVEROUT ON
SQL>      DECLARE
  2         sname_table1 sname_type;
  3         sname_table2 sname_type;
  4         sname_table sname_type;
  5       BEGIN
  6          SELECT student_name
  7            INTO sname_table1
  8            FROM mentors
  9            WHERE mentor_name = '王彤';
 10          DBMS_OUTPUT.PUT_LINE ('集合 sname_table1 中的元素--');
 11          FOR i IN 1..sname_table1.COUNT LOOP
 12             DBMS_OUTPUT.PUT_LINE ('学生姓名：'||sname_table1(i));
 13          END LOOP;
 14          SELECT student_name
 15            INTO sname_table2
```

```
 16            FROM mentors
 17            WHERE mentor_name = '孔世杰';
 18          DBMS_OUTPUT.PUT_LINE ('集合 sname_table2 中的元素--');
 19          FOR i IN 1..sname_table2.COUNT LOOP
 20            DBMS_OUTPUT.PUT_LINE ('学生姓名：'||sname_table2(i));
 21          END LOOP;
 22          sname_table := sname_table1 MULTISET EXCEPT sname_table2;
 23          DBMS_OUTPUT.PUT_LINE ('集合 sname_table 中的元素--');
 24          FOR i IN 1..sname_table.COUNT LOOP
 25            DBMS_OUTPUT.PUT_LINE ('学生姓名：'||sname_table(i));
 26          END LOOP;
 27        END;
 28  /
集合 sname_table1 中的元素--
学生姓名：王晓芳
学生姓名：张纯玉
学生姓名：刘春苹
学生姓名：王晓芳
集合 sname_table2 中的元素--
学生姓名：王天仪
学生姓名：韩刘
学生姓名：刘春苹
集合 sname_table 中的元素--
学生姓名：王晓芳
学生姓名：张纯玉
学生姓名：王晓芳

PL/SQL 过程已成功完成。
```

第12章

应用程序结构

PL/SQL 应用程序采用了许多技术，其中包括子程序(过程和函数)、包、触发器等。PL/SQL 应用程序多数由子程序(过程和函数)、包、触发器等构成，本章将详细介绍这些应用程序结构。在学习了本章之后，读者将：

(1) 掌握过程的定义及其使用方法；

(2) 掌握函数的定义及其使用方法；

(3) 掌握包的定义及其使用方法；

(4) 了解触发器的基本概念；

(5) 掌握各类触发器的使用方法。

12.1 子程序

子程序包括过程和函数。这里的函数是指用户自定义函数，不同于第 8 章中介绍的Oracle 系统的内置函数。从 PL/SQL 程序设计的角度，也可以把子程序看作是 PL/SQL 命名程序块，它存放在数据字典中，可以在应用程序中进行多次调用。

子程序存放在数据库服务器中，以编译方式运行，执行速度快，具有一定的通用性，可以被不同应用程序多次调用，这样就简化了应用程序的开发与维护，并能提高应用程序的性能。用户程序通过调用子程序访问数据库，而不是直接访问数据库，可以确保数据库的安全。

12.1.1 过程

如果用户应用中经常需要执行某些操作，那么可以将这些操作使用 SQL 语句构造为一个过程。默认情况下，用户定义的过程为该用户所拥有，数据库管理员(DBA)可以把过程的使用权限授予其他用户。

1. 定义过程

定义过程的语句格式如下：

```
CREATE [OR REPLACE] PROCEDURE procedure_name
[(argument_name [IN | OUT | IN OUT] argument_type [, …])]
IS | AS
BEGIN
   procedure_body
END [procedure_name];
```

其中，procedure_name 指定过程的名字；如果指定可选项[OR REPLACE]，那么在定义过程时，会先删除同名的过程再创建新的过程，如果省略可选项[OR REPLACE]，那么需要先删除同名过程，再重新创建；argument_name 指定参数的名字；argument_type 指定参数的数据类型；可选关键字[IN | OUT | IN OUT] 指定参数的模式，其中 IN 表示参数是输入给过程的，OUT 表示参数在过程中将被赋值，IN OUT 表示该类型的参数既可以向过程体传值，也可以在过程体中被赋值，可以传给过程体的外部；关键字 IS 和 AS 可任选其一；procedure_body 是构成过程的 PL/SQL 语句，包括定义部分、执行部分和异常处理部分；关键字 END 之后的可选项[procedure_name]给出过程名，若指定，则可增强程序的可读性。

例 12.1 定义一个过程 display_teacher，以系部号为参数，查询并输出该部门的平均工资、最高工资及最低工资(参数模式未选，默认 IN)。

```
SQL> CREATE OR REPLACE PROCEDURE display_teacher(
  2      v_no teachers.department_id%TYPE)
  3     AS
  4     v_wage teachers.wage%TYPE;
  5     v_maxwage teachers.wage%TYPE;
  6     v_minwage teachers.wage%TYPE;
  7     BEGIN
  8       SELECT AVG(wage) INTO v_wage
```

```
 9          FROM teachers WHERE department_id = v_no;
10        SELECT MAX(wage) INTO v_maxwage
11          FROM teachers WHERE department_id = v_no;
12        SELECT MIN(wage) INTO v_minwage
13          FROM teachers WHERE department_id = v_no;
14        DBMS_OUTPUT.PUT_LINE
15          ('该系平均工资为：'||v_wage);
16        DBMS_OUTPUT.PUT_LINE
17          ('该系最高工资为：'||v_maxwage);
18        DBMS_OUTPUT.PUT_LINE
19          ('该系最低工资为：'||v_minwage);
20      EXCEPTION
21        WHEN NO_DATA_FOUND THEN
22          DBMS_OUTPUT.PUT_LINE('该系不存在。');
23      END display_teacher;
24  /

过程已创建。
```

2. 调用过程

调用过程的语句格式如下：

```
CALL | EXECUTE procedure_name(argument_list);
```

其中，关键字 CALL 和 EXECUTE 任选其一；procedure_name 指定调用的过程；argument_list 指定调用过程需要传递的参数列表。

例 12.2 调用过程 display_teacher。

使用 CALL 语句：

```
SQL> SET SERVEROUTPUT ON
SQL> CALL display_teacher(101);
该系平均工资为：2180
该系最高工资为：3000
该系最低工资为：1000

调用完成。
```

使用 EXECUTE 语句：

```
SQL> SET SERVEROUTPUT ON
SQL> EXECUTE display_teacher(102);
该系平均工资为：2240
该系最高工资为：3100
该系最低工资为：1000

PL/SQL 过程已成功完成。
```

3. 过程的管理

过程的管理包括查看已建立过程的有关信息、查看过程中的错误、修改过程中的错误、删除过程等。

1) 查看过程的有关信息

通过数据字典中的 user_objects 视图，可以查看过程(对象)名(object_name)、过程建立时间(created)、过程状态(status)等信息。

例 12.3 通过视图 user_objects 查看过程 display_teacher 的名称(object_name)、建立时间(created)、状态(status)等信息。

```
SQL> SELECT object_name, created, status
  2    FROM user_objects
  3     WHERE object_name = 'DISPLAY_TEACHER';

OBJECT_NAME
--------------------------------------------------------------------------------
CREATED           STATUS
----------------  -------
DISPLAY_TEACHER
16-7月 -08         VALID
```

通过数据字典中的 user_source 视图还可以查看过程的源程序。

例 12.4 通过视图 user_source 查看过程 display_teacher 的源程序。

```
SQL> SELECT text FROM user_source
  2    WHERE name = 'DISPLAY_TEACHER';

TEXT
--------------------------------------------------------------------------------
PROCEDURE display_teacher(
   v_no teachers.department_id%TYPE)
   AS
   v_wage teachers.wage%TYPE;
   v_maxwage teachers.wage%TYPE;
   v_minwage teachers.wage%TYPE;
   BEGIN
     SELECT AVG(wage) INTO v_wage
       FROM teachers WHERE department_id = v_no;
     SELECT MAX(wage) INTO v_maxwage
       FROM teachers WHERE department_id = v_no;

TEXT
--------------------------------------------------------------------------------
     SELECT MIN(wage) INTO v_minwage
       FROM teachers WHERE department_id = v_no;
     DBMS_OUTPUT.PUT_LINE
       ('该系平均工资为: '||v_wage);
     DBMS_OUTPUT.PUT_LINE
       ('该系最高工资为: '||v_maxwage);
     DBMS_OUTPUT.PUT_LINE
       ('该系最低工资为: '||v_minwage);
   EXCEPTION
     WHEN NO_DATA_FOUND THEN
       DBMS_OUTPUT.PUT_LINE('该系不存在。');

TEXT
--------------------------------------------------------------------------------
   END display_teacher;

已选择 23 行。
```

2) 查看与修改过程中的错误

在建立过程时，如果 Oracle 系统报告错误，可以通过 SQL 命令 SHOW ERRORS 查看错误信息，通过 SQL 命令 EDIT 修改错误。

例 12.5 通过 SHOW ERRORS 命令查看过程 display_teacher 的错误信息，通过 EDIT 命令修改过程 display_teacher 的错误。

```
SQL>    CREATE OR REPLACE PROCEDURE display_teacher(
  2       v_no teachers.department_id%TYPE)
  3     AS
  4     v_wage teachers.wage%TYPE;
  5     v_maxwage teachers.wage%TYPE;
  6     v_minwage teachers.wage%TYPE;
  7     BEGIN
  8       SELECT AVG(wage) INTO v_wage
  9         FROM teachers WHEREE department_id = v_no;
 10       SELECT MAX(wage) INTO v_maxwage
 11         FROM teachers WHERE department_id = v_no;
 12       SELECT MIN(wage) INTO v_minwage
 13         FROM teachers WHERE department_id = v_no;
 14       DBMS_OUTPUT.PUT_LINE
 15         ('该系平均工资为：'||v_wage);
 16       DBMS_OUTPUT.PUT_LINE
 17         ('该系最高工资为：'||v_maxwage);
 18       DBMS_OUTPUT.PUT_LINE
 19         ('该系最低工资为：'||v_minwage);
 20     EXCEPTION
 21       WHEN NO_DATA_FOUND THEN
 22         DBMS_OUTPUT.PUT_LINE('该系不存在。');
 23     END display_teacher;
 24  /

警告：创建的过程带有编译错误。
SQL> SHOW ERRORS
PROCEDURE DISPLAY_TEACHER 出现错误：

LINE/COL ERROR
-------- -----------------------------------------------------------------
8/7      PL/SQL: SQL Statement ignored
9/30     PL/SQL: ORA-00933: SQL 命令未正确结束
SQL> EDIT
已写入 file afiedt.buf
```

执行 EDIT 命令后，自动打开记事本，处于文件编辑状态，如图 12-1 所示。程序第 9 行的“WHEREE”错误，应该为：“WHERE”，修改保存后重新运行即可。

3) 删除过程

删除过程可以使用 DROP PROCEDURE 语句，其语句格式如下：

```
DROP PROCEDURE procedure_name;
```

其中，procedure_name 指定要删除的过程(给出名字)。

例 12.6 删除过程 display_teacher。

```
SQL> DROP PROCEDURE display_teacher;
```

过程已删除。

```
afiedt.buf - 记事本
文件(F) 编辑(E) 格式(O) 查看(V) 帮助(H)
CREATE OR REPLACE PROCEDURE display_teacher(
  v_no teachers.department_id%TYPE)
AS
v_wage teachers.wage%TYPE;
v_maxwage teachers.wage%TYPE;
v_minwage teachers.wage%TYPE;
BEGIN
  SELECT AVG(wage) INTO v_wage
    FROM teachers WHEREE department_id = v_no;
  SELECT MAX(wage) INTO v_maxwage
    FROM teachers WHERE department_id = v_no;
  SELECT MIN(wage) INTO v_minwage
    FROM teachers WHERE department_id = v_no;
  DBMS_OUTPUT.PUT_LINE
    ('该系平均工资为：'||v_wage);
  DBMS_OUTPUT.PUT_LINE
    ('该系最高工资为：'||v_maxwage);
  DBMS_OUTPUT.PUT_LINE
    ('该系最低工资为：'||v_minwage);
EXCEPTION
  WHEN NO_DATA_FOUND THEN
    DBMS_OUTPUT.PUT_LINE('该系不存在。');
END display_teacher;
/
```

图 12-1　文件编辑

4. 参数及其传递方式

建立过程时，传递的参数为可选项。如果省略参数，则为无参数过程，调用时也不需要参数；如果指定参数选项，则为有参数过程，需要指定参数名字、模式、数据类型，调用时需要给出对应参数。定义过程时指定的参数称为形参，调用过程时给出的参数称为实参。

下面分别介绍无参数过程的定义与调用方法、有参数过程的定义与调用方法以及参数的传递方式。

1)　无参数过程

无参数过程定义时不指定参数，调用时也不需要参数，语句格式比较简单。

例 12.7　定义一个过程 display_systime，显示系统时间，过程 display_systime 不使用参数。

```
SQL> CREATE OR REPLACE PROCEDURE display_systime
  2      AS
  3      BEGIN
  4        DBMS_OUTPUT.PUT_LINE('系统时间为：'||SYSDATE);
  5      END display_systime;
  6  /

过程已创建。
```

调用该过程：

```
SQL> SET SERVEROUTPUT ON
SQL> CALL display_systime();
系统时间为：03-6月 -20

调用完成。
```

2) 有参数过程

带有参数的过程定义时需要指定参数名字、模式、数据类型，调用时需要给出对应参数。参数模式有 IN、OUT、IN OUT 三种，含义参见表 12.1。

表 12.1 子程序参数的模式

参数模式	说 明
IN	只能将形参传递到子程序内部
OUT	形参在子程序内部被赋值，然后将其传递给实参
IN OUT	同时具有以上两种参数模式的特性

例 12.8 定义一个过程 app_student，其功能是：在 students 表中插入一条新记录。使用 IN 参数。

```
SQL>     CREATE OR REPLACE PROCEDURE app_student(
  2        v_no IN students.student_id%TYPE,
  3        v_monitor_id IN students.monitor_id%TYPE,
  4        v_name IN students.name%TYPE,
  5        v_sex IN students.sex%TYPE,
  6        v_dob IN students.dob%TYPE,
  7        v_specialty IN students.specialty%TYPE)
  8       AS
  9       BEGIN
 10         INSERT INTO students VALUES(
 11           v_no, v_monitor_id, v_name, v_sex, v_dob, v_specialty);
 12       EXCEPTION
 13       WHEN DUP_VAL_ON_INDEX THEN
 14         DBMS_OUTPUT.PUT_LINE('插入学生信息时，学生号不能重复。');
 15       END app_student;
 16  /
```

过程已创建。

在调用该过程之前，首先查询学生表 students 中的原内容。

```
SQL> SELECT * FROM students;

STUDENT_ID MONITOR_ID  NAME      SEX   DOB          SPECIALTY
---------- ---------- --------- ----- ------------ ----------
     10101             王晓芳     女    25-11月-90    计算机
     10205             李秋枫     男    25-11月-90    自动化
     10102      10101  刘春苹     女    12-8月 -91    计算机
     10301             高山       男    08-10月-90    机电工程
     10207      10205  王刚       男    03-4月 -87    自动化
     10112      10101  张纯玉     男    21-7月 -89    计算机
     10318      10301  张冬云     女    26-12月-89    机电工程
     10288      10205  王天仪     男    25-11月-90    自动化
     10201      10205  赵风雨     男    25-10月-90    自动化
     10105      10101  韩刘       男    03-8月 -91    计算机
     10311      10301  张杨       男    08-5月 -90    机电工程
```

```
STUDENT_ID MONITOR_ID  NAME     SEX    DOB          SPECIALTY
---------- ---------- -------- ------ ------------ ----------
     10213      10205  高淼      男     11-3月 -87    自动化
     10212      10205  欧阳春岚  女     12-3月 -89    自动化
     10314      10301  赵迪帆    男     22-9月 -89    机电工程
     10312      10301  白菲菲    女     07-5月 -88    机电工程
     10328      10301  曾程程    男                   机电工程
     10128      10101  白昕      男                   计算机
     10228      10205  林紫寒    女                   自动化
```

已选择 18 行。

调用 app-student 过程：

```
SQL> SET SERVEROUTPUT ON
SQL> CALL app_student
  2   (10299,10205,'王一', '男', '03-4月-1987','自动化');
```

调用完成。

调用该过程之后，再查询学生表 students 中的信息，其内容变化反映了该过程的功能。

例 12.9 定义一个过程 display_edited，其功能是：在 teachers 表中将教授职称的教师的工资提高 10%，若教师的职称不是教授，而是高工或副教授则工资提高 5%，否则(既不是教授，也不是高工或副教授)，工资提高 100 元。使用 IN 和 OUT 参数。

```
SQL> CREATE OR REPLACE PROCEDURE display_edited(
  2    v_id IN teachers.teacher_id%TYPE,
  3    v_name OUT teachers.name%TYPE,
  4    v_wage OUT teachers.wage%TYPE)
  5    AS
  6    v_title teachers.title%TYPE;
  7    BEGIN
  8      SELECT title INTO v_title
  9        FROM teachers WHERE teacher_id = v_id;
 10      CASE
 11        WHEN v_title = '教授' THEN
 12          UPDATE Teachers
 13            SET wage = 1.1*wage WHERE teacher_id = v_id;
 14        WHEN v_title = '高工' OR v_title = '副教授' THEN
 15          UPDATE teachers
 16            SET wage = 1.05*wage WHERE teacher_id = v_id;
 17        ELSE
 18          UPDATE teachers
 19            SET wage = wage+100 WHERE teacher_id = v_id;
 20      END CASE;
 21    SELECT name, wage INTO v_name, v_wage
 22      FROM teachers WHERE teacher_id = v_id;
 23  END display_edited;
 24  /
```

过程已创建。

在调用该过程之前，首先查询教师表 teachers 中的原内容。

```
SQL> SELECT * FROM teachers;
```

```
TEACHER_ID    AME      TITLE   HIRE_DATE    BONUS      WAGE  DEPARTMENT_ID
----------  -------  ------  -----------  ---------  ------- -------------
     10101    王彤      教授     01-9 月 -90    1000       3000         101
     10104    孔世杰    副教授   06-7 月 -94     800       2700         101
     10103    邹人文    讲师     21-1 月 -96     600       2400         101
     10106    韩冬梅    助教     01-8 月 -02     500       1800         101
     10210    杨文化    教授     03-10 月-89    1000       3100         102
     10206    崔天      助教     05-9 月 -00     500       1900         102
     10209    孙晴碧    讲师     11-5 月 -98     600       2500         102
     10207    张珂      讲师     16-8 月 -97     700       2700         102
     10308    齐沈阳    高工     03-10 月-89    1000       3100         103
     10306    车东日    助教     05-9 月 -01     500       1900         103
     10309    臧海涛    工程师   29-6 月 -99     600       2400         103

TEACHER_ID    NAME     TITLE   HIRE_DATE    BONUS     WAGE    DEPARTMENT_ID
----------  -------  ------  -----------  -------  --------  -------------
     10307    赵昆      讲师    18-2 月 -96     800     2700            103
     10128    王晓              05-9 月 -07             1000            101
     10328    张笑              29-9 月 -07             1000            103
     10228    赵天宇            18-9 月 -07             1000            102
```

已选择 15 行。

调用 display_edited 过程：

```
SQL> VARIABLE v_name VARCHAR2(10)
SQL> VARIABLE v_wage NUMBER
SQL> CALL display_edited(10101,:v_name, :v_wage);
```

调用完成。

```
输出变量 v_name、v_wage 带回的值：
SQL> PRINT v_name v_wage

V_NAME
--------------------------------
王彤

   V_WAGE
----------
     3300
```

在调用该过程之后，再查询教师表 teachers 中的教师信息，其内容的变化反映了该过程的功能。

例 12.10 定义一个过程 app_disp，其功能是：在 departments 表中插入一条新记录，然后查询新记录的前一个记录的信息。使用 IN OUT 参数。

```
SQL> CREATE OR REPLACE PROCEDURE app_disp(
  2    v_id IN OUT departments.department_id%TYPE,
  3    v_name IN OUT departments.department_name%TYPE,
  4    v_address IN OUT departments.address%TYPE)
  5    AS
  6    BEGIN
```

```
 7      INSERT INTO departments
 8        VALUES(v_id, v_name, v_address);
 9      v_id := v_id - 1;
10      SELECT department_id, department_name, address
11        INTO v_id, v_name, v_address
12        FROM departments WHERE department_id = v_id;
13    EXCEPTION
14      WHEN DUP_VAL_ON_INDEX THEN
15        DBMS_OUTPUT.PUT_LINE('插入系部信息时，系部号不能重复。');
16      WHEN NO_DATA_FOUND THEN
17        DBMS_OUTPUT.PUT_LINE('查询系部信息时，该系不存在。');
18    END app_disp;
19  /

过程已创建。
```

在调用该过程之前，首先查询系部表 departments 中的原内容。

```
SQL> SELECT * FROM departments;

DEPARTMENT_ID  DEPARTMENT_NAME    ADDRESS
------------- ---------------- --------------------
          101  信息工程           1 号教学楼
          102  电气工程           2 号教学楼
          103  机电工程           3 号教学楼
          104  工商管理           4 号教学楼
```

调用该过程：

```
SQL> VARIABLE v_id NUMBER
SQL> VARIABLE v_name VARCHAR2(8)
SQL> VARIABLE v_address VARCHAR2(40)
SQL>
SQL> EXECUTE :v_id := 111

PL/SQL 过程已成功完成。

SQL> EXECUTE :v_name := '地球物理'

PL/SQL 过程已成功完成。

SQL> EXECUTE :v_address := 'X 号教学楼'

PL/SQL 过程已成功完成。

SQL> CALL app_disp(:v_id, :v_name, :v_address);
查询系部信息时，该系不存在。

调用完成。
```

输出参数:v_id、:v_name、:v_address 带回的值：

```
SQL> PRINT :v_id :v_name :v_address

      V_ID
----------
```

```
        110

V_NAME
--------------------------------
地球物理

V_ADDRESS
--------------------------------
X号教学楼

SQL>
```

3) 参数传递方式

前面的例子在调用带有参数的过程时，实参都是按照位置与形参进行对应传递的。PL/SQL 同时也提供另外一种参数传递方式——按照参数名称传递。由于在传递多个参数时，一些参数可以按照位置传递，另一些可以按照名称传递，因此，又有了混合传递参数的方式。下面通过例子介绍这三种参数传递方式的使用方法。

例 12.11 调用过程 app_student 时，参数使用位置传递方式。参见例 12.8。

例 12.12 调用过程 app_student 时，参数使用名字传递方式。

```
SQL> EXECUTE app_student(v_no=>10166,v_monitor_id=>10101,v_name=>'张三',
v_sex=>'男',v_dob=>'21-7月-1989',v_specialty=>'计算机');

PL/SQL 过程已成功完成。
```

在调用该过程之后，再查询学生表 students 中的学生信息。学生表 students 中的内容变化反映了本次调用该过程的功能。

```
SQL> SELECT * FROM students;

STUDENT_ID MONITOR_ID  NAME      SEX    DOB           SPECIALTY
---------- ---------- -------- ------ ------------ ----------
     10101             王晓芳    女     25-11月-90    计算机
     10205             李秋枫    男     25-11月-90    自动化
     10299      10205  王一      男     03-4月 -87    自动化
     10102      10101  刘春苹    女     12-8月 -91    计算机
     10301             高山      男     08-10月-90    机电工程
     10207      10205  王刚      男     03-4月 -87    自动化
     10112      10101  张纯玉    男     21-7月 -89    计算机
     10318      10301  张冬云    女     26-12月-89    机电工程
     10288      10205  王天仪    男     25-11月-90    自动化
     10201      10205  赵风雨    男     25-10月-90    自动化
     10105      10101  韩刘      男     03-8月 -91    计算机

STUDENT_ID MONITOR_ID  NAME      SEX    DOB           SPECIALTY
---------- ---------- -------- ------ ------------ ----------
     10311      10301  张杨      男     08-5月 -90    机电工程
     10213      10205  高淼      男     11-3月 -87    自动化
     10212      10205  欧阳春岚  女     12-3月 -89    自动化
     10314      10301  赵迪帆    男     22-9月 -89    机电工程
     10312      10301  白菲菲    女     07-5月 -88    机电工程
     10328      10301  曾程程    男                   机电工程
```

```
    10128      10101     白昕      男                   计算机
    10228      10205     林紫寒    女                   自动化
    10166      10101     张三      男      21-7月-89    计算机

已选择 20 行。
```

例 12.13 调用过程 app_student 时，参数使用混合传递方式。

```
SQL> EXECUTE app_student(10177,10101,v_dob=>'21-7月-1989', v_name=>'姚五',
v_sex=>'男', v_specialty=>'计算机');

PL/SQL 过程已成功完成。
```

调用该过程之后，再查询学生表 students 中的学生信息，其内容变化反映了本次调用该过程的功能。

12.1.2 函数

如果在用户应用中经常需要执行某些操作，并且需要返回特定的数据，那么可以使用SQL 语句将这些操作构造为一个函数。默认情况下，用户定义的函数为该用户所拥有，数据库管理员(DBA)可以把函数的使用权限授予其他用户。

1. 定义函数

定义函数的语句格式与定义过程的语句格式类似，具体如下：

```
CREATE [OR REPLACE] FUNCTION function_name
[(argument_name [IN | OUT | IN OUT] argument_type [, …])]
RETURN datatype
IS | AS
BEGIN
    function_body
    RETURN expression;
END [function_name];
```

其中，function_name 指定函数的名字；如果指定可选项[OR REPLACE]，那么定义函数前会先删除同名的函数再创建新的函数，如果省略可选项[OR REPLACE]，那么需要先删除同名函数，再重新创建；argument_name 指定参数的名字；argument_type 指定参数的数据类型；可选关键字[IN | OUT | IN OUT] 指定参数的模式，其中 IN 表示参数是输入给函数的，OUT 表示参数将在函数中被赋值，IN OUT 表示该类型的参数既可以向函数体传值，也可以在函数体中被赋值，并传给函数体的外部；datatype 指定函数返回值的数据类型；关键字 IS 和 AS 可任选其一；function_body 是构成函数的 PL/SQL 语句，包括定义部分、执行部分和异常处理部分等；expression 指定函数返回值；关键字 END 之后的可选项[function_name]给出函数名，若指定，则可增强程序的可读性。

在函数定义的头部，参数列表之后，必须包含一个 RETURN 语句来指明函数返回值的类型，但不能约束返回值的长度、精度、刻度等。如果使用%TYPE 则可以隐含地包括长度、精度、刻度等约束信息。函数体中必须至少包含一个 RETURN 语句来指明函数返回值，也可以有多个 RETURN 语句，但最终只有一个 RETURN 语句被执行。

例 12.14 定义一个函数total，以教师号为参数，计算出该教师的月总收入，并将其作为函数返回值。

```
SQL>  CREATE OR REPLACE FUNCTION total(v_no NUMBER)
  2     RETURN NUMBER
  3     AS
  4     v_wage teachers.wage%TYPE;
  5     v_bonus teachers.bonus%TYPE;
  6     v_total teachers.wage%TYPE;
  7     BEGIN
  8       SELECT wage, bonus INTO v_wage, v_bonus
  9         FROM teachers WHERE teacher_id = v_no;
 10       v_total := v_wage + v_bonus;
 11       RETURN v_total;
 12     EXCEPTION
 13       WHEN NO_DATA_FOUND THEN
 14         DBMS_OUTPUT.PUT_LINE('该教师不存在。');
 15     END total;
 16  /
函数已创建。
```

2. 调用函数

此处所说的调用函数是指调用自定义函数，与调用 Oracle 数据库内置函数一样，可以将自定义函数作为表达式的一部分来调用。

例 12.15 调用函数total，计算教师号为10101的月总收入。

```
SQL> SET SERVEROUTPUT ON
SQL>   BEGIN
  2      DBMS_OUTPUT.PUT_LINE('该教师月总收入为：'||total(10101));
  3    END;
  4  /
该教师月总收入为：4300

PL/SQL 过程已成功完成。
```

3. 函数的管理

函数的管理包括查看已建立函数的有关信息、查看函数中的错误、修改函数中的错误、删除函数等。

1) 查看函数的有关信息

通过数据字典中的 user_objects 视图，可以查看函数(对象)名(object_name)、函数建立时间(created)、函数状态(status)等信息。

例 12.16 通过视图user_objects查看函数total的名称(object_name)、建立时间(created)、状态(status)等信息。

```
SQL> SELECT object_name, created, status
  2    from user_objects WHERE object_name = 'TOTAL';

OBJECT_NAME
--------------------------------------------------------------------------------
CREATED        STATUS
-------------- -------
TOTAL
03-6月 -20     VALID
```

通过数据字典中的 user_source 视图可以查看函数的源程序。

例 12.17 通过视图 user_source 查看函数 total 的源程序。

```
SQL> SELECT text FROM user_source WHERE name = 'TOTAL';

TEXT
--------------------------------------------------------------------------
FUNCTION total(v_no NUMBER)
   RETURN NUMBER
   AS
   v_wage teachers.wage%TYPE;
   v_bonus teachers.bonus%TYPE;
   v_total teachers.wage%TYPE;
   BEGIN
     SELECT wage, bonus INTO v_wage, v_bonus
       FROM teachers WHERE teacher_id = v_no;
     v_total := v_wage + v_bonus;
     RETURN v_total;

TEXT
--------------------------------------------------------------------------
   EXCEPTION
     WHEN NO_DATA_FOUND THEN
       DBMS_OUTPUT.PUT_LINE('该教师不存在。');
   END total;

已选择 15 行。
```

2) 查看与修改函数中的错误

在建立函数时，如果 Oracle 系统报告错误，可以通过 SQL 命令 SHOW ERRORS 查看错误信息，通过 SQL 命令 EDIT 修改错误。

例 12.18 通过 SHOW ERRORS 命令查看函数 total 的错误信息，通过 EDIT 命令修改函数 total 中的错误。

```
SQL> CREATE OR REPLACE FUNCTION total(v_no NUMBER)
  2      RETURN NUMBER
  3      AS
  4      v_wage teachers.wage%TYPE;
  5      v_bonus teachers.bonus%TYPE;
  6      v_total teachers.wage%TYPE;
  7      BEGIN
  8        SELECT wage, bonus INTO v_wage, v_bonus
  9          FROM teachers WHERE teacher_id = v_no;
 10        v_total := wage + v_bonus;
 11        RETURN v_total;
 12      EXCEPTION
 13        WHEN NO_DATA_FOUND THEN
 14          DBMS_OUTPUT.PUT_LINE('该教师不存在。');
 15      END total;
 16  /

警告: 创建的函数带有编译错误。
SQL> SHOW ERRORS
FUNCTION TOTAL 出现错误:
```

```
LINE/COL ERROR
-------- -----------------------------------------------------------------
10/7     PL/SQL: Statement ignored
10/18    PLS-00201: 必须声明标识符 'WAGE'
SQL> EDIT
已写入 file afiedt.buf
```

执行 EDIT 命令后，系统自动打开处于文件编辑状态的记事本，如图 12-2 所示。程序第 10 行的 wage 错误，应该为：v_wage，修改保存后重新运行即可。

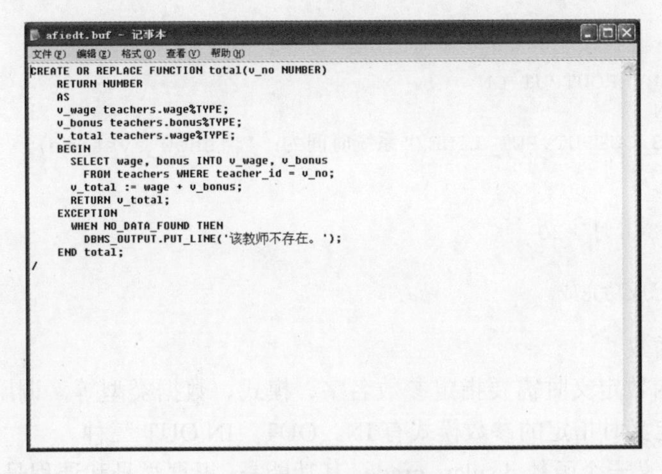

图 12-2 文件编辑

3) 删除函数

删除函数可以使用 DROP FUNCTION 语句，其语句格式如下：

```
DROP FUNCTION function_name;
```

其中，function_name 指定要删除的函数(给出名字)。

例 12.19 删除函数 total。

```
SQL> DROP FUNCTION total;

函数已删除。
```

4. 参数及其传递方式

与过程一样，建立函数时，传递的参数为可选项，如果省略参数选项，则为无参数函数，调用时也不需要参数；如果指定参数选项，则为有参数函数，需要指定参数的名字、模式、数据类型等，调用时需要给出对应参数。定义函数时指定的参数称为形参，调用函数时给出的参数称为实参。

下面分别介绍无参数函数的定义与调用方法、有参数函数的定义与调用方法以及参数的传递方式。

1) 无参数函数

无参数函数定义时不指定参数，调用时也不需要参数，因此语句格式比较简单。

例 12.20 定义一个函数 show_systime，显示系统时间。函数 show_systime 没有使用参数。

```
SQL> CREATE OR REPLACE FUNCTION show_systime
  2    RETURN DATE
  3    AS
  4      BEGIN
  5        RETURN SYSDATE;
  6      END show_systime;
  7  /
```

函数已创建。

调用该函数：

```
SQL> SET SERVEROUTPUT ON
SQL>  BEGIN
  2      DBMS_OUTPUT.PUT_LINE('系统时间为：'||show_systime);
  3    END;
  4  /
系统时间为：03-6月 -20

PL/SQL 过程已成功完成。
```

2) 有参数函数

带有参数的函数定义时需要指定参数名字、模式、数据类型等，调用时需要给出对应参数，其中函数定义时指定的参数模式有IN、OUT、IN OUT三种。

例 12.21 定义一个函数display_grade，其功能是：根据学号和课程号在students_ grade表中查询指定记录，并返回指定学生指定课程的成绩。使用IN参数。

```
SQL> CREATE OR REPLACE FUNCTION display_grade(
  2    v_sno IN students_grade.student_id%TYPE,
  3    v_cno IN students_grade.course_id%TYPE)
  4    RETURN NUMBER
  5    AS
  6      v_score students_grade.score%TYPE;
  7      BEGIN
  8        SELECT score INTO v_score FROM students_grade
  9          WHERE student_id = v_sno AND course_id = v_cno;
 10        RETURN v_score;
 11      EXCEPTION
 12        WHEN NO_DATA_FOUND THEN
 13          DBMS_OUTPUT.PUT_LINE('该生或该门课程不存在。');
 14    END display_grade;
 15  /
```

函数已创建。

调用该函数：

```
SQL> SET SERVEROUTPUT ON
SQL>  BEGIN
  2     DBMS_OUTPUT.PUT_LINE
  3       ('成绩为：'||display_grade(10101,10201));
  4    END;
  5  /
成绩为：100
```

```
PL/SQL 过程已成功完成。
```

例 12.22 定义一个函数 show_grade，根据学号和课程号在 students_grade 表中查询指定记录，并返回指定学生指定课程的成绩及学生姓名、课程名称等。使用 IN 与 OUT 参数。

```
SQL> CREATE OR REPLACE FUNCTION show_grade(
  2    v_sno IN students_grade.student_id%TYPE,
  3    v_cno IN students_grade.course_id%TYPE,
  4    v_sname OUT students.name%TYPE,
  5    v_cname OUT courses.course_name%TYPE)
  6    RETURN NUMBER
  7    AS
  8      v_score students_grade.score%TYPE;
  9      BEGIN
 10        SELECT name INTO v_sname
 11          FROM students WHERE student_id = v_sno;
 12        SELECT course_name INTO v_cname
 13          FROM courses WHERE course_id = v_cno;
 14        SELECT score INTO v_score
 15          FROM students_grade
 16            WHERE student_id = v_sno AND course_id = v_cno;
 17        RETURN v_score;
 18      EXCEPTION
 19        WHEN NO_DATA_FOUND THEN
 20          DBMS_OUTPUT.PUT_LINE('该生或该门课程不存在。');
 21    END show_grade;
 22  /
```

```
函数已创建。
```

调用该函数：

```
SQL> VARIABLE grade NUMBER
SQL> VARIABLE v_sname VARCHAR2(10)
SQL> VARIABLE v_cname VARCHAR2(30)
SQL>
SQL> EXECUTE :grade := show_grade(10101, 10201, :v_sname, :v_cname);

PL/SQL 过程已成功完成。
```

输出变量 v_sname、v_cname 带回的值：

```
SQL> PRINT  :v_sname :v_cname

V_SNAME
--------------------------------
王晓芳

V_CNAME
--------------------------------
自动控制原理
```

例 12.23 定义一个函数 app_show，其功能是：在 departments 表中插入一条新记录，然后查询新记录的前一个记录的信息。如果插入记录成功，则函数返回数值 1，否则函数返回数值 0。使用 IN OUT 参数。

```
SQL> CREATE OR REPLACE FUNCTION app_show(
  2   v_id IN OUT departments.department_id%TYPE,
  3   v_name IN OUT departments.department_name%TYPE,
  4   v_address IN OUT departments.address%TYPE)
  5   RETURN NUMBER
  6   AS
  7     BEGIN
  8       INSERT INTO departments
  9         VALUES(v_id, v_name, v_address);
 10       v_id := v_id - 1;
 11       SELECT department_id, department_name, address
 12         INTO v_id, v_name, v_address
 13           FROM departments WHERE department_id = v_id;
 14       RETURN 1;
 15     EXCEPTION
 16       WHEN DUP_VAL_ON_INDEX THEN
 17         DBMS_OUTPUT.PUT_LINE('插入系部信息时，系部号不能重复。');
 18         RETURN 0;
 19         WHEN NO_DATA_FOUND THEN
 20           DBMS_OUTPUT.PUT_LINE('查询系部信息时，该系不存在。');
 21           RETURN 0;
 22   END app_show;
 23 /
```

函数已创建。

在调用该函数之前，首先查询系部表 departments 中的原内容。

```
SQL> SELECT * FROM departments;

DEPARTMENT_ID DEPARTMENT_NAME     ADDRESS
------------- ---------------- ----------------
    101            信息工程          1 号教学楼
    102            电气工程          2 号教学楼
    103            机电工程          3 号教学楼
    104            工商管理          4 号教学楼
    111            地球物理          X 号教学楼
```

调用该函数：

```
SQL> VARIABLE flag NUMBER
SQL> VARIABLE v_id NUMBER
SQL> VARIABLE v_name VARCHAR2(8)
SQL> VARIABLE v_address VARCHAR2(40)
SQL>
SQL> EXECUTE :v_id := 222

PL/SQL 过程已成功完成。

SQL> EXECUTE :v_name := '航空机械'

PL/SQL 过程已成功完成。

SQL> EXECUTE :v_address := 'Y 号教学楼'

PL/SQL 过程已成功完成。
```

```
SQL>
SQL> EXECUTE :flag := app_show(:v_id, :v_name, :v_address);
查询系部信息时，该系不存在。

PL/SQL 过程已成功完成。
```

输出参数:v_id、:v_name、:v_address 带回的值：

```
SQL> PRINT :v_id :v_name :v_address
     V_ID
----------
      221

V_NAME
------------------------------------
航空机械

V_ADDRESS
------------------------------------
Y 号教学楼
```

3) 参数传递方式

与过程参数传递方式一样，PL/SQL 函数参数传递也有按照位置传递参数、按照名称传递参数、混合传递参数三种方式。

例 12.24 调用过程 display_grade 时，参数使用位置传递方式。参见例 12.21。

例 12.25 调用过程 display_grade 时，参数使用名字传递方式。

```
SQL> VARIABLE grade NUMBER
SQL> EXECUTE :grade := display_grade(v_cno=>10201,v_sno=>10101);

PL/SQL 过程已成功完成。

SQL> PRINT :grade

     GRADE
----------
       100
```

例 12.26 调用过程 display_grade 时，参数传递使用混合传递方式。

```
SQL> VARIABLE grade NUMBER
SQL> EXECUTE :grade := display_grade(10101, v_cno=>10201);

PL/SQL 过程已成功完成。

SQL> PRINT :grade

     GRADE
----------
       100
```

12.2 包

将数据和子程序(过程或函数)组合在一起就构成包。与 C++和 Java 等高级语言中的类一样，包在 PL/SQL 程序设计中用以实现面向对象的程序设计技术。通过使用 PL/SQL 包，可以简化程序设计，提高应用性能，实现信息隐藏、子程序重载等功能。

本节主要介绍包的定义、管理、使用等方面的内容。

12.2.1 定义包

包的构成分两个部分：①对包的说明部分，建立包的规范，即定义包的数据、过程和函数等；②包的实现部分，用于给出包规范所定义的过程和函数的具体代码。当定义包时，需要首先定义包的说明部分——包规范，然后定义包的实现部分——包体。

1. 定义包规范

包规范是包与调用它的应用程序之间的接口。定义包规范的语句格式如下：

```
CREATE OR REPLACE PACKAGE package_name
IS | AS
package_specification
END [package_name];
```

其中，package_name指定包的名字；package_specification给出包规范，包括定义常量、变量、游标、过程、函数和异常等，其中过程和函数只包括原型信息(调用时使用的信息)，不包括任何实现代码；关键字END之后的可选项[package_name]给出包名，若指定，则可增强程序的可读性。

例 12.27 定义包 jiaoxue_package 的规范，其中包括函数 display_grade 和过程 app_department。

```
SQL> CREATE OR REPLACE PACKAGE jiaoxue_package IS
  2   FUNCTION display_grade(v_sno NUMBER, v_cno NUMBER)
  3     RETURN NUMBER;
  4  PROCEDURE app_department
  5    (v_id NUMBER, v_name VARCHAR2, v_address VARCHAR2);
  6  END jiaoxue_package;
  7  /

程序包已创建。
```

2. 定义包体

包体用于给出包规范所定义的过程和函数的具体代码。定义包体的语句格式如下：

```
CREATE OR REPLACE PACKAGE BODY package_name
   IS | AS
     package_body
   END [package_name];
```

其中，package_name指定包的名字，必须与包规范中指定的包的名字一致；package_body给出包体，包括实现过程和函数等具体代码；关键字END之后的可选项[package_name]给出包名，若指定，则可增强程序的可读性。

例 12.28 定义包体 jiaoxue_package，其中包括实现函数 display_grade 和过程 app_department 的具体代码。

```
SQL> CREATE OR REPLACE PACKAGE BODY jiaoxue_package IS
```

```
  2    FUNCTION display_grade(v_sno NUMBER, v_cno NUMBER)
  3    RETURN NUMBER
  4    AS
  5      v_score students_grade.score%TYPE;
  6      BEGIN
  7        SELECT score INTO v_score FROM students_grade
  8          WHERE student_id = v_sno AND course_id = v_cno;
  9        RETURN v_score;
 10      EXCEPTION
 11        WHEN NO_DATA_FOUND THEN
 12          DBMS_OUTPUT.PUT_LINE('该生或该门课程不存在。');
 13    END display_grade;
 14    PROCEDURE app_department
 15      (v_id NUMBER, v_name VARCHAR2, v_address VARCHAR2)
 16    AS
 17      BEGIN
 18        INSERT INTO departments VALUES(v_id, v_name, v_address);
 19      EXCEPTION
 20        WHEN DUP_VAL_ON_INDEX THEN
 21          DBMS_OUTPUT.PUT_LINE('插入系部信息时，系部号不能重复。');
 22    END app_department;
 23  END jiaoxue_package;
 24  /
```

程序包体已创建。

12.2.2 包的管理

包的管理包括查看已建立包的有关信息、查看包中的错误、修改包中的错误、删除包等。

1. 查看包的有关信息

通过数据字典中的 user_objects 视图可以查看包(对象)的名称(object_name)、包建立时间(created)、包状态(status)等信息。

例 12.29 通过视图 user_objects 查看包 jiaoxue_package 的名称(object_name)、建立时间(created)、状态(status)等信息。

```
SQL> SELECT object_name, created, status from user_objects
  2   WHERE object_name = 'JIAOXUE_PACKAGE';

OBJECT_NAME
--------------------------------------------------------------------------------
CREATED        STATUS
-------------- -------
JIAOXUE_PACKAGE
03-6月 -20     VALID

JIAOXUE_PACKAGE
03-6月 -20     VALID
```

通过数据字典中的 user_source 视图可以查看包的源程序。

例 12.30 通过视图 user_source 查看包 jiaoxue_package 的源程序。

```
SQL> SELECT text FROM user_source
  2   WHERE name = 'JIAOXUE_PACKAGE';

TEXT
--------------------------------------------------------------------------
PACKAGE jiaoxue_package IS
  FUNCTION display_grade(v_sno NUMBER, v_cno NUMBER)
    RETURN NUMBER;
 PROCEDURE app_department
   (v_id NUMBER, v_name VARCHAR2, v_address VARCHAR2);
 END jiaoxue_package;
PACKAGE BODY jiaoxue_package IS
   FUNCTION display_grade(v_sno NUMBER, v_cno NUMBER)
   RETURN NUMBER
   AS
     v_score students_grade.score%TYPE;

TEXT
--------------------------------------------------------------------------
BEGIN
       SELECT score INTO v_score FROM students_grade
         WHERE student_id = v_sno AND course_id = v_cno;
       RETURN v_score;
     EXCEPTION
       WHEN NO_DATA_FOUND THEN
         DBMS_OUTPUT.PUT_LINE('该生或该门课程不存在。');
  END display_grade;
  PROCEDURE app_department
    (v_id NUMBER, v_name VARCHAR2, v_address VARCHAR2)
  AS

TEXT
--------------------------------------------------------------------------
BEGIN
      INSERT INTO departments VALUES(v_id, v_name, v_address);
    EXCEPTION
      WHEN DUP_VAL_ON_INDEX THEN
        DBMS_OUTPUT.PUT_LINE('插入系部信息时，系部号不能重复。');
  END app_department;
END jiaoxue_package;

已选择 29 行。
```

2. 查看与修改包中的错误

建立包时，如果 Oracle 系统报告错误，可以通过 SQL 命令 SHOW ERRORS 查看错误信息，通过 SQL 命令 EDIT 修改错误。

例 12.31 通过 SHOW ERRORS 命令查看包 jiaoxue_package 的错误信息，通过 EDIT 命令修改包 jiaoxue_package 中的错误。

```
SQL> CREATE OR REPLACE PACKAGE BODY jiaoxue_package IS
  2     FUNCTION display_garde(v_sno NUMBER, v_cno NUMBER)
  3     RETURN NUMBER
  4     AS
```

```
 5        v_score students_grade.score%TYPE;
 6        BEGIN
 7          SELECT score INTO v_score FROM students_grade
 8            WHERE student_id = v_sno AND course_id = v_cno;
 9          RETURN v_score;
10        EXCEPTION
11          WHEN NO_DATA_FOUND THEN
12            DBMS_OUTPUT.PUT_LINE('该生或该门课程不存在。');
13     END display_grade;
14     PROCEDURE app_department
15       (v_id NUMBER, v_name VARCHAR2, v_address VARCHAR2)
16     AS
17       BEGIN
18         INSERT INTO departments VALUES(v_id, v_name, v_address);
19       EXCEPTION
20         WHEN DUP_VAL_ON_INDEX THEN
21           DBMS_OUTPUT.PUT_LINE('插入系部信息时，系部号不能重复。');
22     END app_department;
23   END jiaoxue_package;
24   /
```

```
警告：创建的包体带有编译错误。
SQL> SHOW ERRORS
PACKAGE BODY JIAOXUE_PACKAGE 出现错误：

LINE/COL ERROR
-------- -----------------------------------------------------------------
13/7     PLS-00113: END 标识符 'DISPLAY_GRADE' 必须同 'DISPLAY_GARDE'
         匹配 (在第 2 行，第 13 列)
SQL> EDIT
已写入 file afiedt.buf
```

执行 EDIT 命令后，自动打开处于文件编辑状态的记事本，如图 12-3 所示。程序第 2 行的 display_garde 错误，应该为：display_grade，修改保存后重新运行即可。

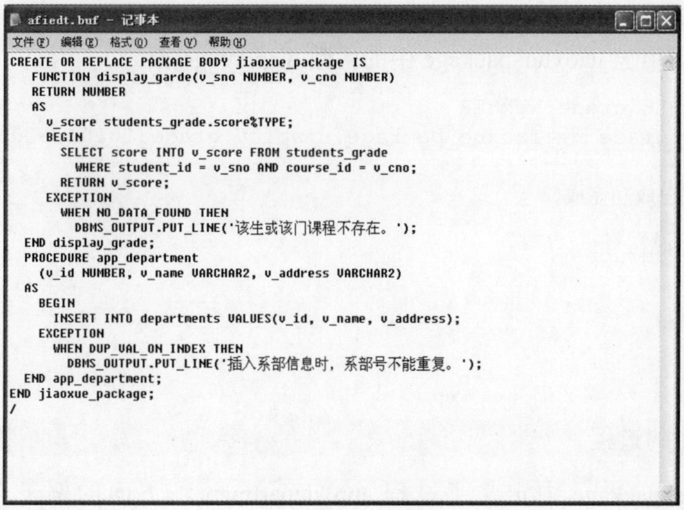

```
afiedt.buf - 记事本
文件(F) 编辑(E) 格式(O) 查看(V) 帮助(H)
CREATE OR REPLACE PACKAGE BODY jiaoxue_package IS
  FUNCTION display_garde(v_sno NUMBER, v_cno NUMBER)
  RETURN NUMBER
  AS
    v_score students_grade.score%TYPE;
    BEGIN
      SELECT score INTO v_score FROM students_grade
        WHERE student_id = v_sno AND course_id = v_cno;
      RETURN v_score;
    EXCEPTION
      WHEN NO_DATA_FOUND THEN
        DBMS_OUTPUT.PUT_LINE('该生或该门课程不存在。');
  END display_grade;
  PROCEDURE app_department
    (v_id NUMBER, v_name VARCHAR2, v_address VARCHAR2)
  AS
    BEGIN
      INSERT INTO departments VALUES(v_id, v_name, v_address);
    EXCEPTION
      WHEN DUP_VAL_ON_INDEX THEN
        DBMS_OUTPUT.PUT_LINE('插入系部信息时，系部号不能重复。');
  END app_department;
END jiaoxue_package;
/
```

图 12-3 文件编辑

3. 删除包

删除包可以只删除包体或一并删除包规范及包体。删除包体可以使用 DROP PACKAGE BODY 语句，其语句格式如下：

```
DROP PACKAGE BODY package_name;
```

其中，package_name 指定要删除的包体(给出名字)。

例 12.32 删除包体 jiaoxue_package。

```
SQL> DROP PACKAGE BODY jiaoxue_package;

程序包体已删除。
```

一并删除包规范及包体可以使用 DROP PACKAGE 语句，其语句格式如下：

```
DROP PACKAGE package_name;
```

其中，package_name 指定要删除的包(给出名字)。

例 12.33 删除包(一并删除包规范及包体)jiaoxue_package。

```
SQL> DROP PACKAGE jiaoxue_package;

程序包已删除。
```

12.2.3 调用包

调用包实际上是调用其中所定义的过程和函数等元素。在其他应用程序中调用包中的过程和函数等元素时，必须加上包名作为前缀。下面通过例子介绍调用包中的过程和函数的方法。

1. 调用包中的函数

包 jiaoxue_package 中定义了函数 display_grade，下面的例子介绍了调用函数 display_grade 的方法。

例 12.34 调用包 jiaoxue_package 中的函数 display_grade。

```
SQL> VARIABLE grade NUMBER
SQL> exec :grade :=jiaoxue_package.display_grade(10101, 10201)

PL/SQL 过程已成功完成。

SQL> PRINT :grade

     GRADE
----------
       100
```

2. 调用包中的过程

在包 jiaoxue_package 中定义了过程 app_department，下面的例子介绍了调用过程 app_department 的方法。

例 12.35 调用包 jiaoxue_package 中的过程 app_department。

调用包 jiaoxue_package 中的过程 app_department 之前，首先查询系部表 departments 中的原内容。

```
SQL> SELECT * FROM departments;

DEPARTMENT_ID   DEPARTMENT_NAME     ADDRESS
------------- ------------------ ----------------------------------------
          101          信息工程          1 号教学楼
          102          电气工程          2 号教学楼
          103          机电工程          3 号教学楼
          104          工商管理          4 号教学楼
          111          地球物理          X 号教学楼
          222          航空机械          Y 号教学楼

已选择 6 行。
```

调用包 jiaoxue_package 中的过程 app_department：

```
SQL> exec jiaoxue_package.app_department(333, '建筑工程', 'Z 号教学楼')

PL/SQL 过程已成功完成。
```

调用包 jiaoxue_package 中的过程 app_department 之后，再查询系部表 departments 中的内容，其中的变化反映了包 jiaoxue_package 中过程 app_department 的功能。

```
SQL> SELECT * FROM departments;

DEPARTMENT_ID   DEPARTMENT_NAME     ADDRESS
------------- ------------------ ----------------------------------------
          101          信息工程          1 号教学楼
          102          电气工程          2 号教学楼
          103          机电工程          3 号教学楼
          104          工商管理          4 号教学楼
          111          地球物理          X 号教学楼
          222          航空机械          Y 号教学楼
          333          建筑工程          Z 号教学楼

已选择 7 行。
```

12.2.4 包中子程序的重载

包中子程序的重载，是指包中可以存在多个具有相同名字的子程序，但这些具有相同名字的子程序的参数个数或参数类型不能完全相同。例如删除部门的过程 erase_department 既可以使用部门号，也可以使用部门名称作为输入参数，此时就需要使用子程序的重载特征。

1. 定义具有重载特征的包

例 12.36 定义具有重载特征的包，其中过程 erase_department 为重载子程序。

```
SQL> CREATE OR REPLACE PACKAGE jiaoxue_package IS
  2    FUNCTION display_grade(v_sno NUMBER, v_cno NUMBER)
  3      RETURN NUMBER;
```

```
  4   PROCEDURE app_department
  5     (v_id NUMBER, v_name VARCHAR2, v_address VARCHAR2);
  6   PROCEDURE erase_department(v_id NUMBER);
  7   PROCEDURE erase_department(v_name VARCHAR2);
  8  END jiaoxue_package;
  9
 10  /
```

程序包已创建。

```
SQL> CREATE OR REPLACE PACKAGE BODY jiaoxue_package IS
  2    FUNCTION display_grade(v_sno NUMBER, v_cno NUMBER)
  3     RETURN NUMBER
  4     AS
  5     v_score students_grade.score%TYPE;
  6     BEGIN
  7     SELECT score INTO v_score FROM students_grade
  8       WHERE student_id = v_sno AND course_id = v_cno;
  9     RETURN v_score;
 10    EXCEPTION
 11      WHEN NO_DATA_FOUND THEN
 12        DBMS_OUTPUT.PUT_LINE('该生或该门课程不存在。');
 13    END display_grade;
 14    PROCEDURE app_department
 15      (v_id NUMBER, v_name VARCHAR2, v_address VARCHAR2)
 16    AS
 17      BEGIN
 18        INSERT INTO departments VALUES(v_id, v_name, v_address);
 19      EXCEPTION
 20        WHEN DUP_VAL_ON_INDEX THEN
 21          DBMS_OUTPUT.PUT_LINE('插入系部信息时，系部号不能重复。');
 22    END app_department;
 23    PROCEDURE erase_department(v_id NUMBER)
 24    AS
 25      BEGIN
 26        DELETE FROM departments WHERE department_id = v_id;
 27    IF SQL%NOTFOUND THEN
 28         DBMS_OUTPUT.PUT_LINE('系部号指定的系部不存在。');
 29    END IF;
 30   END erase_department;
 31   PROCEDURE erase_department(v_name VARCHAR2)
 32    AS
 33    BEGIN
 34      DELETE FROM departments WHERE department_name = v_name;
 35      IF SQL%NOTFOUND THEN
 36        DBMS_OUTPUT.PUT_LINE('系部号指定的系部不存在。');
 37      END IF;
 38    END erase_department;
 39  END jiaoxue_package;
 40  /
```

程序包体已创建。

2. 调用重载子程序

例 12.37 调用重载子程序 erase_department。

```
SQL> exec jiaoxue_package.erase_department(111)

PL/SQL 过程已成功完成。

SQL> SELECT * FROM departments;

DEPARTMENT_ID  DEPARTMENT_NAME      ADDRESS
-------------- ----------------- -------------------
     101            信息工程            1 号教学楼
     102            电气工程            2 号教学楼
     103            机电工程            3 号教学楼
     104            工商管理            4 号教学楼
     222            航空机械            Y 号教学楼
     333            建筑工程            Z 号教学楼

已选择 6 行。

SQL> exec jiaoxue_package.erase_department('航空机械')

PL/SQL 过程已成功完成。

SQL> SELECT * FROM departments;

DEPARTMENT_ID  DEPARTMENT_NAME      ADDRESS
-------------- ----------------- -------------------
     101            信息工程            1 号教学楼
     102            电气工程            2 号教学楼
     103            机电工程            3 号教学楼
     104            工商管理            4 号教学楼
     333            建筑工程            Z 号教学楼
```

12.3 触发器

触发器是存放在数据库中的一种特殊类型的子程序，它不能被用户程序直接调用，而是当特定事件或操作发生时由系统自动调用执行。触发器主要用于对数据库特定操作、特定事件的监控和响应，这些特定的事件或操作包括启动数据库、登录数据库、关闭数据库等系统事件，以及执行 DML 和 DDL 等操作。

本节主要介绍触发器的基本概念、管理、各类触发器的建立及使用等方面的内容。

12.3.1 概述

按照建立触发器所依据的对象的不同，触发器分为三类：①DML 触发器，依据基本表或简单视图建立的触发器；②INSTEAD OF 触发器，依据复杂视图建立的触发器；③系统触发器，依据系统事件或 DDL 操作建立的触发器。

1. 触发器简介

由 PL/SQL 块构成的触发器只能包含 SELECT、INSERT、UPDATE 和 DELETE 等

DML 语句，不能包含 CREATE、ALTER 和 DROP 等 DDL 语句，以及 COMMIT、ROLLBACK 和 SAVEPOINT 等事务控制语句。

触发器由触发事件、触发条件、触发时刻等组成。

(1) 触发事件。引起触发器代码执行的事件。这些事件包括启动和关闭例程、用户登录和断开会话、Oracle 错误消息、特定表或视图的 DML 操作、数据库方案上的 DDL 语句等，可以将上述多个事件用关系运算符 OR 进行组合。

(2) 触发条件。由 WHEN 子句指定的逻辑表达式。WHEN 子句为可选项，若指定 WHEN 子句，当触发事件发生时，只有当 WHEN 条件为 TRUE 时，触发器代码才能执行。

(3) 触发时刻。用于指定触发器代码在触发事件完成之前还是完成之后执行。如果指定为 AFTER 关键字，表示触发事件完成后再执行触发器代码；如果指定为 BEFORE 关键字，表示触发事件执行前先执行触发器代码，然后完成触发事件。

2. 简单的触发器示例

为了进一步理解触发器，下面给出几个简单的触发器示例。

例 12.38 定义触发器 change_teacher，禁止用户在非工作时间段改变教师信息。

```
SQL> CREATE OR REPLACE TRIGGER change_teacher
  2       BEFORE INSERT OR UPDATE OR DELETE ON teachers
  3     BEGIN
  4       IF (TO_CHAR(SYSDATE, 'HH24') NOT BETWEEN '8' AND '17') OR
  5         (TO_CHAR(SYSDATE, 'DY', 'nls date_language = american') IN ('SAT',
'SUN'))
  6       THEN
  7         RAISE_APPLICATION_ERROR(-20000, '在非工作时间不能改变教师信息。');
  8       END IF;
  9     END change_teacher;
 10   /

触发器已创建
```

例 12.39 使用示例触发器 change_teacher。

建立触发器 change_teacher 之后，当在非工作时间段增加、修改或删除教师信息时，触发器 change_teacher 将给出错误信息——“在非工作时间不能改变教师信息。”，并且拒绝执行 INSERT、UPDATE 和 DELETE 操作。

```
SQL> DELETE FROM teachers;
DELETE FROM teachers
            *
第 1 行出现错误:
ORA-20000: 在非工作时间不能改变教师信息。
ORA-06512: 在 "SYSTEM.CHANGE_TEACHER", line 5
ORA-04088: 触发器 'SYSTEM.CHANGE_TEACHER' 执行过程中出错
```

3. 触发器的管理

触发器的管理包括查看已建立触发器的有关信息、查看触发器中的错误、修改触发器中的错误、禁用/启用触发器、删除触发器等。

1) 查看触发器的有关信息

通过数据字典中的 user_triggers 视图可以查看触发器名(trigger_name)、触发器的类型(trigger_type)、触发器的事件(trigger_even)等多种信息。

例 12.40 通过视图 user_triggers 查看触发器 change_teacher 的名称(trigger_name)、类型(trigger_type)、事件(trigger_even)等多种信息。

```
SQL> SELECT * from user_triggers
  2   WHERE trigger_name = 'CHANGE_TEACHER';

TRIGGER_NAME                    TRIGGER_TYPE
------------------------------ ----------------
TRIGGERING_EVENT
--------------------------------------------------------------------------------
TABLE_OWNER                    BASE_OBJECT_TYPE TABLE_NAME
------------------------------ ---------------- ------------------------------
COLUMN_NAME
--------------------------------------------------------------------------------
REFERENCING_NAMES
--------------------------------------------------------------------------------
WHEN_CLAUSE
--------------------------------------------------------------------------------
STATUS
--------
DESCRIPTION
--------------------------------------------------------------------------------
ACTION_TYPE
-----------
TRIGGER_BODY
--------------------------------------------------------------------------------
CHANGE_TEACHER                  BEFORE STATEMENT

TRIGGER_NAME                    TRIGGER_TYPE
------------------------------ ----------------
TRIGGERING_EVENT
--------------------------------------------------------------------------------
TABLE_OWNER                    BASE_OBJECT_TYPE TABLE_NAME
------------------------------ ---------------- ------------------------------
COLUMN_NAME
--------------------------------------------------------------------------------
```

注：以上显示内容太多，截取时做了删节。

2) 查看与修改触发器中的错误

建立触发器时，如果 Oracle 系统报告错误，可以通过 SQL 命令 SHOW ERRORS 查看错误信息，通过 SQL 命令 EDIT 修改错误。

例 12.41 通过 SHOW ERRORS 命令查看触发器 change_teacher 的错误信息，通过 EDIT 命令修改触发器 change_teacher 中的错误。

```
SQL>    CREATE OR REPLACE TRIGGER change_teacher
  2      BEFORE INSERT OR UPDATE OR DELETE ON teachers
  3     BEGIN
  4      IF (TO_CHAR(SYSDATE, 'HH24') NOT BETWEEN '8' AND '17') OR
```

```
  5        (TO_CHAR(SYSDATE, 'DY', 'nls date_language = american') IN ('SAT',
'SUN'))
  6      THENE
  7        RAISE_APPLICATION_ERROR(-20000, '在非工作时间不能改变教师信息。');
  8      END IF;
  9    END change_teacher;
 10  /

警告: 创建的触发器带有编译错误。
SQL>  SHOW ERRORS
TRIGGER CHANGE_TEACHER 出现错误:

LINE/COL ERROR
-------- -----------------------------------------------------------------
4/7      PLS-00103: 出现符号 "THENE"在需要下列之一时:
        * & = - + < / > at in is
        mod remainder not rem then <an exponent (**)> <> or != or ~=
        >= <= <> and or like LIKE2_ LIKE4_ LIKEC_ between overlaps ||
        multiset year DAY_ member SUBMULTISET_

6/7      PLS-00103: 出现符号 "END"在需要下列之一时:
        begin function package
        pragma procedure subtype type use <an identifier>
        <a double-quoted delimited-identifier> form current cursor
SQL> EDIT
已写入 file afiedt.buf
```

执行 EDIT 命令后，自动打开处于文件编辑状态的记事本，如图 12-4 所示。程序第 6 行的 THENE 错误，应该为：THEN，修改保存后重新运行即可。

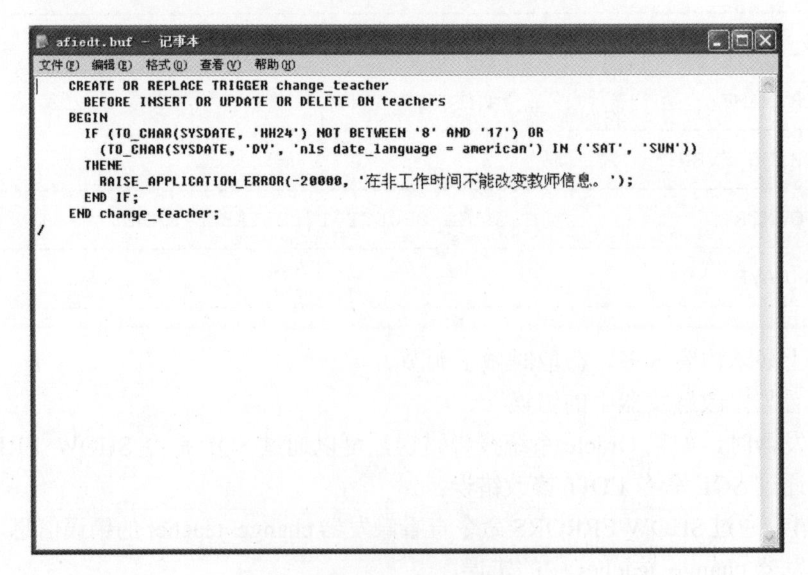

图 12-4　文件编辑

3)　禁用/启用触发器

禁用触发器是指在触发事件发生时禁止触发器代码执行，其语句格式为：

```
ALTER TRIGGER trigger_name DISABLE;
```

其中，trigger_name 指定要禁用的触发器(给出名字)。

例 12.42 禁用触发器 change_teacher。

```
SQL> ALTER TRIGGER change_teacher DISABLE;
```

触发器已更改

启用触发器是指在触发事件发生时允许触发器代码执行，其语句格式为：

```
ALTER TRIGGER trigger_name ENABLE;
```

其中，trigger_name 指定要启用的触发器(给出名字)。

例 12.43 启用触发器 change_teacher。

```
SQL> ALTER TRIGGER change_teacher ENABLE;
```

触发器已更改

4) 删除触发器

删除触发器可以使用 DROP TRIGGER 语句，其语句格式如下：

```
DROP TRIGGER trigger_name;
```

其中，trigger_name 指定要删除的触发器(给出名字)。

例 12.44 删除触发器 change_teacher。

```
SQL> DROP TRIGGER change_teacher;
```

触发器已删除。

12.3.2 DML 触发器

DML 触发器是基于表的触发器，当对某个表进行 DML 操作时会激活该类触发器。建立 DML 触发器的语句格式为：

```
CREATE [OR REPLACE] TRIGGER trigger_name
    BEFORE | AFTER trigger_event [OF column_name]
    ON table_name
    [FOR EACH ROW]
    [WHEN trigger_condition]
BEGIN
   trigger_body
    END [trigger_name];
```

其中，trigger_name 指定触发器的名字；如果指定可选项[OR REPLACE]，那么定义触发器前会先删除同名的触发器再创建新的触发器，如果省略可选项[OR REPLACE]，那么需要先删除同名触发器，再重新创建；关键字 BEFORE|AFTER 指定触发器代码是在触发事件 trigger_event 之前还是之后执行；column_name 指定表 table_name 中的列名；可选项[FOR EACH ROW]指定触发器为行触发器，省略可选项[FOR EACH ROW]默认触发器为语句触发器；可选项[WHEN trigger_condition]指定触发条件；trigger_body 是构成触发器的 PL/SQL 语句，包括定义部分、执行部分和异常处理部分等；关键字 END 之后的可选项[trigger_name]

给出触发器名字，若指定，则可增强程序的可读性。

DML 触发器的触发事件指定可以对表进行的 INSERT、UPDATE 和 DELETE 三种操作中的一种，或者一种以上。

1. 单一触发事件的 DML 触发器

指定 INSERT、UPDATE 和 DELETE 三种操作中的一种作为触发事件的触发器，被称为单一触发事件的 DML 触发器。

例 12.45 为了审计 DML 操作给表 students_grade 带来的数据变化，可以使用 AFTER 行触发器。触发器 s_g_change 在表 students_grade 中的成绩被修改后，保存学生成绩修改的前、后值和修改日期以供审计。

在建立触发器 s_g_change 之前，首先建立存放审计数据的表 students_grade_change。

```
CREATE TABLE students_grade_change(
          student_id NUMBER(5),
          course_id NUMBER(5),
          oldscore NUMBER(4,1),
          newscore NUMBER(4,1),
          time_change DATE);
```

下面建立触发器 s_g_change。

```
SQL>   CREATE OR REPLACE TRIGGER s_g_change
  2      AFTER UPDATE OF score ON students_grade
  3      FOR EACH ROW
  4     BEGIN
  5       INSERT INTO students_grade_change
  6         VALUES(:old.student_id,
  7           :old.course_id, :old.score, :new.score, SYSDATE);
  8     END s_g_change;
  9     /
```

触发器已创建

建立触发器 s_g_change 之后，当修改学生成绩时，会将每个学生的成绩变化全部写入审计表 students_grade_change 中。

执行 UPDATE 语句修改学生成绩表中的数据：

```
SQL> UPDATE students_grade SET score = 0.95*score;
```

已更新 3 行。

上面的 DML 语句修改了学生成绩，通过查询表 students_grade_change 中内容的变化可以了解到触发器 s_g_change 的作用。

```
SQL> SELECT * FROM students_grade_change;

STUDENT_ID COURSE_ID  OLDSCORE  NEWSCORE  TIME_CHANGE
---------- ---------- ---------- ---------- --------------
    10101     10101        87      82.7     16-7月 -08
    10101     10201       100        95     16-7月 -08
    10101     10301        79      75.1     16-7月 -08
```

2. 多个触发事件的DML触发器

指定INSERT、UPDATE和DELETE中一种以上的操作作为触发事件的DML触发器被称为多个触发事件的 DML 触发器。当触发器中同时包含多种触发事件(INSERT、UPDATE 和 DELETE)，并且需要根据事件的不同进行不同的操作时，则可以在触发器代码中使用下面三个条件谓词加以区别。

(1) 条件谓词INSERTING。当触发事件为INSERT操作时，该条件谓词返回TRUE，否则返回FALSE。

(2) 条件谓词UPDATING。当触发事件为UPDATE操作时，该条件谓词返回TRUE，否则返回FALSE。

(3) 条件谓词DELETING。当触发事件是DELETE操作时，该条件谓词返回TRUE，否则返回FALSE。

下面的例子说明了在多个触发事件的DML触发器中，使用这三个条件谓词区别不同触发事件的方法。

例 12.46 建立多个触发事件的DML触发器change_teacher，禁止用户在非工作时间时间段增加、修改和删除教师信息。

```
SQL>    CREATE OR REPLACE TRIGGER change_teacher
  2       BEFORE INSERT OR UPDATE OR DELETE ON teachers
  3     BEGIN
  4       IF (TO_CHAR(SYSDATE, 'HH24') NOT BETWEEN '8' AND '17')
  5         OR (TO_CHAR(SYSDATE, 'DY',
  6           'nls date_language = american') IN ('SAT', 'SUN'))
  7       THEN
  8         CASE
  9           WHEN INSERTING THEN
 10             RAISE_APPLICATION_ERROR
 11               (-20001, '在非工作时间不能增加教师信息。');
 12           WHEN UPDATING THEN
 13             RAISE_APPLICATION_ERROR
 14               (-20002, '在非工作时间不能修改教师信息。');
 15           WHEN DELETING THEN
 16             RAISE_APPLICATION_ERROR
 17               (-20003, '在非工作时间不能删除教师信息。');
 18         END CASE;
 19       END IF;
 20     END change_teacher;
 21  /

触发器已创建
```

建立触发器change_teacher之后，当在非工作时间段增加、修改或删除教师信息时，触发器change_teacher将给出相应的错误信息，并且拒绝执行INSERT、UPDATE和DELETE操作。

```
SQL> DELETE FROM teachers;

DELETE FROM teachers
            *
```

```
第 1 行出现错误:

ORA-20003: 在非工作时间不能删除教师信息。

ORA-06512: 在 "SYSTEM.CHANGE_TEACHER", line 14

ORA-04088: 触发器 'SYSTEM.CHANGE_TEACHER' 执行过程中出错
```

12.3.3 INSTEAD OF 触发器

当定义视图时，如果使用了集合操作符(UNION、UNION ALL、MINUS、INTERSECT) 、列(Aggregate)函数、DISTINCT 关键字、GROUP BY 等子句、多个表的连接操作等，视图便不能直接执行 INSERT、UPDATE 和 DELETE 等 DML 操作，INSTEAD OF 触发器便是基于这种复杂视图的触发器，当对这种复杂视图进行 DML 操作时会激活该类触发器。建立 INSTEAD OF 触发器的语句格式为：

```
CREATE [OR REPLACE] TRIGGER trigger_name
    INSTEAD OF trigger_event [OF column_name]
    ON view_name
    FOR EACH ROW
    [WHEN trigger_condition]
BEGIN
   trigger_body
    END [trigger_name];
```

其中，trigger_name 指定触发器的名字；如果指定可选项[OR REPLACE]，那么定义触发器前会先删除同名的触发器再创建新的触发器，如果省略可选项[OR REPLACE]，那么需要先删除同名触发器，再重新创建；关键字 INSTEAD OF 指定触发器类型；column_name 指定视图 table_name 中的列名；FOR EACH ROW 指定触发器为行触发器；可选项[WHEN trigger_condition]指定触发条件；trigger_body 是构成触发器的 PL/SQL 语句，包括定义部分、执行部分和异常处理部分等；关键字 END 之后的可选项[trigger_name]给出触发器名字，若指定，则可增强程序的可读性。

例 12.47 基于复杂视图 teachers_view2 建立 INSTEAD OF 触发器 t_d_change。然后利用触发器 t_d_change 通过视图 teachers_view2 向基表 teachers 和 departments 插入数据。

在建立触发器 t_d_change 之前，先建立复杂视图 teachers_view2。视图 teachers_view2 映射表 teachers 的 teacher_id 和 name 列、表 departments 的 department_id 和 department_name 列。

```
SQL> CREATE VIEW Teachers_view2 AS
  2    SELECT t.teacher_id, t.name, d.department_id, d.department_name
  3      FROM Teachers t, Departments d
  4        WHERE t.department_id=d.department_id;

视图已创建。

SQL> SELECT * FROM Teachers_view2;

TEACHER_ID  NAME     DEPARTMENT_ID  DEPARTMENT_NAME
---------- -------- ------------- -----------------
     10101  王彤              101  信息工程
```

```
     10104   孔世杰            101      信息工程
     10103   邹人文            101      信息工程
     10106   韩冬梅            101      信息工程
     10210   杨文化            102      电气工程
     10206   崔天              102      电气工程
     10209   孙晴碧            102      电气工程
     10207   张珂              102      电气工程
     10308   齐沈阳            103      机电工程
     10306   车东日            103      机电工程
     10309   臧海涛            103      机电工程

TEACHER_ID  NAME     DEPARTMENT_ID  DEPARTMENT_NAME
---------- -------- ------------- ----------------
     10307   赵昆              103      机电工程
     10128   王晓              101      信息工程
     10328   张笑              103      机电工程
     10228   赵天宇            102      电气工程

已选择 15 行。
```

下面建立 INSTEAD OF 触发器 t_d_change。

```
SQL> CREATE OR REPLACE TRIGGER t_d_change
  2    INSTEAD OF INSERT ON teachers_view2
  3    FOR EACH ROW
  4    DECLARE
  5    v_counter INT;
  6    BEGIN
  7      SELECT count(*) INTO v_counter FROM departments
  8        WHERE department_id = :new.department_id;
  9      IF v_counter = 0 THEN
 10        INSERT INTO departments(department_id, department_name)
 11          VALUES(:new.department_id, :new.department_name);
 12      END IF;
 13      SELECT count(*) INTO v_counter FROM teachers
 14        WHERE teacher_id = :new.teacher_id;
 15      IF v_counter = 0 THEN
 16        INSERT INTO teachers(teacher_id, name, department_id)
 17          VALUES(:new.teacher_id, :new.name, :new.department_id);
 18      END IF;
 19    END t_d_change;
 20  /

触发器已创建
```

在建立了 INSTEAD OF 触发器 t_d_change 之后，就可以在复杂视图 teachers_view2 上执行 INSERT 操作。

```
SQL> INSERT INTO teachers_view2
  2   VALUES(10144, '姚六', 222, '航空机械');

已创建 1 行。

SQL> SELECT * FROM Teachers_view2;
```

```
TEACHER_ID  NAME     DEPARTMENT_ID DEPARTMENT_NAME
---------- -------- ------------- ----------------
     10101  王彤              101      信息工程
     10104  孔世杰            101      信息工程
     10103  邹人文            101      信息工程
     10106  韩冬梅            101      信息工程
     10144  姚六              222      航空机械
     10210  杨文化            102      电气工程
     10206  崔天              102      电气工程
     10209  孙晴碧            102      电气工程
     10207  张珂              102      电气工程
     10308  齐沈阳            103      机电工程
     10306  车东日            103      机电工程

TEACHER_ID  NAME     DEPARTMENT_ID DEPARTMENT_NAME
---------- -------- ------------- ----------------
     10309  臧海涛            103      机电工程
     10307  赵昆              103      机电工程
     10128  王晓              101      信息工程
     10328  张笑              103      机电工程
     10228  赵天宇            102      电气工程

已选择 16 行。
```

12.3.4 系统事件触发器

系统事件触发器基于数据库(database)或模式(schema)，触发事件包括数据库事件(如STARTUP、SHUTDOWN 等)、DDL 事件(如 CREATE、ALTER、DROP 等)等。建立系统触发器的语句格式为：

```
CREATE [OR REPLACE] TRIGGER trigger_name
    BEFORE | AFTER trigger_event
    ON DATABASE | SCHEMA
    [WHEN trigger_condition]
BEGIN
   trigger_body
    END [trigger_name];
```

其中，trigger_name 指定触发器的名字；如果指定可选项[OR REPLACE]，那么在定义触发器前会先删除同名的触发器再创建新的触发器，如果省略可选项[OR REPLACE]，那么需要先删除同名触发器，再重新创建；关键字 BEFORE|AFTER 指定触发器代码是在触发事件 trigger_event 之前还是之后执行；触发事件 trigger_event 指定某一系统事件；DATABASE | SCHEMA 指定触发器是基于数据库还是基于模式；可选项[WHEN trigger_condition]指定触发条件；trigger_body 是构成触发器的 PL/SQL 语句，包括定义部分、执行部分和异常处理部分等；关键字 END 之后的可选项[trigger_name]给出触发器名字，若指定，则可增强程序的可读性。

例 12.48 建立系统事件触发器 sys_event。当在用户模式中执行 DROP 操作时，将删除的对象信息存入 event_drop 表中。

首先建立表 event_drop，以存储删除对象的有关信息。

```
SQL> CREATE TABLE event_drop(
  2   user_name VARCHAR2(15),
  3   object_name VARCHAR2(15),
  4   object_type VARCHAR2(10),
  5   object_owner VARCHAR2(15),
  6   creation_date DATE);
```

表已创建。

然后建立系统事件触发器 sys_event。

```
SQL> CREATE OR REPLACE TRIGGER sys_event
  2   AFTER DROP ON SCHEMA
  3    BEGIN
  4      INSERT INTO event_drop VALUES
  5        (USER, ORA_DICT_OBJ_NAME,
  6          ORA_DICT_OBJ_TYPE, ORA_DICT_OBJ_OWNER, SYSDATE);
  7    END sys_event;
  8  /
```

触发器已创建

用下面的语句激活系统事件触发器 sys_event。

```
SQL> DROP TABLE grades;
```

表已删除。

查看表 event_drop 存储删除对象的有关信息。

```
SQL> SELECT * FROM event_drop;

USER_NAME      OBJECT_NAME    OBJECT_TYPE    OBJECT_OWNER    CREATION_DATE
-------------- -------------- -------------- --------------- --------------
SYSTEM         GRADES         TABLE          SYSTEM          03-6月 -20

SQL>
```

参 考 文 献

[1] 闫红岩，金松河．Oracle 12c 从入门到精通[M]．2 版．北京：中国水利水电出版社，2014.

[2] 刘增杰，刘玉萍．Oracle 12c 从零开始学[M]．北京：清华大学出版社，2015.

[3] [美]Darl Kuhn．深入理解 Oracle 12c 数据库管理[M]．2 版．北京：人民邮电出版社，2014.

[4] [美]Bob，Bryla(OCP)．Oracle Database 12c DBA 官方手册[M]．8 版．北京：清华大学出版社，2016.